JN430030

단맛

단맛

탄수화물, 먹어야 사는 이유

초판 1쇄 인쇄 2025년 10월 16일

초판 1쇄 발행 2025년 10월 29일

지은이 | 최낙언, 노중섭   **펴낸이** | 황윤억

편집 | 윤석빈 김순미 황인재   **마케팅** | 김예연   **디자인** | 엔드디자인

발행처 | 헬스레터/(주)에이치링크   **등록** | 2012년 9월 14일(제2015-225호)

주소 | 서울 서초구 남부순환로 333길 36(해원빌딩 4층)   우편번호 06725

전화 | 마케팅 02)6120-0258   편집 | 02)6120-0259   팩스 | 02) 6120-0257

전자우편 | pacademy@kakao.com   **영문명** | HL(Health Letter)

ISBN 979-11-91813-17-3 93570

값은 뒤표지에 있습니다.

이 도서는 2025년 문화체육관광부의 '중소출판사 도약부문 제작지원' 사업의 지원을 받아 제작되었습니다.

• 이 책은 저작권법에 따라 보호를 받는 저작물이므로 무단 전제와 무단 복제를 금지하며,

  이 책의 전부 또는 일부를 이용하려면 반드시 저작권자와 헬스레터/에이치링크(주)의 서면 동의를 받아야 합니다.

• 잘못된 책은 교환해 드립니다.

五味사이언스
단 맛 과 학

탄수화물,
먹어야 사는 이유

단맛

최낙언 · 노중섭 지음

헬스레터
Health Letter

우리는 무엇을 먹어야 하는가

설탕은 모든 음식의 근원, 단맛은 생명에 필수적

'무엇을 먹느냐'가 아닌 '얼마나 먹느냐' 섭취량

2013년에 『Flavor, 맛이란 무엇인가』를 쓴 이후 맛에 관한 여러 책을 쓰고 있다. 처음에는 후각과 향을 많이 다루었는데, 맛 이야기를 하면 할수록 미각에 깊이가 있다는 것을 알게 되어서 이렇게 〈오미 시리즈〉를 쓰고 있다.

혀로 느끼는 맛은 고작 단맛·신맛·짠맛·감칠맛·쓴맛 이렇게 5가지뿐이고 음식의 수만 가지 다양한 풍미는 향(후각)에 의한 것이라는 것을 알게 되면 사람들은 미각보다 후각이 중요하다고 생각한다. 하지만 맛(미각) 중독은 있어도 향(후각) 중독은 없다고 할 만큼 미각은 벗어나기 힘든 깊이가 있다. 향은 어떤 향이 사라져도 얼마든지 다른 향으로 대신할 수 있지만, 미각은 식품의 영양을 판단하는 결정적 수단이라 다른 것으로 대처하기 힘들다. 그래서 나트륨(짠맛), 당류(단맛) 줄이기가 그렇게 힘든 것이다.

이번 주제는 '단맛'이다. 신맛(2021년), 짠맛(2022년), 감칠맛(2024년)에 이어 4번째이다. 오미를 다루려면 단맛부터 말하는 것이 순서 같은데, 이렇게 순서가 뒤로 밀린 것은 내게는 전혀 흥미롭지 않은 주제였기 때문이다. 단맛의 대표적 원료가 설탕인데, 설탕의 주원료인 사탕수수의 생산량은 세계적으로 20억 톤에 가깝다. 2019년 세계 작물(Primary crop) 생산량 94억 톤 중 사탕수수가 21%를 차지하여, 옥수수 12%, 밀 8%, 쌀 8%에 비해 압도적 1위이다. OECD는 2033년에는 세계 1인당 설탕 섭취량이 22.8kg에 이를 것으로 예상한다. 2023년 우리나라의 1인당 쌀 소비량 56.4kg의 1/3이 넘는 양이다. 이처럼 설탕은 너무나도 일상적인 원료인데 설탕을 마치 자연의 이물질이나 불량품처럼 비난하는 책은 수백 종이 넘는다. 반면에 전 세계 생산량 1위인 사탕수수의 작물로서 가치나 왜 달면 삼키고 쓰면 뱉어야 하는지 단맛의 의미를 제대로 다룬 책은 없다.

설탕(sucrose)은 포도당과 과당이 결합한 것이다. 그 자체로는 우리 몸에 흡수되지 않고 다시 2개로 분해되어야 흡수되기 때문에 포도당이나 과당의 유해론은 몰라도 설탕 자체의 유해론은 성립조차 되지 않는데도 그렇다. 설탕이 흔히 말하는 것처럼 위험한 성분이었다면 국가별 설탕의 소비량 순서대로 건강이 나쁘고, 당뇨도 심했을 것이다. 하지만 설탕을 덜 먹는 순서대로 더 건강하지 않고, 설탕을 많이 먹는 순서로 당뇨가 더 많지도 않다. 이미 선진국이나 우리나라는 설탕 섭취량이 조금씩 감소하고 있다. 그렇다고 비만이나 건강이 더 좋아지고 있다는 보고도 없다. 사실 설탕은 다른 어떤 감미료보다 안전하다. 단지 가장 맛있고 경제적이어서 가장 많이 소비될 뿐이다. 만약 다른 감미료를 지금의 설탕만큼 많이 사용했다면 문제는 훨씬 심각했을 것이다. 과식의 문제를 개별 성분의 문제로 호도하여 비만 문제만 오히려 악화시킨 것이 지난 50년 동안의 건강정보와 다이어트의 역사이고, 설탕이 그 대표적 사례다. 더구나 설탕은 모든 음식과 생명체의 근원이라 할 수 있다. 많은 사람이 식물이 광합성을 통해 포도당을 만든다는 것은 알지만, 그렇게 만들어진 포도당의 절반을 과당으로 바꾸고 다시 포도당과 결합한 설탕의 형태로 식물의 다른 부위로 전달한다는 것은 잘 모른다. 식물의 엽록소를 제외한 나머지 부위는 모두 설탕을 공급받아 이것을 에너지원이자 필요한 물질을 만드는 원천으로 살아간다. 식물의 체관을 통해 전달되는 영양분 즉 유기물의 95% 정도가 설탕이니 식물의 잎, 줄기, 뿌리, 열매 등 우리가 먹는 것은 모두 설탕을 이용해 만들어진 것이라 할 수 있다. 이런 식물 덕분에 동물도 존재할 수 있으니 설탕은 단순히 감미료가 아니라 모든 음식의 근원인 것이다.

단맛

그런데 요즘은 이런 설탕의 유해론을 넘어서 탄수화물의 유해론이 유행이다. 불과 얼마 전까지도 비만과 성인병의 원인으로 기름진 서구식 식사를 꼽았다. 한식이 건강에 좋다는 셈인데, 우리 부모님의 식탁에서 탄수화물의 비중이 80%였다. 그런데도 비만이나 성인병이 심각하지 않았다. 탄수화물이 그렇게 나쁘면 단백질이나 지방을 먹어야 할 텐데, 과거 지방과 콜레스테롤을 독극물처럼 비난했고, 단백질의 주 공급원인 고기(적색육)는 2군 발암물질이기도 하다. 더구나 점점 심각해지고 있는 알레르기의 주원인물질이 단백질이다. 고기는 환경에도 심각한 부담이다. 동물을 키우기 위해서는 3~10배의 식물(곡물) 사료가 필요하기 때문이다. 얼마 전 식물성 단백질로 고기의 맛과 식감을 낸 대체육이 엄청난 화제를 모았는데, 그때 내세운 장점이 친환경이었다. 사실 대체육보다 식재료 본래의 특성을 없애고 첨가물로 맛과 향을 낸 초가공식품도 없다. 그래도 이것이 건강에 나쁘다고 비난하는 사람이 없었다. 그러면서 과거에 가공식품이라고 비난했던 라면, 햄, 과자, 아이스크림, 시리얼, 탄산음료 등을 요즘은 초가공식품이라 하면서 비난한다. 우리가 가장 흔히 접하는 초가공식품의 일종이 반려동물의 사료이기도 하다. 원재료의 형태나 맛과 향은 전혀 없고 첨가물(비타민과 미네랄 등)로 영양분을 맞춘 초가공식품인데 그것을 먹고 건강하게 오래 산다.

내가 항상 건강정보의 가장 큰 문제라고 말하는 것은 지난 50년간 많이 먹어서 생긴 병을 가지고, 뭔가 잘못된 성분의 것을 먹어서 생긴 병으로 호도하여 혼란과 갈등, 불신과 불안만 키웠다는 것이다. 이런 성분 타령은 감각의 의미마저 크게 왜곡했다. 모든 감각의 원래 생존을 위한 것이고, 맛이라는 감각은 생존에 적합한 음식을 찾기 수단이다. "달면 삼키고 쓰면 뱉어야 한다."라는 기본 원리로 인류는 지난 수백만 년 동안 거칠고 차가운 자연에서 살아남았다. 그런데 지금은 마치 우리 몸이 바보라 몸에 해로운 달콤한 것을 좋아하고 몸에 이로운 쓴 것을 싫어하는 것처럼 말해도 전혀 부끄럽지 않은 세상이 되었다.

서론에서 이미 설탕에 관해 너무 많은 말을 한 것 같은데, 나는 이렇게 식품에 관한 오해와 편견에 대하여 이야기하는 것을 가능한 줄이려고 한다. 2012년 『불량지식이 내 몸을 망친다』 이후 MSG, GMO, 첨가물 등 수많은 식품 이슈에 관한 글과 책을 썼고, 이런 오해와 편견을 종합적으로 정리한 『식품에 대한 합리적인 생각법』과 이것의 개정판이라 할 수 있는 『식품의 가치』도 이미 썼기 때문이다. 그래서 오미 중에 오해와 편견이 가장 심한 단맛에 관한 책이 이렇게 뒤로 밀린 것이다. 그러다 단맛을 통해 열량소로서 가치를 설명하면 좋겠다는 생각과 최근에 제로칼로리의 열풍으로 여러 감미제가 등장하고 있는데 이번 기회에 이들을 다뤄 보면 좋겠다는 생각이 들었다. '우리는 무엇을 먹어야 하는가?'는 '우리는 왜 먹어야 하는가?', '식품이 우리 몸에서 어떤 일을 하는가?'와 같은 질문이다. 식품이 우리 몸에서 무슨 일을 하는지를 정확히 알아야 어떤 것을 먹어야 하는지가 분명해질 텐데, 그동안 식품에서 가장 기본이 되어야 할 이런 질문에 대한 마땅한 답이 없어서 정보가 혼란스러웠다고 생각한다. 단맛을 통해 이런 질문에 대한 답을 찾아보려고 한다.

1장은 달면 삼키고 쓰면 뱉어야 하는 이유다. 달면 맛있다고 느끼고, 맛있으면 달다고 느끼는 경우가 많다. 우리는 왜 달면 맛있다고 느끼는지 근본적인 이유를 에너지대사를 통해 알아보려 한다. 우리는 매일 1.6kg, 1년이면 600kg 정도의 음식을 먹는다. 그중에 우리의 몸을 만드는 데 쓰이는 것은, 몸의 절반 정도가 매년 새롭게 만들어진다고 해도 체중이 70kg인 사람은 35kg에 불과하다. 나머지 565kg은 어디로 가는 것일까? 이것을 탐구하는 것이 식품의 가치를 온전히 이해하는 시작일 것이다.

2장은 농경문화와 탄수화물이다. 우리는 뇌가 큰 항온동물이라 특히 많은 에너지원이 필요하다. 그래서 항상 먹거리를 찾아 헤매야 했다. 그런 인류가 국가와 같은 큰 집단을 형성할 수 있었던 것은 대량으로 식량을 확보하고 비축할 수 있는 농경문화의 도입 이후다. 지금도 농산물은 인류 먹거리의 기반이고, 그중에서 밀, 쌀, 옥수수, 사탕수수는 전체 작물 생산량 94억 톤의 절반을 차지한다. 이들이 어떻게 30만 종의 식물 중에서 이처럼 특별한 위치를 차지하게 되었는지 특징과 역사적 배경을 알아보고자 한다.

3장은 에너지대사와 건강 이야기이다. 인간의 먹거리는 국가와 지역마다 다르고, 시대에 따라 완전히 달라지기도 하는데 다들 제 수명을 누린다. 세계 장수촌의 음식은 어떠한 공통점도 없고, 우리의 먹거리는 지난 50년 사이에 완전히 바뀌었는데 역사상 최장수하고 있다. 어떻게 이것이 가능한지 알려면 음식의 본질을 알아야 한다. 에너지 대사의 관점에서 식품을 바라보면 당뇨, 비만, 노화, 질병, 항산화제, 비타민 등의 의미가 완전히 달라진다.

4장은 단맛의 기작과 특성 이야기이다. 단맛은 너무나 간단하고 이미 충분히 아는 맛 같지만 조금만 파고들면 답을 찾기 어려운 질문을 만나게 된다. "왜 막걸리에 아스파탐을 넣으면 향이 확 살아나는가?", "아이스아메리카노에는 당류가 없는데 왜 단맛이 느껴지나요?" 반대로 "아이스아메리카노에 설탕을 넣으면 왜 맛없게 느껴지나요?" 같은 질문이다. 답을 찾으려면 단맛의 기작과 역할에 대해 좀 더 입체적이고 깊이 있게 알아야 한다.

5장은 당질계 감미료의 특성을 다루고자 한다. 단맛은 당류를 감각해서 열량소를 최대한 많이 확보하는 수단이라고 할 수 있다. 그러니 감미료는 포도당 과당 같은 단당류와 설탕 같은 이당류가 기본이 된다. 이들과 당알코올, 올리고당 전분당 등의 특성을 정리하였다.

6장은 비당질계 감미료 이야기이다. 과거 설탕이 감미료 시장의 80%를 차지할 정도로 절대적 존재였고, 과당이 10%, 나머지 대체 감미료가 10% 정도였다. 최근 제로칼로리 열풍으로 대체 감미료에 관심이 늘고 있다. 단맛이 매우 높아 소량만 사용해도 되거나, 우리 몸에서 대사되지 않아 열량을 내지 않는 대체 단맛 소재이다. 이런 대체 감미료의 특성과 한계 등에 대해 자세히 알아보고자 한다.

단맛

〈오미 시리즈〉에서 단맛은 재미없는 주제라 미룬 것이고, 쓴맛은 어려운 주제라 미룬 것인데 막상 책을 쓰다 보니 재미가 생겼다. 이번에 단맛을 통해 무엇을 먹어야 하는지를 정리하고, 다음에 쓴맛을 통해 무엇을 먹지 말아야 할지를 정리하면 미각의 의미가 명쾌해질 것이라 느껴졌기 때문이다. 세상에 맛에 관한 책이 그렇게 많은데 아직 단맛과 에너지대사의 관점에서 식품의 역할을 제대로 조망한 책이 없었다는 것은 매우 아쉬운 대목이다. 오미의 의미를 제대로 알았다면 식품이나 건강정보가 지금처럼 혼란스럽지 않았을 것이기 때문이다.

2025년 6월 최낙언

단맛을 모르면 우리는 살아갈 수 없다

'맛있는 걸 먹고 싶다'라는 욕망은 생존의 본능

맛 중심은 언제나 '단맛', 뇌는 포도당으로 활동

"좋은 탄수화물도 있는데, 요즘은 모든 탄수화물이 나쁜 것처럼 몰아가는 게 문제입니다." 얼마 전 식품 관련 교수님들과 산업계 전문가들이 함께한 저녁 자리에서 나온 이야기다. 그 말을 듣고 나도 모르게 숟가락을 내려놨다. 지금 내가 먹고 있는 이 음식은 좋은 것일까, 나쁜 것일까? 식품 전문가들조차 왜 자꾸 음식을 '좋은 것'과 '나쁜 것'으로 나누려 하는 것일까?

'맛있는 걸 먹고 싶다'라는 욕망은 단순한 기호의 문제가 아니다. 그

것은 생존을 위한 본능이자, 인류의 문명을 움직여 온 원동력이었다. 그중에서도 달콤함은 곧 에너지를 뜻했고, 에너지는 곧 생존이었다. 하지만 현대 사회에 들어서면서 이 단순한 등식은 무너지기 시작했다. 단맛을 찾는 본능은 그대로인데, 우리는 갑자기 넘쳐나는 음식의 홍수에 떠밀려 과잉섭취의 부작용이 심각해진 것이다. 본능을 넘어선 절제가 필요한 시대가 된 것이다.

이런 아이러니한 세상에서도 맛의 중심에는 여전히 '단맛'이 자리하고 있다. 식물은 광합성으로 포도당을 만들고, 우리는 그것을 에너지원으로 먹으며 살아간다. 밥이든 빵이든, 감자든 과일이든 결국은 포도당이다. 이 포도당은 소장에서 흡수되어 간을 거쳐 혈액으로 퍼지고, 온몸의 세포에서 ATP라는 에너지로 바뀐다. 특히 뇌는 이 포도당 없이는 단 한순간도 제 기능을 하지 못한다. 몸무게의 2%밖에 안 되지만, 에너지는 무려 20% 나 사용한다. 그래서 탈진했을 때는 포도당 주사만 맞아도 벌떡 일어날 수 있다.

이렇게 생존에 기본이 되는 포도당도 소화가 잘 안 되는 형태나 과일이나 꿀에 들어 있으면 '착한 당', 과자나 음료에 들어 있으면 '나쁜 당'으로 구분하려 한다. 과학적 진실보다는 이미지에 따라 평가가 달라지는 셈이다. 지난 30년간 식품회사 연구소에서 여러 제품 개발을 하는 과정에서 이런 점이 매우 답답했는데 마침 최낙언 대표가 단맛에 관한 책을 쓰면서 실제 제품 개발 현장에서 느끼는 단맛 재료의 특성에 관한 실무적인 내용에서 도움을 달라는 요청을 받았다. 그래서 기꺼이 참여하여 단맛을 무조건 나쁘다고만 여기는 단편적인 시선에서 벗어나기 위해서는 무엇이 필요할지 같이 고민해 보았다.

이 책을 통해 단맛의 본질을 생리학적, 문화적, 그리고 기술적인 측면에서 살펴보려 했다. 왜 우리는 단맛을 좋아하게 되었을까? 인류의 역사에서 단맛은 어떤 역할을 해 왔을까? 지금의 식품산업은 단맛을 어떻게 다루고 있으며, 우리는 어떻게 받아들이면 좋을지 등에 관한 이야기이다. 이 책의 핵심 메시지는 단순하다. 단맛은 생존에 필수다. 중요한 건 '무엇을 먹느냐'가 아니라, '어떻게, 얼마나 먹느냐'다. 성분 자체가 나쁘고 좋고를 따지기보다는, 얼마나 똑똑하게 소비하느냐가 건강을 좌우한다. 늘 그렇듯, 문제는 '적당히'가 어렵다는 데 있다. 하지만 적당함을 알기 위해선 먼저 제대로 아는 게 필요하다. 이 책이 그 첫걸음이 되었으면 좋겠다.

2025년 6월 노중섭

신맛

짠맛

단맛

감칠맛

쓴맛

Part II | 감미료의 종류와 특징

PART 1

단맛의 역할

1장

달면 삼키고,
쓰면 뱉어야 하는 이유

1

먹어야 산다

: 음식은 생존의 제1요소 :

누구나 먹어야 하고, 먹지 않고도 살 수 있는 사람은 없다. 생존에 먹거리가 얼마나 중요하고 긴박한지를 보여주는 것은 특히 몸집이 작고 일정한 체온을 유지해야 하는 항온동물이다. 땃쥐(shrewmouse)는 작은 크기의 항온동물이라 신진대사가 매우 빠르고 그만큼 자주 많이 먹어야 한다. 24시간만 굶어도 죽는다고 한다. 그중에 북부짧은꼬리 땃쥐는 그 정도가 심해 심장이 분당 900회나 뛰고, 그만큼 에너지 소비가 많아, 하루에 자기 체중의 3배를 먹어야 한다. 그래서 3시간만 굶어도 그대로 죽는다고 한다. 벌새도 그런 편이다. 벌새는 몸집이 아주 작고, 초당 50회 이상 고속으로 날갯짓한다. 날갯짓이 워낙 빨라서 벌처럼 윙윙 소리가 나고, 공중에서 멈출 수도 있어서 벌새라고 한다. 그만큼 격렬하게 에너지를 소비하여 루비목벌새는 체중 대비 칼로리 소비량이 인간의 약 70배라고 한다. 벌새는 분당 최대 1,260회의 심장이 뛰며 휴식 시에도 250회 호흡을 한다. 워낙 대사율이 높아 비행 중 근육이 쓰는 산소 소비량은 인간 운동선수보다 10배나 높다. 그러니 벌새도 하루 이상 굶으면 죽을 수 있다. 낮에 활동하는 동안에는 자주 먹고, 밤에 온도가 떨어지면 저체온 기절 상태(Torpor)에 들어가 에너지를 절약한다.

인류도 먹거리가 절박한 것은 다른 동물과 크게 다르지 않았다. 인류는 언제나 배가 고팠고, 우리가 먹을 것이 없어 굶어 죽지 않을까 하는 걱정이 줄어든 것은 50년도 되지 않았다. 세계적으로는 아직 수억 명이 굶주리고 있다.

인류는 먹거리 찾아 아프리카를 떠나 세상을 탐험

현대 인류의 기원도 먹거리와 관련되어 있다. 인류 진화의 큰 단계의 하나로 직립보행을 시작하면서 손을 자유롭게 활용하여 도구를 이용하는 것을 꼽는다. 이 직립보행의 기원을 설명하는 대표적 가설이 '사바나 가설'이다. 기후변화로 아프리카가 건조해지면서 열대 우림이

단맛

초원지대로 변하자 나무 위에 살던 유인원들이 땅에 내려와 직립보행으로 멀리 먹거리를 찾아 이동이 시작되었다.

미토콘드리아의 유전자변이를 추적해 보면 현생 인류는 20만 년 전 아프리카의 한 여성으로 수렴한다. 그 후예가 아프리카를 벗어나 유럽, 아시아, 아메리카로 본격적으로 뻗어나가기 시작한 것은 6만 년 전으로 추정한다. 석기와 무기를 사용할 수 있고, 장거리 이동에 적합한 몸을 가지면서 인류는 먹거리가 고갈되면 그 자리에서 버티다가 살아남은 숫자에 의해 균형을 맞추기보다 삶의 근거지를 옮기는 방식으로 먹거리의 한계를 돌파한 것이다.

인류의 몸은 열대에 더 적합한 몸이다. 추위를 막아줄 털이 없고, 피부에 땀샘이 가득하다. 체온을 유지하는 것보다 방출하는 데 적합한

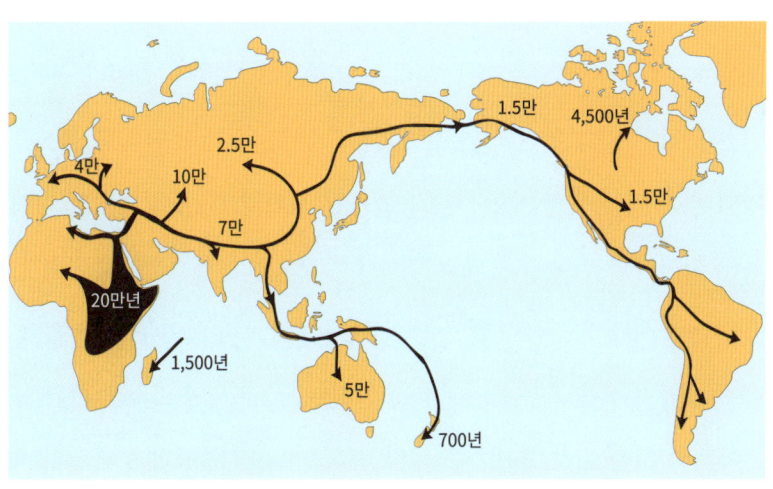

• 20만 년 전부터 이루어진 인류(Homo sapiens)의 대이동 •

열대 동물의 몸을 가진 것이다. 그런데 그런 몸을 가지고도 새로운 먹거리를 찾아 북극까지도 진출했다. 아프리카 초원에 기원한 열대 동물의 몸을 가지고도 구석기 시대에 이미 단일 종으로는 지구상에서 가장 광범위한 지역에 서식하는 동물이 된 것이다.

불을 이용한 요리의 발견, 음식의 효율성 크게 높였다

인간만이 불을 이용해 요리를 한다. 이런 요리를 하버드 대학 리처드 랭엄 교수는 『요리 본능』(2011년, 사이언스북스)을 통해 인류 역사에서 가장 중요하고 위대한 발명은 도구도, 언어도, 문명도 아닌 바로 요리라고 주장한다. 불의 이용은 약 50만 년 전으로 추정하는데 요리를 통하여 이전에는 먹을 수 없던 것도 섭취 가능해졌다. 감염성 질환들을 차단하면서 생존율과 번식력을 크게 향상시킬 수 있었다. 또 병원균을 막기 위한 위산도 덜 강력해져도 되고, 질기고 딱딱한 음식을 먹기 위한 턱 근육과 이빨 그리고 기다란 장기 기관 등을 발달시킬 이유도 줄어들면서 더 많은 에너지를 다른 곳으로 돌릴 수 있게 되었다. 요리한 음식과 요리하지 않은 음식 자체의 칼로리 차이는 별로 없다. 하지만 몸에 흡수율은 40~50% 좋아진다고 한다. 우리의 소화와 흡수에 들어가는 비용과 대가는 상당하다. 55kg의 여성이 생과일과 채소만으로 2,000칼로리에 열량을 채우려면 하루에 5kg 정도를 먹어야 한다. 익히지 않는 고기를 통해서 영양을 섭취하기 위해서도 하루 6시간 이상을 음식의 섭취에 소모해야 한다는 계산 결과도 있다. 요리 덕분에 소화기관의 부담과 씹는 시간이 많이 감소했고, 그 여력으로 큰 뇌의 에너지 요구량을 감당할 수 있게 되었다. 그리고 요리가 남녀의 역할 분담 등 문화의 발달에도 결정적 요소가 되었다는 것이다.

인간은 다른 영장류와 달리 남녀가 각자 구해 온 음식을 따로 먹는 것이 아니라 같이 먹는다. 고기는 남자도 구하기 힘들었지만, 여성이 구하기가 훨씬 더 힘들었다. 남성은 고기를 제공하고 여성은 채집한 식물성 식량을 제공했다. 그러면 인류의 생존에 사냥한 고기가 더 이바지했을까 아니면 채집한 볼품없는 식물의 뿌리와 덩이가 더 이바지했을까? 최근까지 인류 사회의 97% 이상에서 요리는 여성의 몫이었다. 여성이 채집한 식물을 찢고 으깨어 부드럽게 하여 먹을 만하게 만들었고, 이는 이들이 섭취한 칼로리의 절반까지 차지했다. 여성이 남자가 잡은 고기도 요리를 통해 훨씬 잘 흡수하게 만들었으니 살아가는 칼로리의 절반 이상은 여성의 공로였다. 이처럼 남녀가 분업하고 협업하지 않으면 안정적으로 먹거리를 구할 수 없었고, 노동 효율도 많이 떨어졌다. 남녀의 역할분담이 생존에 절대적 요소였다. 현대에는 이런 남녀의 협업 없이도 살아가는 데 별 문제가 없다. 결혼 생활이 생존의 문제가 아니라 선택 사항 중의 하나가 된 것이다.

수렵과 채집에 의존할 당시에는 인간의 먹거리를 구하는 방법은 다른 동물과 크게 다르지 않았다. 그러다 농경문화가 시작되면서 정착 생활로 문화의 축적이 가능해졌다. 4,500년 전에 건설된 피라미드는 아직도 남아있지만, 800년 전 인류 최대의 정복 군주가 된 칭기즈 칸이 남긴 흔적은 별로 없다. 유목 생활을 하면 계절에 따라 가축의 먹이를 확보할 수 있는 곳으로 1년에 4번 이상 주거지를 옮겨야 한다. 그러니 소유할 짐은 한계가 있고, 문명의 축적에도 한계가 있다.

농경문화와 함께 피라미드, 만리장성 같은 거대 구조물도 만들 수 있게 되었다. 하지만 농경이 개인의 안락함이나 풍요로움을 높여주지는 못했다. 먹을 것이 늘어나면 굶어 죽는 사람을 줄여 인구를 늘릴 뿐이었다. 사실 화전민이 일반 농민보다 노동력 대비 소출이 많다. 화전은 일정한 땅에 불을 놓고 씨를 뿌리면 잡초가 제거되고 불에 탄 풀과 나무가 비료 역할을 하여 쉽게 곡류를 확보할 수 있다. 하지만 이내 지력이 고갈되기 때문에 다른 곳으로 이동해야 한다. 화전을 할 만한 지역이 무한이 넓다면 최소한의 노력으로 농사를 지을 수 있지만 화전을 일굴 지역도 한계가 있다. 수렵 채집도 마찬가지다. 운이 좋게 먹거리가 풍요로운 지역에 산다면 노동 시간에 비해 잘 먹고 잘 산다. 하지만 그런 축복의 지역은 많지 않다.

농경은 수렵 채집보다 훨씬 고되고 많은 노동을 요구하지만, 단위

면적당 더 많은 인구를 부양할 수 있는 농산물을 얻을 수 있다. 그만큼 대규모 집단을 이룰 수 있고, 집단의 힘이 강해진다. 그래서 좋은 자연환경을 지닌 지역과 더 넓은 지역을 차지하려는 전쟁도 시작된다. 수렵 채취 집단은 농경 집단이 탐내지 않는 열악한 지역으로 계속 밀려나게 되었다.

먹거리의 중요성은 주식이 쌀이냐 밀이냐에 따라 단순히 식단의 구성뿐 아니라 사회구조마저 달라졌다는 것에서도 알 수 있다. 인도 중국 동남아는 풍부한 강수량을 이용해 벼를 키웠다. 볏과 작물을 물속에서 키우면 잡초가 생기지 않아 소출이 크게 증가했다. 중국의 경우는 압도적 쌀 생산량을 바탕으로 일찍부터 패권 국가로 발전했다. 농사에는 많은 물이 필요한데 중국의 관개 사업은 강력한 왕권에서 비롯되었다. 7세기 초반 건설한 중국의 대운하는 유럽보다 1,000년 이상 앞선 것이다. 진시황 이후 중국 황제들이 자신을 '왕 중의 왕'으로 생각하게 된 것은 벼농사의 높은 생산력 덕분이었다.

밀 농사와 쌀농사는 농부의 자발성에도 큰 차이가 있다. 논농사를 위해 논에 나가서 물을 대고, 잡초를 제거하고, 논두렁을 다듬는 자발적이고 세심한 노력이 필요했고, 겨울에는 새끼줄도 꼬고, 가마니도 만드는 등 1년에 약 3,000시간 이상 일을 해야 했다. 반면 서양에서는 밀 농사가 벼농사보다 쉬워서 농노를 동원해서 일을 시켜도 문제가 없었고 1년에 약 1,200시간 정도만 일을 했다. 영주가 농노를 이용해 얼마든지 운영할 수 있던 농업 시스템이었다. 대신 쌀에 비해 생산성이 낮아 강력한 왕권 국가를 설립하기 어려웠다. 유럽은 연중 비가 자주 내려 풀이 잘 자라므로 곡식의 부족함을 목축으로 충당할 수 있었다. 유럽에서 국가란 개념이 강해진 것은 신대륙을 발견한 뒤 약탈과 같은 무역으로 자본 축적이 일어 난 이후이다.

중세 유럽은 향신료를 수입할 새로운 무역 항로를 찾으려 노력하면서 대항해 시대를 열었다. 향신료와 설탕의 무역으로 벌어들인 자본이 산업혁명으로 이어졌다. 명나라의 영락제는 심복인 정화를 시켜 콜럼버스가 신대륙을 발견한 1492년보다 87년 앞선 1405년부터 28년간 7차례에 걸쳐 인도양은 물론 호르무즈 해협, 아프리카 동부 연안까지 다녀왔다. 제1차 원정에 동원된 것만 8,000톤급을 포함한 62척의 배에 2만 7,800명의 승무원이다. 서양의 바스쿠 다가마의 함대 120톤급 3척에 승무원 170명, 콜럼버스의 함대 250톤급 3척에 승무원 88명에 비해 압도적 규모였다. 배에 코끼리, 사자, 표범, 얼룩말, 코뿔소 등 진귀한 동물을 실어 올 정도였다. 하지만 중국 밖에서 마땅히 교역할 것을 찾지 못했고, 왜구가 준동하자 바다를 통제하는 '해금(海禁)' 정책을 폈다. 그리고 동서양 문명의 대역전이 시작되었다. 이처럼 음식은 인류 역사를 움직이는 기관차 역할을 했다.

기근의 무서움, 호환, 마마, 전쟁보다 무서웠다

과거 우리의 선조는 매년 찾아오는 춘궁기를 두려워했다. 5~6월이면 전년에 수확한 양식은 바닥나고, 아직 보리를 수확하기 전이라 가난한 사람은 그 고비를 무사히 넘을 수 있을지 두려워하면서 생사의 보릿고개라 했다. 홍수나 가뭄까지 닥치면 삶은 더욱 처참해졌다. 요즘도 홍수와 가뭄의 피해가 많은데, 농사가 개인이나 국가 살림의 거의 전부를 차지하던 과거에 가뭄과 홍수는 죽음의 방문이나 다름없었다. 기근이 들면 곡식을 조금 넣고 나무껍질과 뿌리 같은 재료들을 넣어 물을 많이 붓고 죽을 끓이는 방법으로 음식의 양을 늘려 허기나 면하려 했고, 유랑민이 되어 걸식으로 연명하기도 했다. 겨우 연명에 성공해도 몸은 여위고 과다한 섬유질의 섭취로 위와 장도 약해졌다. 과거의 평균수명이 30세도 되지 못한 것은 제대로 먹지 못한 이유가 가장 컸다.

곡식의 부족함을 채우는 것이 구황작물(救荒作物)인데, 구황작물로 적합한 것은 가뭄이나 장마 같은 기후의 영향을 적게 받고, 척박한 땅에서도 빨리 자라는 것이었다. 조, 피, 기장, 메밀, 콩, 순무, 토란, 칡, 감자, 고구마, 옥수수 등이 이런 역할을 했다. 더 급하면 도토리, 고사리, 소나무 껍질과 잎, 산나물, 야생 열매와 꽃 등도 먹었고 해안지방에서는 해초 등도 먹었다.

지금이라면 '쌀농사를 망치면 감자, 고구마, 옥수수 같은 것을 먹으면 되지 않을까?'하겠지만 우리 땅에서의 재배 역사는 그리 길지 않다. 고구마는 1763년 일본에 조선통신사로 다녀온 조엄이 들여왔으며, 감자는 1825년 청나라를 거쳐서 조선에 들어왔고, 옥수수는 18세기 초엽 청나라에서 전래한 것으로 추정되고 있다. 그리고 본격적으로 재배되기 시작한 것은 일제 강점기로 쌀이 수탈된 이후다.

마땅한 구황작물을 찾기도 쉽지 않았다. 토란(土卵)은 땅의 달걀이라고 하지만 다른 천남성과 식물처럼 옥살산칼슘으로 만들어진 바늘 형태의 결정이 있어 세포를 찔러 독으로 작용하고, 맨손으로 토란을 만지면 심하게 가려워진다. 고사리는 '산에서 나는 소고기'라고 부를 만큼 인기 반찬이지만, 비타민 B1(티아민)을 파괴하는 효소(Thiaminase)와 방광암 등을 유발하는 독성 물질도 함유하고 있다. 가축도 이를 알고 먹을 수 있는 풀이 없어지는 폭설이나 가뭄이 아닌 이상 먹지 않는다. 만약에 이런 독성이 없다면 고사리는 이미 멸종했을 것이다.

지금은 도토리가 별미로 먹는 음식인데, 과거에는 생존의 음식 자체였다. 도토리는 참나뭇과에 속하는 신갈나무 등의 열매로 우리나라 산에 흔하다. 문제는 열매에 녹말이 많이 들어있지만 동시에 타닌도 많다는 것이다. 타닌(tannin)은 폴리페놀의 일종으로 단백질과 결합력이 강하다. 동물의 가죽을 무두질(tanning)할 때 콜라겐과 가교결합을 형성하여 가죽의 내구성을 높일 목적으로 사용했을 정도다. 이것을 많이 섭취하면 우리 몸의 소화효소와 같은 단백질과 결합하여 소화 불량이나 변비 등 탈이 난다. 침에 있는 단백질이 이런 타닌과 미리 결합하여 독성을 줄이는 역할을 하지만 그 효과에 한계가 있다. 한계를 넘는 많은 양은 강한 떫은맛과 함께 부작용이 나타난다.

타닌에 대응하는 대표적 방법이 숙성과 세척이다. 타닌은 단백질과 결합하지만, 타닌끼리도 결합한다. 떫은 감을 오래 보관하면 떫은맛이 사라지는 것은 타닌이 거대 분자로 축합하여 단백질(미각 수용체)과 결합력을 잃기 때문이다. 포도 껍질에서 추출된 타닌이 많은 와인일수록 숙성이 필요한 이유기도 하다.

도토리 하면 다람쥐를 떠올릴 정도로 도토리를 좋아하는 동물로 생각하지만 실제로는 그다지 좋아하지 않는다. 흔한 먹잇감이라 보이는 대로 땅속 등에 보관해 두려 한다. 시간이 지날수록 타닌이 불용화되어 먹을 만해진다. 그러다 땅속에 파묻은 것을 깜빡 잊고 파내지 않으면 그 도토리가 떡갈나무로 자랄 수도 있다. 서로에게 도움이 되는 것이다. 다람쥐보다는 돼지들이 도토리를 좋아하는데 이베리코 돼지는 다른 풀과 함께 도토리를 먹어 타닌의 수렴성을 줄인다고 한다.

우리 조상은 도토리의 타닌을 훨씬 적극적으로 제거했다. 타닌이 물에 약간 녹는 성질을 가지고 있어서 도토리를 갈아 물에 담그면 전분은 침전하고, 그 과정에 타닌은 물에 녹게 된다. 물에 씻고 침전하는 과정을 반복하면 타닌을 상당히 제거할 수 있는 것이다. 도토리의 영문 acorn은 oak(참나무)와 corn(낟알)의 합성어다. 윌리엄 브리안트 로간(William Bryant Logan)은 『오크, 문명의 틀(Oak, The frame of civilization)』을 통해 참나무가 인간의 삶에 필요한 모든 물질적 필수품을 제공한 문명의 틀이라고 주장한다. 인류는 빙하기 말부터 도토리

숲에 정착하여 도토리를 식량으로 삼았는데 당시에 몇 주간의 도토리 채집만으로 1년분의 음식을 준비할 수 있었다고 한다. 참나무는 먹거리뿐 아니라 정착 생활에 필요한 집, 울타리, 가구 등을 만들 때 필요한 재료를 제공하였다. 참나무는 가볍고 튼튼하고 유연하고, 방수 기능도 있어서 배를 만들 수도 있었고, 긴 항해에 필요한 물, 와인, 음식을 저장하는 통을 만들 수도 있었다. 지금도 와인이나 위스키를 장기간 숙성할 때 오크통을 이용하는 것은 향과 함께 방수력도 있기 때문이다. 그래서 참나무 서식지와 초기 인류의 정착지가 거의 일치한다는 주장도 있다.

단맛

2

달면 맛있다고 느끼는 이유

단맛에 대한 선천적 욕망

요즘은 곧잘 "너무 단 것 같아요", "달지 않아서 좋네요" 같은 말을 듣는다. 그러면서 매실청(설탕 첨가), 초당옥수수(주성분이 설탕) 같은 것은 달아서 좋다고 한다. 맛 중에 가장 선천적이면서 공통으로 좋아하는 것이 단맛인데 어쩌다 대혼돈의 시대가 된 것이다. 단맛에 대한 정직한 반응은 유아와 동물에서 관찰된다. 갓난아이에게 단것, 신 것, 짠 것, 쓴 것 등을 먹이면서 표정과 태도를 관찰하면 모든 아이가 단것을 좋아한다는 것을 알 수 있다. 어른들은 단것이 해롭다는 관념에 빠져 설탕을 넣은 것 같은 드러나는 단맛은 맛없다고 하면서 한편 드러나지 않은 단맛에는 환호한다.

쥐 실험에서 설탕물과 맹물을 상자 양쪽에서 각각 공급하면 설탕물만 마신다. 이때 뇌에는 도파민이 넘친다. 인간도 단맛을 주면 뇌에 도파민이 넘친다. 그럼 쥐에게 단맛 수용체를 제거하면 단것에 대한 선호가 사라질까? 예상과 다르게 쥐는 여전히 맹물보다 설탕물을 선호했고, 인공감미료보다 설탕물을 선호했다. 단맛은 단순히 혀로만 보는 것이 아니다. 혀로 단맛을 느끼지 못해도 소화관 내의 별도의 수용체로 당분을 감지한다.

내가 미각으로 느낄 수 있는 것은 오미뿐이고, 온갖 음식의 다양한 향미는 미량의 향기 물질에 의한 것이라고 설명하면, 사람들은 맛을 평가하는 데 입보다 코가 중요하다고 생각한다. 하지만 맛(미각) 중독은 있어도 향(후각) 중독은 없다. 그래서 사라진 향에 대해서 그리 큰 미련을 두지 않는다. 지금의 음식과 50년 전의 음식을 비교하면 몇 가지나 사라지고 새로 등장했을까? 과거에 흔했지만, 지금은 사용하지 않은 식재료가 정말 많지만, 사람들은 잊고 산다. 그만큼 향은 다양하고, 사라진 향은 다른 것으로 이내 채울 수 있기 때문이다. 하지만 미각은 결코 그렇지 않다. 5가지에 불과하지만 하나하나가 운명을 결정할 정도로 깊이가 있다. 고양이는 단맛 수용체를 잃어버려 단것에 전혀 흥미를 느끼지 못하며, 판다는 잡식성 곰의 일종이었지만 감칠맛 수용체를 잃어버려 지금은 고기에 전혀 흥미를 느끼지 않는다. 미각이 먹거리의 유형을 좌우하는 것이다.

우리가 선천적으로 단것을 좋아하는 이유는 살아가려면 엄청나게 많은 ATP(아데노신3인산)가 필요하고, ATP를 공급하는 가장 효과적인 수단이 당류이기 때문이다. ATP는 탄수화물(포도당) 말고 단백질이나 지방으로도 만들 수 있다. 그래서 탄수화물, 단백질, 지방을 3대 영양소(열량소, 칼로리원)라고 한다. 문제는 우리 몸이 포도당(당류)을 좋아하고 지방의 이용은 꺼리는 것이다. 그중에 특히 뇌가 그렇다.

뇌는 우리의 사고뿐 아니라 생리적인 기능도 지배하며, 에너지의 사용도 최우선으로 한다. 뇌는 다른 신체 부위에 비해 무게 당 무려 10배의 에너지를 사용하는데 그 에너지원으로 거의 포도당만 쓰려고 한다. 뇌는 단것을 먹으라고 입에 지령을 계속 내리는 것이다. 우리가 단것을 좋아하는 이유는 결국 우리 몸이 포도당 같은 당류를 주 에너지원으로 쓰고, 필요 양도 다른 영양분에 비해 압도적으로 많기 때문이다. 다른 맛 성분은 1% 이하여도 충분히 짜고, 시고, 쓴데, 단것만큼은 10% 이상 되어야 적당히 '달다'라고 느낀다. 만약 단맛을 쓴맛처럼 소량이어도 강하게 느낀다면 우리는 적은 양의 탄수화물(당류)에도 만족할 것이다. 포도 한 알에도 단맛이 입안에 꽉 차 사라지지 않는다면 누가 포도 한 송이를 다 먹으려 하겠는가? 인간은 생존을 위해 많은 양의 당을 섭취하도록 단맛에 대해 약하게 반응하도록 진화해 온 것이다.

인류의 달콤함에 대한 욕망은 아주 오래전부터 여러 형태로 드러나 있다. 원시인들이 단것을 얻는 최선의 방법은 벌들이 모아둔 꿀을 약탈하는 것이다. 가파른 절벽이나 벌에 쏘이는 위험에도 단것에 대한 추구를 멈추지 않았다. 그러다 양봉을 시도했고, 서양에서는 단풍나무 수액을 모아 설탕을 만들었다. 단풍나무 수액에 자당이 많이 함유되어 있어서 메이플슈가를 만들 수 있다. 단풍나무는 날씨가 몹시 추워야만 수액의 당도가 올라간다. 사탕수수를 수확해 즙을 짜내어 이를 다시 졸이고 결정화하면 설탕이 얻어진다. 이 과정에 아주 많은 노동력이 필요하다.

카리브해 지역에서 사탕수수가 잘 자라고 이윤을 꽤 남길 수 있는 산업적 전망이 보이자, 유럽인들은 아프리카에서 흑인 노예를 실어다가 이 지역에 대규모 사탕수수 플랜테이션을 만들기 시작했다. 사탕수수에서 즙액은 부패하기 쉬운데 이것을 졸이고 농축하여 결정화하면 영원한 단맛을 보장했다. 사탕수수즙을 말려 설탕을 만드는 것은 바닷물을 말려 소금을 얻는 것처럼 고난이었다. 우리 선조가 사용하던 전통 소금은 암염도 천일염이 아니고 자염이다. 바닷물을 가마솥에 담아 끓여서 만들었다고 자염(煮鹽) 또는 화염(火鹽)이라 불렀다. 개펄에서 인력만으로 농도 짙은 짠물을 만들고, 그 짠물로 소금 결정을 만드는 매우 고단한 작업이다. 바닷물을 그대로 퍼다 불로 끓여서 소금을 만들기에는 땔감이 너무 많이 필요하므로 바닷물을 갯벌에서 미리 농축했다. 갯벌에서 바닷물을 농축하는 것은 특정한 지형과 시기 그리고 고단한 노동이 필요하다. 그렇게 농축된 바닷물을 퍼와서 솥에 넣고 끓여서 소금을 얻기에 소금을 '굽는다'라는 표현을 쓰기도 한다. 이 방식으로 소금을 생산할 때는 막대한 연료가 소비되었으므로 생산비가 높을 수밖에 없었다. 이미 조선 전기부터 소금밭 주변 산지는 민둥산으로 변해갔다. 소금 노동자는 연료를 구하기 위해 남의 산에 들어갔다가 산주한테 곤욕을 당했고, 국유림에 들어갔다가는 고을 원님에게 잡혀 죽임을 당하기도 했다.

사탕수수 당액을 말려서 설탕을 얻는 데는 더 많은 연료가 필요했고, 사탕수수가 자라는 지역은 더운 지역이다. 과거 냉방시설도 없는 무더운 곳에서 계속 불을 때고 졸여서 설탕을 얻는 작업은 생각만 해도 지치고 땀이 나는 일이다.

19세기 영국의 로열 밀크티는 단순한 음료가 아니었다

설탕을 둘러싼 삼각무역은 16세기부터 19세기까지 지속되었다. 아프리카에서 노예를 구해 아메리카로 공급하고, 노예를 통해 아메리카에서 설탕을 대량 재배해 유럽으로 들여오고, 유럽의 공산품을 아프리카로 수출하는 형태였다. 이런 삼각무역을 통해 설탕과 당밀을 저렴한 가격에 가져오게 된 영국은 세계에서 가장 빠른 속도로 설탕 수요가 폭증하기 시작했다. 그 대표적 사용처가 밀크티였다. 영국에서 차에 우유와 설탕을 넣은 밀크티는 산업혁명 시기에는 굶주린 노동자들에게 절박했던 열량을 상당 부분 책임지기도 했다. 과거 우리나라에서는 농부들이 힘든 일을 할 때 새참을 막걸리와 같이 주곤 했는데 영국에서는 밀크티가 그 역할을 한 것이었다. 차에 설탕을 듬뿍 넣어 마시는 것은 노동자들에게 작은 휴식과 함께 열량을 추가로 공급받는 수단이었다. 그리고 자본가에게는 값싼 비용에 일을 더 시킬 수 있는 좋은 수단이 되었다.

19세기 말에 이르면 전체 칼로리 섭취의 14%를 설탕이 담당했고, 가난한 사람일수록 설탕에 의존했다. 얼마 안 되는 고기가 생기면 가족의 생계를 책임지는 가장이 주로 소비했고, 나머지 가족들이 설탕 소비에 의존한 것이다. "고기는 아버지만 먹었으며, 일하는 남편이 매일 베이컨을 먹는 동안 아내와 아이들은 일주일에 한 번 정도 고기 맛을 보는 데 만족했다."라는 것이 19세기 말 영국 노동자 가정의 일상이었다. 이때가 지금의 우리보다 식사에서 설탕이 차지하는 비율이 높았지만, 설탕 때문에 당뇨와 비만이 문제가 되었다는 주장은 없다.

달면 맛있어지는 이유

지금은 칼로리 과잉의 시대라 굳이 설탕을 먹을 필요가 없다. 하지만 설탕을 줄이기는 생각보다 쉽지 않다. 우리나라 국민 1인당 연간 30kg 정도의 설탕을 섭취한다. 4인 가족이라면 120kg이다. 이것을 집에 쌓아 두고 사용하라고 하면 깜짝 놀랄 것이다. 이 양도 우리나라가 국민소득에 비해서 적게 먹는 편이라는 것도 놀라운 일이다. 그만큼 눈에 보이지 않게 사용되는 간접 소비가 많은 것이다. 이처럼 설탕의 간접 소비가 많은 것은 설탕이 단순히 단맛을 부여하는 것이 아니라 부정적인 맛과 냄새를 줄이는 등 맛을 좋게 하는 온갖 기능을 하기 때문이다. 이런 설탕과 단맛의 역할은 나중에 자세히 설명하겠지만 말로는 단것을 싫어한다는 사람도 실제로는 노골적으로 단맛이 드러나지 않게 만든 제품은 좋아한다. 단것을 별로라고 생각했던 남자도 군대에 가면 바로 당기는 것이 달콤한 것들이고, 평소에 설탕이 들어간 커피믹스를 별로라고 여기던 사람도 힘든 일을 할 때는 마시는 커피믹스는 달콤함에 손을 들어 준다. 우리 몸은 생존의 필요성에 맞게 입맛을 조정한다. 탄수화물이 얼마나 맛있는지를 알고 싶으면 황제 다이어트를 해 보면 된다. 고기(단백질)와 지방 위주로 식사를 할수록 탄수화물을 갈망하게 된다. 당류는 혀로 느끼는 단맛이고 탄수화물은 위로 느끼는 단맛이다.

중요한 것은 양이지
음식 종류가 아니다

우리 음식도 놀랍도록 빨리 달라지고 있다

"먹어야 산다."라는 말에는 시대를 막론하고 누구나 동의하지만, 현대 들어와서 "무엇을 먹어야 좋은지"에 많은 논란이 생겼다. 한때 우리나라는 정력 식품과 보양식품에 대해 관심이 많았다. 웰빙 열풍이 불면서 건강식품에 관한 관심과 국산(신토불이), 로컬푸드, 슬로푸드 등의 열풍이 불기도 했다. 그런데 무엇을 먹어야 하는지는 생각보다 중요하지 않다. 나라마다 먹거리는 너무나 달랐고, 소위 장수 국가의 음식도 제각각 다르며, 우리의 음식도 급변하고 있지만, 모두 제 수명을 누리고 있다. 이것만으로도 음식의 종류보다 적절한 양이 중요하다는 것을 알 수 있다.

나라별 주식은 환경에 따라 너무나 달랐다. 많은 사람이 날마다 먹어야 하니 그 나라에서 충분하게 생산되는 식재료를 바탕으로 주식을 구성했다. 무엇이 더 좋은 것인지 따질 겨를이 없었다. "당신이 먹은 것이 무엇인지 말해 달라. 그러면 당신이 어떤 사람인지 말해 주겠다."라는 유명한 문장은 1825년 사바랭이 쓴 『미식예찬』에 등장한다. 그 당시에는 신분에 따라 먹는 것이 뻔히 정해져 있었다. 쇠고기는 고위층 간부와 사업가들이나 먹을 수 있었고 치즈, 과일, 음료도 계급에 따라 먹을 수 있는 것이 달랐다. 그 지역의 산물과 지위, 자산에 따라 먹을 것이 전부 달랐다.

최근까지 밥과 김치는 한국인에게 정말 특별한 위치였다. 과거에는 해외 운동 경기에서 성적이 부진하면 "김치가 없어서 힘을 못 썼다."라는 주장이 설득력이 있었고, 한국 선수가 선전하면 "교민이 전해 준 김치가 숨은 공신"이라는 기사도 쏟아졌다. 개인적 경험으로 1989년 식품회사 입사 후 연구소에서 남극탐사대에 보낼 김치를 제조할 때 선배를 도왔던 기억도 있다. 당시 남극탐사대는 레토르트 처리한 김치를 가지고 갔지만, 121℃로 멸균한 탓에 김치가 찌개처럼 변했다. 대원들은 아삭한 생김치를 너무나 먹고 싶어 했다. 그래서 배추에 칼슘 처리를 하여 레토르트 후에도 아삭한 식감이 남아 있게 한 김치를 특별 제작해 보내 준 것이다. 지금이라면 고작 그걸 위해 공문을 통해 요청할 정도로 절박할까 싶지만, 당시에는 김치가 그만큼 절대적이었다. 그런데 요즘은 김치의 위상이 정말 많이 바뀌었고 심지어 김치를 전혀 먹지도 않는 사람도 있다. 쌀밥도 김치만큼 위상이 바뀌었다.

내가 어렸을 때 정말 이해하기 힘든 것은 어른들의 밥에 대한 집착이었다. 친척 집에 가면 "식은 밥이라 미안해서 어떡해!" 나는 뜨겁지 않아서 오히려 좋은데 갓 지은 따뜻한 밥이 아니면 정말 미안해했다. 보온 밥솥이 없던 시절이니 아랫목 이불 속에 밥을 보관해서 따뜻한 밥을 주는 것이 큰 대접이었다. "찬밥 더운밥 가릴 처지냐?"라는 말은 대우의 좋고 나쁨을 따질 형편이 아니라는 뜻으로 흔히 쓰이곤 했다. 1983년에는 '코끼리 밥솥 사건'으로 나라가 시끄러웠다. 밥 짓기와 보온 기능이 잘 되는 일본 밥솥을 주부들이 일본만 가면 너나없이 사 들고 오는 것이 사회적 논란이 된 것이다. 당시에는 '갓 지은 따뜻한 밥'이 모든 식사의 정점이어서 아무리 다양한 음식을 많이 먹어도 밥을 먹지 않으면 제대로 식사를 한 것이 아니었다. 지금이야 피자 한 조각과 커피 한 잔으로 아침을 해결하고, 파스타와 샐러드로 점심을 먹고, 저녁에는 치킨과 맥주로 넘겨도 대수롭지 않지만, 과거라면 밥이 빠졌다면 한 끼도 제대로 못 먹은 하루인 셈이다.

그런데 지금은 김치의 소비가 줄고, 쌀 소비 역시 현격히 줄어 1970년 1인당 136kg이었던 쌀 소비량이 2021년 56kg까지 줄었고 고기를 오히려 더 많이 먹는 시대가 되었다. 이처럼 우리의 주식인 쌀과 김치의 위상이 변하고 있는데, 다른 식재료라고 그대로 일리가 없다. 지금 먹는 것을 조금 자세히 들여다보면 불과 60년 이전에는 없던 식재

단맛

료, 요리법인 경우가 대부분이다. 불과 100년 전에는 지금 먹는 결구배추, 무, 감자, 고구마, 옥수수 등은 사실상 존재하지 않던 것이었다. 우리의 식단은 불과 100년 사이에 이렇게 완전히 바뀌었지만, 지금 한국인은 과거 어느 때보다 건강하다.

최근까지는 장수촌에 관한 관심이 대단했고 온갖 장수 비결이 등장했다. 하지만 그 누구도 수많은 장수촌의 음식이 제각기 달라 공통점이 없는 것에는 주목하지 않았다. 나는 그것이 정말 미스테리하다. 한국인의 먹거리는 지난 100년간 완전히 달라졌고, 평균수명이 30년도안 될 정도로 단명하던 나라가 완전히 달라져 지금은 세계 최장수 국가의 하나가 되었다. 그사이 늘어난 것은 전통적인 한식이 아니라 변형된 한식과 가공식 그리고 서구식뿐인데, 이들은 수명을 늘리는 데는 전혀 이바지하지 않고, 질병과 비만만 늘린다는 주장이 잘 통하는 희한한 세상을 살고 있다. 건강에 음식의 양이 중요하지, 종류는 별로 중요하지 않다는 것을 보여주는 가장 구체적인 예가 포유류마다 젖성분이 제각각 너무나 다르다는 사실일 것이다.

포유류의 젖 성분은
완전히 제각각인데 왜 아무런 문제가 없을까?

세상에는 먹이가 되기 위해 만들어진 생명체는 없다. 먹고 먹히는 관계에서 식물은 동물에 덜 먹히기 위해 가시와 껍질, 셀룰로스 같은 소화할 수 없는 성분이나 온갖 독성 물질을 만든다. 생존을 위해 먹어야 하는 동물은 식물의 독을 견디고 해독하는 수단을 찾아야 한다. 음식의 목적으로 설계되어 아무 걱정 없이 먹을 수 있는 것이 있다면 포유류의 젖 정도가 유일하다.

엄마 젖은 아기에게 가장 이상적 음식으로 예찬되어 왔다. 그런데 젖의 성분은 정말 제각각이다. 바다표범처럼 지방이 50%에 가깝고 탄수화물은 0.1%에 불과해 완벽한 '저탄고지' 식단인 것도 있고, 반대로 당나귀처럼 지방 0.6%에 탄수화물 6.1%로 '고탄저지'인 것도 있다. 모유는 '고탄저단'으로 요즘의 영양 기준에서는 소의 젖(우유)보다 빈약하다. 그런데도 제각각 아무 문제 없이 성장한다. 이보다 음식의 의미를 잘 설명하는 것도 드물 것이다.

모유의 영양성분 중에서 많은 것이 유당이다. 고형분의 절반이 단순당(이당류)인 유당이다. 그러면 유당은 같은 이당류인 설탕보다 훨씬 좋은 당류일까? 기대와 달리 유당은 설탕보다 물에 잘 녹지도 않고, 소화하기 힘든 나쁜 당류다. 만약에 유당이 설탕보다 맛있고 저렴했다면 설탕보다 많이 쓰였을 것이고 유당으로 인한 건강상 폐해는 훨씬 심각해 설탕보다 수십 배의 악명을 떨쳤을 것이다.

포유류의 갓난이(포유기) 때는 소화효소가 있어서 영양분으로 활용할 수 있지만, 한 살만 되어도 이 효소가 사라져 유당을 먹으면 복통과 설사 등 온갖 부작용이 있다. 더구나 아주 낮은 확률로 갓난이 때

종류	지방 %	단백질 %	유당 %	비고
당나귀	0.6	1.9	6.1	고탄저지
소(우유)	3.5	3.5	4.9	
염소	3.8	2.9	4.7	
원숭이	4.0	1.6	7.0	
사람(모유)	4.2	1.1	7.0	고탄저단
코끼리	5.0	4.0	5.3	
양	6.0	5.4	5.1	
물소	9.0	4.1	4.8	
쥐	13.1	9.0	3.0	
고래	42.3	10.9	1.3	
바다표범	49.4	10.2	0.1	저탄고지

• 포유류의 젖 성분 •

마저 유당을 분해하는 효소가 없는 아이가 태어나기도 한다. 지금이라면 얼마든지 다른 것으로 영양을 공급할 수 있지만 과거에는 이런 경우 원인도 모르고 고통 속에서 죽어갔다. 이처럼 젖 성분에 담긴 의미만 잘 살펴봐도 세간의 음식에 대한 평가가 얼마나 이런 적응력을 무시한 엉터리 평가인지 알 수 있다.

우리가 먹는 것, 50% 이상은 포도당이라는 한 가지 분자다

병원에 가면 흔히 접하는 것이 포도당 주사액이다. 몇 가지 유형이 있지만, 성분 대부분은 물이고 5~10%의 포도당과 0.9% 정도의 소금이 들어 있다. 정말 특별한 것 없지만, 이보다 많은 생명을 구한 약도 드물 것이다.

에볼라 바이러스에 감염되면 치사율이 90% 정도라고 하는데, 병원에서 다른 치료 없이 포도당 주사를 맞으면서 버티기만 해도 치사율이 50%로 낮아진다. 과거에는 잔치나 제사 음식을 잘못 먹고 식중독으로 동네가 줄초상이 나는 경우도 자주 있었다. 식중독으로 설사를 몇 번만 계속해도 수분과 나트륨이 한꺼번에 너무 많이 빠져나가서 치명적이다. 이때 포도당 주사만 맞고 있어도 시간이 지나면 대부분 스스로 회복한다. 설사를 통해 장 속에 위험한 균이나 독성 물질이 배출되고, 수분과 나트륨, 그리고 포도당만 잘 공급하면 큰 문제가 없이 회복하는 것이다. 어떤 이유로든 병원에 입원할 정도면 식사하기 힘든 경우가 많은데 이때 포도당 주사가 없으면 곤란할 것이다. 단순한 포도당 주사가 천하의 명약인 것이다. 일상에서 우리가 먹는 음식도 같은 원리다.

나라별로 음식의 종류는 너무나 다양하고, 건강 프로그램에는 온갖 희한한 식품이 등장하여 마치 수백 가지 영양성분을 섭취해야 건강을 유지할 수 있을 것처럼 느껴진다. 하지만 우리가 먹는 것의 주성분은 놀랍게도 단순하다. 우리가 먹는 음식물의 절반 이상은 포도당이라는 딱 1가지 분자다. 온갖 다양한 식재료가 있지만 그것을 구성하는 성분은 생각보다 단순하다.

지금 우리(한국인)가 먹는 음식에서 탄수화물 비중이 60%가 넘는다. 1970년 이전에는 80%가 넘었는데 지금은 그나마 단백질과 지방 섭취가 늘면서 많이 줄어든 비율이다. 탄수화물은 쌀, 밀, 옥수수, 감자 등 어떤 것을 먹든 대부분 전분(Starch)의 형태이고, 전분마다 크기와 형태가 다르지만, 완전히 분해하면 포도당이란 딱 한 가지 분자가 된다. 결국 우리가 어떤 음식을 먹든 그 음식을 구성하는 성분의 50% 이상은 포도당 한 가지 분자인 것이다. 우리의 식재료의 종류도 생각보다 단순해졌다. 지금 우리가 먹는 것 대부분은 옥수수, 쌀, 밀 그리고 옥수수로 키운 가축이라고 해도 과언이 아니다. 우리가 먹는 열량의 90%는 1,000만 종의 자연 생물 중에서 불과 15종 이하에서 얻는 것이다.

세상에 음식과 건강에 관한 이야기는 넘치지만, 나는 그런 주장들이 전혀 미덥지 않다. 포도당의 가치 하나도 제대로 평가하지 않기 때문이다. 포도당은 가장 핵심적인 에너지원일 뿐 아니라 온갖 유기물의 합성에 활용된다. 포도당에서 쉽게 비타민 C가 만들어지고 과당, 만노스(Mannose), 갈락토스 등 다른 모든 당류도 만들어진다. 미생물은 포도당을 이용해 트레할로스, 자일로스, 덱스트란도 만든다. 포도당에서 지방도 만들고, 단백질을 이루는 아미노산의 뼈대도 포도당에서 만들어진다. 그러니 식품의 성분이나 역할을 말하려면 60%는 포도당 이야기가 되어야 할 것이다. 그런데 우리나라에 그렇게 많은 음식 관련 책이 있지만 포도당을 주제로 한 책은 없고 외국도 마찬가지

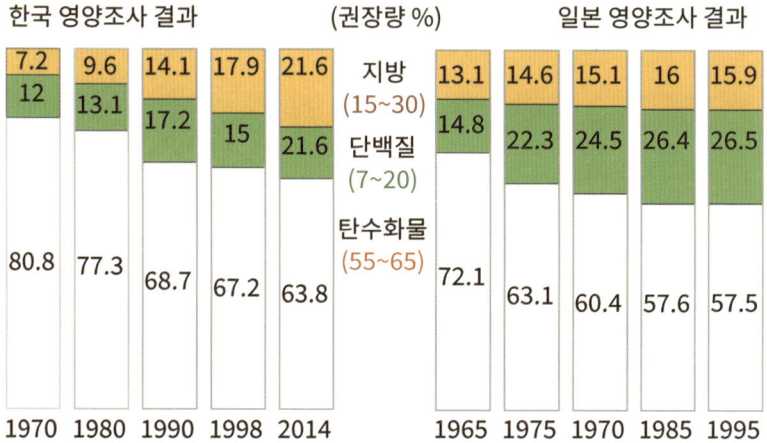

• 한국과 일본 식단에서 탄수화물이 차지하는 비율의 변화 •

단맛

다. 혈당과 당뇨에 관한 말들이 그렇게 많은데 포도당이 뭔지를 설명하는 책은 없다는 것으로도 우리의 지식이 얼마나 자연을 있는 그대로 보려고 하지 않고 인간의 관점에 편향되어 있는지 알 수 있다.

자연은 정말 치열한 생존 경쟁이 펼쳐지고 지금까지 지구에 등장한 생물 종의 99.99% 이상이 멸종한 역사인데, 비효율적이고 쓸데없는 짓을 하면서도 살아남을 정도로 호락호락하지 않다. 식품을 공부하려면 포도당이 무엇이고, 왜 1억 종이 넘는 유기화합물 중에서 포도당이 유기물의 1번 물질이 되었는지 그 분자의 특성부터 공부하는 것이 맞을 것이다.

음식이 늘어나자 수명도 늘었다

음식에서 양의 중요성을 말해 주는 가장 명확한 증거가 인간 수명의 증가다. 1900년까지도 세계인의 평균수명은 31세에 불과했다. 우리나라의 평균수명도 30세가 안 되었기에 60세를 넘기면 회갑 잔치를 열어 온 마을이 축하해 주었다. 요즘은 평균수명이 80세를 넘었으니 과거보다 50년이 늘었다. 현대인의 수명이 늘어난 것은 굶주림을 면하게 한 식량의 증산이 가장 큰 역할을 했다. 성장기에 적절한 영양을 공급받지 못하면 제대로 성장하지 못하고 결국 오래 살지 못한다. 남북한의 수명 차이도 이를 뒷받침한다. 과거 북한이 잘 나갈 때는 남한과 수명이 같았다. 그러나 고난의 행군이 시작되면서 남한과 격차를 보이기 시작해서 지금은 10년 차이가 난다. 현대인은 인류 역사상 어느 때보다 건강하고 장수한다. 먹을거리가 풍부해지고, 위생이 갖추어지면서 평균수명이 급격히 늘기 시작해서, 100년 전 천연 무공해 유기농 작물만 먹었던 시절보다 훨씬 건강하고 덜 아프다. 도쿄 노인 의학연구소의 조사에 따르면 2007년 87세의 건강과 체력이 1977년의 70세 수준이라고 한다. 17세 정도 젊어진 셈이다.

지금은 어지간하면 제 수명을 누린다. 다른 포유류를 기준으로 하면 인간의 생물학적 수명을 40세로 추정하는데 2배 이상을 사는 것이다. 오죽하면 우리나라 10~40세의 사망 원인 1위가 자살이고, 40~60세도 2위가 자살이겠는가. 세상에는 온갖 생활방식의 사람이 있다. 채식하는 스님, 고기와 생선으로 살아가는 이누이트, 가공식품 등 현대 문화를 거부하고 자연의 품에서 전통의 방식대로 살아가는 집단 등 정말 다양한 방식으로 살지만, 특별히 더 장수하는 집단은 없다. 적당량의 식사를 하면 제 수명을 누린다.

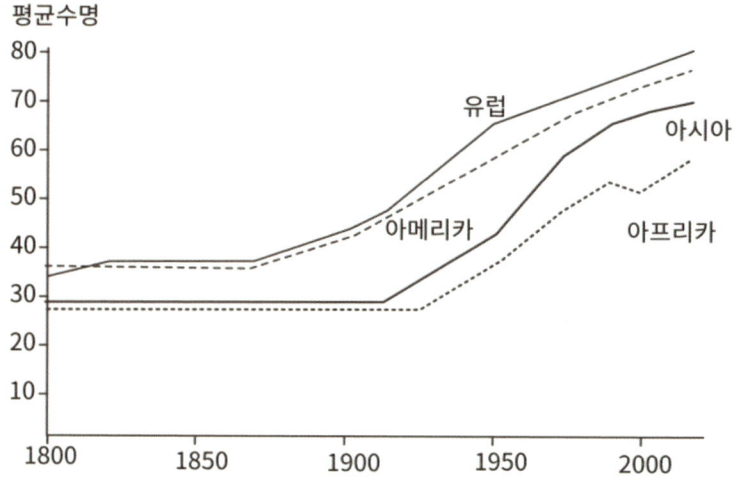

• 대륙별 평균 수명의 변화(출처: http://ourworldindata.org) •

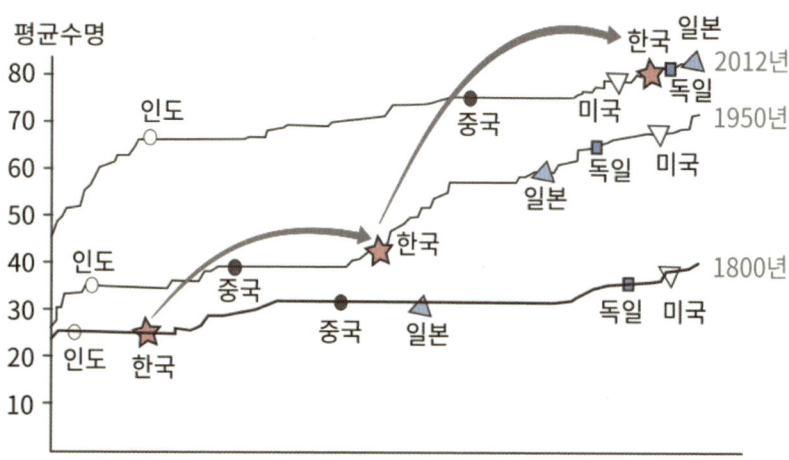

• 시대에 따른 평균수명의 변화(출처: http://ourworldindata.org) •

우리가 날마다 많이 먹어야 하는 이유
아주 적게 먹고 사는 동물도 있다

　식물은 움직이지 않는다. 그러니 살아가는 데 필요한 에너지가 적다. 햇빛을 이용해 필요한 분자와 에너지원을 제 스스로 만들어서 충분히 살 수 있는 것이다. 하지만 동물은 활발히 움직여야 한다. 그만큼 에너지 소비도 많고, 많이 먹어야 한다. 만물의 영장이라는 인류도 먹거리에 대한 걱정이 항상 많았다. 그런데 코알라처럼 천하태평으로 살면서 먹거리 걱정이 없는 동물도 있다. 코알라는 하루에 대략 20시간 정도는 나무 위에서 잠을 자는 데 보내고, 나머지 4시간은 먹는 데 사용한다. 문자 그대로 먹고 자기만 하는 것이다.

　유일한 문제는 주식인 유칼립투스는 영양소가 적고, 독성이 강하며, 섬유질이 많다는 것이다. 코알라가 많은 시간 잠만 자는 이유로 주식인 유칼립투스 나뭇잎에 수면제 성분이나 독성 성분이 있어서 해독에 시간이 걸리는 것으로 추정하지만, 보다 핵심적인 이유는 유칼립투스 잎에 영양소(칼로리 원)가 너무 적기 때문이라고 한다. 유칼립투스 잎도 닥치는 대로 먹는 것이 아니라 꼭 1년에서 1년 6개월 사이의 것만 골라 먹는데 너무 어린잎은 소화하기는 좋지만, 영양 성분이 너무 적고, 오래된 잎은 질기고 독성이 강해지기 때문이다. 코알라는 나름 예민한 후각을 통해 적당한 유칼립투스를 골라 먹는다. 치아는 잎을 소화가 쉽도록 잘게 부수는 데 특화되어 있고, 많은 섬유질 때문

단맛

에 맹장은 길이가 200cm, 지름은 10cm 정도가 될 정도로 크다. 소화하는 데 100시간 이상 걸린다고 한다.

먹이를 통해 얻는 에너지가 워낙 적으니 움직임을 최대한 줄이고, 오래 잠을 잘 수밖에 없다. 심지어 따로 물을 마실 필요도 없다. 코알라(koala)라는 이름이 오스트레일리아 원주민의 언어로 '물을 마시지 않는다.'는 뜻에서 나온 것이라고 한다. 번식기에 짝을 찾아 나서거나, 새끼를 키우는 경우를 제외하면 대체로 홀로 생활한다. 여러모로 최소한의 에너지로 살아갈 수 있도록 특화된 것이다. 코알라의 뇌는 평균 19.2g으로 모든 포유류 중에서 체중 대비 가장 작은 뇌를 가지고 있다. 신체 기관 중에서 뇌가 중량대비 에너지 소비가 가장 많은데 뇌를 줄여 에너지 소비를 줄인 것이다. 대신에 복잡한 행동이나 낯선 환경에 적응하는 능력이 현저히 떨어지는 편이다. 동물원에 가도 코알라를 볼 수 없는 것은 사육이 까다롭기로 유명한 자이언트판다보다 더 힘들기 때문이라고 한다. 유칼립투스만 주면 해결되는 것이 아니라, 특정 유칼립투스만 먹는 데다, 적응력이 부족하여 기후 등의 스트레스에 견디지 못한다. 세상에 공짜는 없는 셈이다.

체온 유지는
우리가 많이 먹어야 하는 결정적 이유

2025년 새해 들어 대만에서 500명 가까이 추위로 심정지가 와서 사망했다는 뉴스가 나왔다. 대만은 겨울에도 영상 10℃ 이상을 유지하는데, 갑작스러운 한파로 기온이 훅 떨어졌기 때문이다. 한국인에게는 아무렇지 않을 추위인데 동사자가 나온 것이다. 예전부터 인도는 겨울에 기온이 영상 10℃ 이하로만 떨어지면 수백 명이 죽는다는 말이 있었지만, 잘사는 대만에서 추위로 그 많은 사람이 죽은 것은 충격적이다.

예로부터 춥고 배고픈 설움이 가장 큰 설움이라고 했다. 과거에 지상낙원의 묘사에도 빠짐없이 등장하는 것이 "모든 이들이 맛있는 음식을 배불리 먹고 따뜻한 옷과 집을 갖고 살아가는 모습"이다. 1962년 북한 김일성은 "1964년에는 모두가 기와집에서 이밥에 고깃국을 먹으며 비단옷을 입고 사는 부유한 생활을 누리게 될 것이다."라고 말했다. 이 말이 당시 북한의 대표적 정치구호가 되었다. 과거에는 '의(옷)식(먹거리)주(집)'란 단어가 사람이 살아가는 데 필수적인 3대 요소로 정말 자주 언급되었다. 의식주의 의미는 인류의 선조들이 추운 겨울에 먹을 것이 없어서 옷도 없이 벌거벗고 밖에서 먹잇감을 찾아 헤매야 하는 상황을 생각해 보면 된다.

지금도 야생에 낙오되면 생존에 가장 중요한 기술이 불 피우기다. 옛날에는 성냥이나 라이터처럼 불을 켜는 도구가 따로 없었기에 우리 조상들은 불씨를 소중히 관리했다. 불씨는 언제든지 불을 옮겨 붙일 수 있도록 재 속에 묻어 두는 불덩어리다. 덮은 재를 걷어내고 입으로

"후~" 하고 바람을 불면 다른 나무에 불을 붙일 수 있었다. 불씨를 관리하는 것이 워낙 중요한 일이라서 집안의 재물과 복을 지키는 일이라고까지 생각했다. 불씨를 지키지 못하는 며느리를 게으르거나 칠칠치 못하다고 집에서 쫓아내기도 했고, 불씨를 빌려주면 집안의 복이나 재물이 나간다고 생각해서 아무리 친한 이웃이라도 꺼렸다고 한다. 조선시대 수도인 한양의 행정, 사법, 치안을 관할한 한성부가 하는 일 중에는 불씨를 잘 보관하다가 백성들에게 나누어 주는 일도 포함되어 있을 정도였다. 우리나라에 쉽게 불을 켤 수 있는 성냥이 등장한 것은 1880년대 이후다. 그리고 먹는 것과 체온은 생각보다 관련이 대단히 깊다.

인류를 포함한 포유류는 일정한 체온을 유지하는 항온동물(恒溫動物, 정온동물)이다. 우리 몸 스스로 체온을 올리고 내릴 수 있는 능력이 있어서 36.5℃에서 1~2℃ 정도의 범위 안으로 체온을 유지한다. 이보다 4℃ 정도 체온이 오르거나 내리면 생명에 위험하다. 일부 항온동물은 겨울잠을 잔다. 이때는 예외적으로 변온동물처럼 체온이 훨씬 낮아지고, 많은 영양분이나 호흡이 필요하지 않아 먹이를 구할 수 없는 기간을 몸에 비축한 열량소(지방)를 분해하여 ATP와 물을 생산하면서 버틴다.

항온 유지를 위해서는 기초대사량의 절반을 차지할 정도로 엄청난 에너지가 필요하다. 그만큼 항온성은 많은 먹이(열량소)를 섭취해야 하는 아주 위험한 결정이다. 대부분 변온동물은 한 번 먹으면 몇 달간 먹지 않아도 버틸 수 있다. 반면 항온동물은 먹지 않고는 몇 주도 버티지 못한다. 매일 먹이를 찾아 헤매야 하는 것이다. 추운 지역에 살거나, 덩치가 작아 체중 대비 표면적이 클수록 체온을 쉽게 빼앗긴다. 같은 동물이라도 추운 지역으로 이주하면 체격을 키워 상대적 표면적을 줄이는 쪽으로 진화하고 더운 지역으로 이주하면 체격을 줄여 표면적을 넓히는 쪽으로 진화한다. 몸집이 작은 땃쥐나 뒤쥐의 경우 자기 체중의 3배에 달하는 먹이를 매일 먹어야 체온을 유지할 정도다. 그만큼 심장이 빨리 뛰고, 대사로 인한 산화 스트레스도 많은데 적절한 대책이 없으면 그만큼 빨리 죽는다. 청상아리는 어류로는 특이하게 항온동물인데, 다른 변온의 상어들보다 60배나 더 많이 먹어야 한다.

항온동물은 많이 먹어야 하는 만큼 왕성한 에너지대사가 일어나야 한다. 그만큼 열량소를 태울 많은 산소가 필요하고 오래 숨을 참기도 힘들어진다. 고래가 오랜 시간 바다에 적응했지만 큰 덩치에도 3시간 이상 숨을 참지 못하는데, 에너지(산소) 소비가 적은 해양성 파충류는 작은 몸집에도 쉽게 6시간 이상 숨을 참는다. 이처럼 항온 능력을 유지하는 것은 많은 먹거리를 필요로 하고 몸에 부담스러운데, 왜 바보같이 항온성을 유지하는 것일까?

힘들게 항온성을 유지하는 것은 언제나 빠르게 움직일 수 있기 때문이다. 곤충 등은 햇빛이 날 때까지 꼼짝하지 못하는데 항온동물은 날씨가 추워도 얼마든지 먹이 활동이 가능하다. 항상 효소 등 대사활동에 최적의 체온을 유지할 수 있어서 먹이만 있다면 추운 곳 더운 곳 가

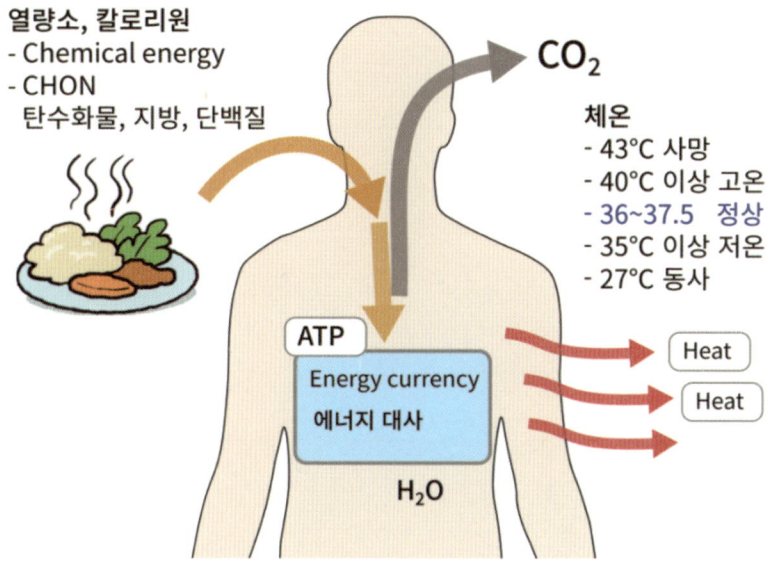

열량소, 칼로리원
- Chemical energy
- CHON
  탄수화물, 지방, 단백질

CO_2

체온
- 43℃ 사망
- 40℃ 이상 고온
- 36~37.5 정상
- 35℃ 이상 저온
- 27℃ 동사

ATP

Energy currency
에너지 대사

Heat

Heat

H_2O

• 음식(열량소)의 역할 •

리지 않고 어디든지 살 수 있다.

지금은 우리 인류는 먹이 활동을 위해 굶주리면서 며칠 밤낮을 산과 들을 헤매지 않고, 냉난방 시설이 잘되어 추위에 떨거나 더위에 땀을 흘리지도 않는다. 항온동물이 아니라 변온동물에 적합한 환경에서 사는 것이다. 기초대사량의 절반이 체온 조절에 쓰이는데, 그럴 필요도 크게 줄어든 것이다. 그러면서 음식 섭취를 줄이기는커녕 점점 늘리고 있다. 그래서 생긴 비만의 문제를 가지고 음식 종류 타령에 여념이 없다. 원인 파악부터가 엉터리이니 해결의 가능성이 요원한 것이다.

항온성 때문에 부담해야 할 짐이 너무나 크다. 엄청난 양의 먹거리를 확보해야 할 뿐 아니라 많은 산소가 필요하고 많은 산화 스트레스에 대응해야 한다. 에너지대사의 효율성이 생로병사의 가장 결정적인 열쇠를 쥐고 있는 것이다.

4

음식이
복잡할 이유는 없다

APT는 알아도 ATP는 몰라도 되는 세상

내가 식품이나 맛에 관한 세미나를 할 때 "ATP"라는 단어만 등장하면 모두 어려워한다. 이럴 때면 방송에 그렇게 많은 건강 프로그램이나 과학의 대중화가 무슨 소용일까 하는 생각도 든다. 지난해 말 노래 한 곡 때문에 APT가 세계인이 알아듣는 단어가 된 것에 비하면 더욱 그렇다. 아파트는 아파트먼트(apartment)에서 변형된 것이라, 외국인이 뭔지 모르다가 한국 노래 한 곡 때문에 많은 사람이 알아듣는 단어가 된 것이다. 그런데 ATP는 APT에 비교할 수 없이 중요한 단어인데 왜 이리 모르는 사람이 많고, 많은 사람이 몰라도 전혀 문제라 하지 않는 것일까?

우리는 '전기'의 실체가 무엇인지 구체적으로 몰라도 전기가 끊기면 휴대전화, TV, 조명, 냉장고 등 모든 전기제품이 작동을 멈춘다는 것은 안다. 마찬가지로 ATP의 그 실체가 뭔지 몰라도 "모든 생명체는 'ATP'라는 분자의 에너지로 작동하고, ATP가 고갈되면 즉시 모든 생명 활동이 멈추게 된다."라는 정도만 알아도 충분할 것이다. 나는 식품이나 건강에 대한 지식이 이렇게 혼란스럽고 그때그때 달라지는 것은 "모든 생명체는 ATP라는 에너지로 작동한다."라는 것에서 출발하지 않았기 때문이라고 생각한다. 가장 기초가 되는 단어와 개념에서 출발하지 않으니 식품의 역할이나 건강에 관한 지식은 사소한 충격에도 모래성처럼 금방 무너지는 것이다.

ATP의 관점에서 생명현상을 들여다보면 발효와 부패가 무슨 차이이고, 세균과 진핵세포의 차이가 명확해지고, '산소가 필요한 이유', '심장이 뛰는 이유', '왜 포도당이 우리가 먹는 것의 절반이 넘는지', '왜 노화와 질병을 피할 수 없는지' 등이 명확해지고 심지어 영양제로 '비타민과 항산화제'가 왜 도움이 안 되는지도 설명이 된다. 기본이자 근본적인 것을 바탕으로 식품과 건강에 관한 지식이 씨줄과 날줄로 촘촘히 연결되어야 불량지식이 끼어들지 못할 텐데, 각자 극히 일부 현상을 가지고 제 입맛에 맞는 부위를 골라 와 부분적으로 이야기하면서 입맛에 맞게 과장하니 세상에 엉터리 정보들이 넘치고, 지식이 오히려 독이 되는 세상이 된 것이다.

우리가 먹어야 하는 가장 중요한 이유와 우리가 숨을 쉬지 않으면 금방 목숨이 위태로워지는 이유와 우리가 단것을 그렇게 좋아하는 이유는 정확히 똑같다. 우리 몸을 작동하는 데 필요한 에너지를 얻기 위함이다. 우리 몸이 살아서 작동하기 위해서는 똑같이 엄청난 양의 에너지가 필요한데 가전제품이 사용하는 에너지가 전기라면 우리 몸은 ATP라는 분자의 화학 에너지를 사용한다는 차이만 있다. ATP(Adenosine Tri-Phosphate, 아데노신삼인산)는 아데노신을 운반체로 사용하고 여기에 3개의 인산이 결합한 분자이다. 이 분자가 얼마나 결정적인 것인지는 사용량만 확인해 봐도 알 수 있다.

우리 몸은 37조 개의 세포로 되었고, 모든 세포는 ATP를 기반으로 작동한다. 1분에 사용하는 양이 30~40g이다. 반면에 우리 몸이 보관하는 양은 60g으로 2분 사용량도 되지 않는다. 1분이 35g이면 1시간에 2,100g이고, 하루 24시간 쉬지 않고 사용하므로 하루에 51kg이다. 이 양은 사람마다 다르겠지만, 매일 거의 자신의 체중만큼의 ATP를 소비하는 것이다.

만약에 이 양을 음식물처럼 섭취해야 한다면 정말 끔찍한 숙제일 것이다. 하루 1.6kg의 음식을 먹는 데도 상당한 시간이 필요한데 30배가 넘는 양이다. 다행히 ATP는 재생이 된다. ATP는 ADP(아데노신2인산)와 무기인산(Pi)으로 분해되면서 에너지를 방출하고 ATP합성효소를 통해 다시 ADP에서 ATP로 재생된다. 이때 열량소가 사용되는데 포도당 1분자(분자량 180)를 미토콘드리아에서 산소를 이용하여 완전히 연소시키면 30~38개의 ATP를 재생할 수 있다. 포도당(180)으로 포도당 무게의 90배(32*507)에 해당하는 ATP를 재생할 수 있는 것이다.

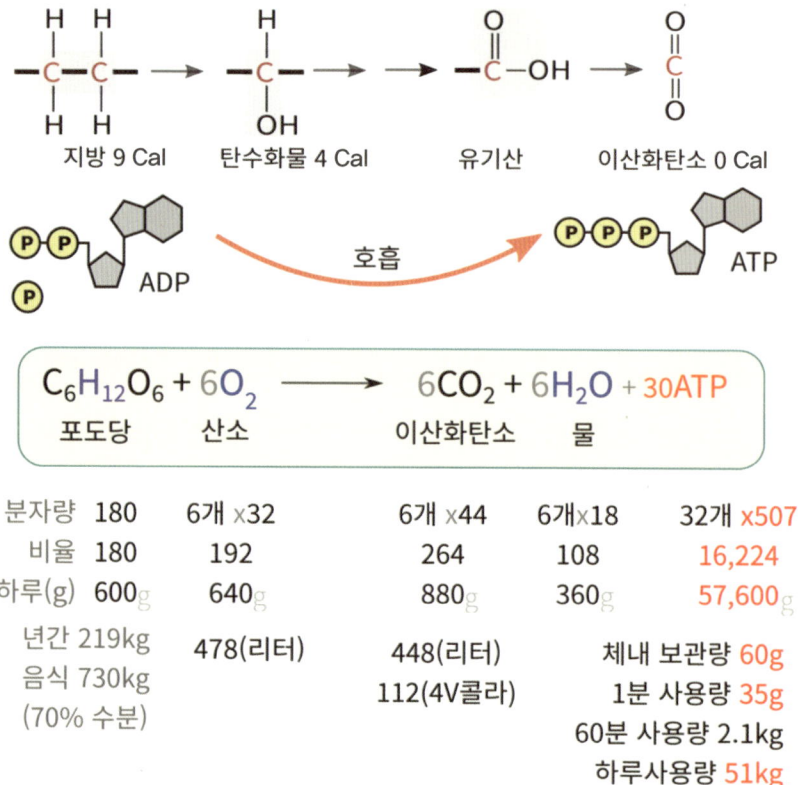

분자량	180	6개 x32		6개 x44	6개x18	32개 x507
비율	180	192		264	108	16,224
하루(g)	600g	640g		880g	360g	57,600g

년간 219kg	478(리터)	448(리터)	체내 보관량 60g
음식 730kg		112(4V콜라)	1분 사용량 35g
(70% 수분)			60분 사용량 2.1kg
			하루사용량 51kg

음식의 주 목적은 에너지를 만들 연료(열량소)의 공급

우리가 음식을 먹는 주목적은 에너지(ATP)를 재생하는 데 필요한 열량소를 얻기 위함이다. 그만큼 주로 먹어야 하는 것은 단순한 것이다. 방송에 등장하는 수많은 건강식품을 보면 비타민, 미네랄, 슈퍼 푸드 등 수백 가지 성분을 챙겨 먹어야 할 것 같지만, 이것은 전혀 이치에 맞지 않다는 것은 자동차의 연료를 생각해 봐도 충분하다. 자동차가 움직이려면 동력이 필요한데, 그 에너지원으로 휘발유, 디젤유, 가스, 전기 등이 사용된다. 증기 기관일 때는 나무와 석탄을 쓰기도 했다. 자동차를 이용하려면 연소 시스템에 적합한 연료를 공급하는 것이 핵심이다. 동물도 살아가기 위해 가장 절박한 것은 에너지원인 열량소이다. 초식동물처럼 탄수화물 위주로 먹든, 고양잇과 동물처럼 단백질만 먹든, 아니면 잡식동물처럼 이것저것 먹든, 무언가 에너지원이 되는 것을 많이 먹어야 한다. 자동차는 연료로 휘발유 대신 디젤유를 사용하려면 바로 문제가 되지만 우리 몸은 이보다는 덜 엄격해서 탄수화물 대신에 지방이나 단백질을 공급해도 어느 정도 작동한다.

비타민이나 미네랄은 엔진오일이나 변속기 기름 같은 것이다. 매일 소비되는 것이 아니라 특별히 신경 쓸 필요가 없다. 자동차는 이것 말고도 수만 가지 부품이 정상이어야 작동한다. 우리 몸도 마찬가지로 수만 가지 분자가 제 역할을 해야 정상으로 작동한다. 자동차라면 주기적으로 교체해야 할 부품이 있지만 우리 몸은 자체적으로 1년에 절반 정도를 새로 만드는 정도의 차이만 있다. 비타민 등은 일부이지 전부가 아니며 다른 성분보다 그 기능이 특별하지도 않다. 엔진오일이나 변속기 기름을 미리 차에 대량으로 투입한다고 좋을 이유가 없는 것처럼 이들을 미리 많이 챙겨 먹는다고 좋을 이유가 하나도 없다.

인류가 잘 쓰는 에너지원은 탄수화물이다. 그리고 탄수화물이 에너지원으로 사용되는 형태가 당류다. ATP를 재생하는 데는 포도당, 과당, 설탕, 꿀과 같은 당류가 활용하기 좋은 형태이다. 당류를 직접 먹든, 밥 같은 탄수화물을 먹든 결국에는 포도당이 되고 포도당을 분해하여 ATP를 얻는다. 그래서 우리 몸은 항상 탄수화물(당류)을 충분히 먹도록 세팅되어 있다. 결국 단맛을 느끼는 것은 우리 몸의 배터리인 ATP를 공급할 에너지원(탄수화물)을 찾겠다는 것이다. 우리가 단맛 수용체를 가지고 당을 찾으면 우리 뇌가 쾌감을 부여하는 것도 그 때문이다. 단맛은 그 음식이 우리의 에너지 수요를 채우는 데 도움이 된다는 신호다.

ATP 발전소, 진핵의 핵심 미토콘드리아

포도당($C_6H_{12}O_6$)을 이산화탄소로 완전 연소를 하려면 산소가 필요하다. 포도당은 최종적으로 미토콘드리아에서 이산화탄소와 수소이온으로 분해되고, 이산화탄소는 혈액에 탄산의 형태로 녹은 뒤 폐를 통해 기체로 배출되지만, 수소이온은 그렇게 제거할 수 없다. 이런 특성을 ATP 합성에 활용한다. 이후 ATP 합성에 사용된 수소이온을 제거하는 가장 깔끔한 방법이 산소와 결합해 물로 전환하는 것이다.

이에 대한 구체적인 기작은 3장에서 자세히 설명하겠지만 이것을 제대로 이해하는 것이 식품이 건강에 미치는 영향의 절반 이상이라고 할 수 있다. 여기에 우리가 왜 탄산음료를 좋아하는지 등에 대한 힌트도 있다. 에너지대사로 만들어진 이산화탄소가 900g 정도고, 그것이

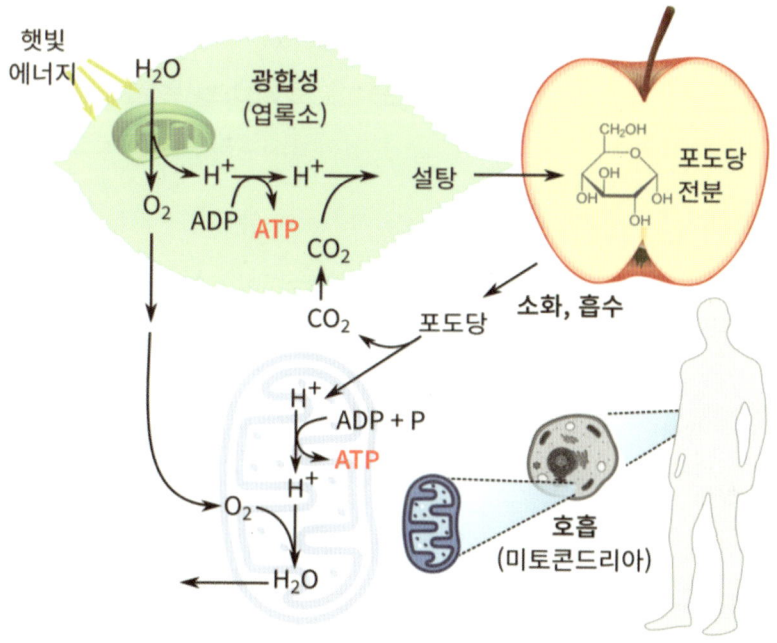

• 햇빛 에너지를 화학 에너지(ATP)로 전환하고 활용하는 과정 •

혈액의 pH 7.4를 유지하는 핵심적인 역할을 한다. 탄산 유해론이나 산성 식품/알칼리성 식품 같은 주장은 터무니없는 사이비 지식이다.

산소의 필요성, 포도당 같은 열량소의 필요성, 미토콘드리아의 역할, 효소와 비타민 B군의 역할, 활성산소와 노화/질병, 항산화 시스템의 역할 등 수많은 생명 현상에 결정적인 것들이 에너지대사와 연결되어 있다. 그런데도 사람들은 내가 에너지대사를 말하기 전에, ATP라는 단어만 꺼내도 어려워한다. 이러한데 그 많은 온갖 건강 정보와 식품 예찬이 도대체 무슨 의미가 있다는 것인지 모르겠다.

우리 몸은 왜 그토록 지방의 사용을 꺼릴까?

우리가 단것을 좋아하는 이유는 살아가려면 엄청나게 많은 ATP가 필요하고, ATP를 공급하는 가장 효과적인 수단이 포도당이기 때문이다. 물론 ATP는 탄수화물(포도당) 말고 단백질이나 지방으로도 만들 수 있다. 그래서 탄수화물, 단백질, 지방을 3대 영양소(열량소, 칼로리원)라고 한다. 문제는 우리 몸이 포도당을 좋아하고 지방의 이용은 꺼린다는 것이다. 다른 동물처럼 지방을 에너지원으로 써도 아무 문제가 없는데도 그렇다.

일부 철새들은 단 몇 주 만에 지방으로 몸을 50%까지 불릴 수 있다. 그리고 도중에 아무런 연료(음식)를 주입하지 않고 3,000~4,000km를 날아간다. 지방을 태우면 에너지(ATP)와 물이 만들어지기 때문에 아무것도 먹지 않고 수천 km를 논스톱으로 날 수 있는 것이다. 낙타는 혹에 40kg의 지방을 채웠다가 그것을 태워서 ATP와 물을 얻는다. 그래서 사막에서 한 달 넘게 아무것도 먹지 않고 버틸 수 있다. 겨울잠을 자는 동물도 아무것도 먹지 않고 지방을 태우면서 겨울을 버틴다. 이처럼 지방을 잘 태우는 동물은 흔하다. 만약에 우리 몸도 이들 동물처럼 지방을 잘 태우면 다이어트는 훨씬 쉬울 것이다. 평소에는 자유롭게 먹다가 며칠만 굶으면 살이 쏙 빠질 것이기 때문이다. 그러나 우리 몸은 악착같이 지방을 아끼고 절약하는 모드로 세팅이 되어 있다. 에너지 과소비 기관인 뇌가 에너지대사를 그렇게 관리하는 것이다.

지금의 우리 몸은 탄수화물의 소화 흡수를 가장 잘한다. 문제는 불과 100년 만에 칼로리 과잉의 시대가 되었다는 점이다. 음식이 풍요롭게 되자 우리는 적당량을 먹지 못하고 필요량보다 훨씬 많이 먹는다. 과도하게 섭취된 열량소가 지방의 형태로 변환되어 몸 안에 쌓이면서 온갖 대사질환을 일으킨다. 더 큰 문제는 과잉 섭취 문제를 해결할 수 없게 되자 엉뚱하게도 특정 성분의 문제로 둔갑시킨 점이다. "탄수화물은 소화가 잘 되어 먹은 대로 흡수가 되니 소화 흡수가 잘 안 되는 섬유소를 먹어라.", "영양분을 골고루 먹으면 효율이 높아서 쉽게 살이 찌므로 '저탄고지'나 단백질 위주의 식사 같은 편식을 통해 영양 불균형을 만들어라."처럼 말하면 좋은데 마치 탄수화물은 해롭고, 단백질은 이로운 것처럼 말하는 것이 문제다. 적게 먹어 날씬한 몸을 유지하는 것이 본인이나 환경에 가장 이롭지만 적게 먹기가 너무 어려우니 환경이야 부담이 되든 말든 고기를 먹으라고 정직하게 말하면 좋은데 특정 성분의 문제로 둔갑시켜 혼란만 초래하는 것이다. 고기(단백질)를 얻으려면 가축에게 곡식을 먹여 키워야 하는데 투입된 곡식의 절반은커녕 1/3~1/10 정도만 고기로 전환된다. 곡식(탄수화물) 대신에 고기(단백질)를 먹으면 그만큼 식량은 낭비되고 환경은 악화되는 것이다.

과거 한국인이나 일본인은 80% 이상을 탄수화물에 의존해서 살았다. 당시에 당뇨, 비만, 대사질환이 심각했다는 주장은 없다. 지금 한국인은 탄수화물인 쌀보다 단백질인 고기를 더 많이 먹는다. 그런데도 건강 문제가 해결되었다는 소식은 없다.

내 몸의 활용이 복잡할 뿐 음식이 복잡할 이유는 없다

식품에 대하여 유난히 이념과 논란이 많은 것은 살아가는 데 먹는 것보다 중요한 것이 없기 때문일 것이다. 중요한 만큼 관심이 많고, 관심이 많은 만큼 헛소문도 많다. 세상 누구도 먹지 않고 살 수는 없고, 몸에 나쁜 것을 먹으면서 건강할 수 없다. 문제는 지금 우리가 먹는 음식은 좋은 것과 나쁜 것을 따질 필요가 없을 정도로 모두 안전한 것들이라 얼마만큼 먹는 것이 좋은지만 따지면 되는데, 여전히 좋은 식품과 나쁜 식품이 따로 있고, 악을 박멸해야 한다는 식의 근본주의적 시각이 많다는 점이다.

30만 종의 식물 중에서 인간이 섭취하는 주요 작물은 25종에 지나지 않는다. 벼, 밀, 옥수수, 사탕수수, 감자, 고구마, 콩 같은 것이다. 이들 작물로부터 우리가 필요한 식물 유래 영양의 90% 이상을 얻는다.

여기서 딱 한 단계만 더 추적하면 이들 작물이 흡수한 이산화탄소, 물, 질산으로 수렴한다. 지구상의 대부분 생명체는 극히 단순한 것을 먹고 산다. 미생물은 당류만 먹고도 모든 생물 질량의 절반을 차지할 정도로 왕성히 번식하고, 식물은 물, 이산화탄소와 질산염(NO_3)만 있으면 세상 대부분의 유기물을 만든다. 황소는 풀만 먹고도 왕성한 근육을 만들고, 대왕고래는 아주 작은 새우만 먹고도 지구 역사상 가장 거대한 몸집을 유지한다.

산소는 생존에 너무나 필수적이지만 산소가 많다고 건강한 것이 아니다. 숨을 1분 이상 참으면 산소 부족으로 죽을 것 같은 느낌이 오지만, 지나치게 과호흡을 해도 죽을 것 같은 느낌이 온다. 과호흡으로 혈관에 이산화탄소가 너무 빠져나가 혈액이 알칼리화되면서 위험에 빠지는 것이다. 이런 급박한 문제 말고 평상시에도 우리는 산소 때문에 서서히 죽어간다. 에너지대사 과정에서 발생하는 활성산소가 노화와 질병의 주범이기 때문이다.

우리는 항온동물이고, 체온을 유지하는 데 가장 많은 에너지가 소비된다. 생존을 위해 끊임없이 먹어야 하는 결정적인 이유가 체온 유지에 있다. 체온이 1℃만 떨어져도 면역력이 30% 감소하고 1℃만 올려도 면역력이 5배 증가한다는 주장이 있을 정도다. 심부 체온이 33~35℃ 이하가 되면 떨림 현상이 두드러지고, 피부와 입술이 창백해지며, 발음이 어눌해지거나 기면 상태에 빠지기도 한다. 체온이 29~32℃까지 떨어지면 중증도의 상태로 근육 경직 현상 등이 나타난다. 28℃ 이하로 내려가면 심정지가 일어나거나, 의식을 잃을 수 있다. 반대로 체온이 4℃만 높아져도 죽는다.

하지만 음식은 체온을 유지하는 데 필요한 대상이지, 주체가 아니다. 체온을 높이는 음식으로 어떤 것을 추천하고, 열을 내려주는 찬 성질의 음식으로 어떤 것을 추천하기도 하지만 나는 이런 것을 전혀 믿지 않는다. 찬물을 마시면 체온을 올릴지, 뜨거운 물을 마실 때 체온을 올릴지도 예측하기 힘들다. 냉수마찰은 분명히 우리 몸의 체온을 빼앗는 행위지만 그것에 대한 우리 몸의 대응이 오히려 열온감을 느끼게 한다.

체온이 너무 낮아도 죽고 높아도 죽는 것처럼 우리 몸의 혈압도 높으면 많은 질병을 유발하지만, 너무 낮으면 쇼크로 바로 사망한다. 당뇨에 대한 걱정도 많은데, 혈당은 평소보다 4배 높다고 바로 사망하지 않지만 1/4수준으로 감소하면 쇼크로 사망한다. 체중 또한 그렇다. 체중이 늘어날수록 온갖 질병도 늘어나지만, 체중이 갑자기 줄면 죽음에 가까워진다.

체중에서 가장 많은 부분을 차지하는 것이 물이다. 체중이 80kg이라면 60% 이상이 물이므로 48kg 이상이 물인 셈이다. 그런데 그것의 1%에 해당하는 480ml만 부족해도 갈증을 느낀다. 5%가 갑자기 감소하면 혼수상태나 사망에 이를 수 있다. 우리 몸의 건강은 음식을 이용해 내 몸 스스로가 하는 행위인데 마치 음식이 건강의 주체인 양 과장하는 경우가 너무 많다.

식품 자체에 과도한 의미 부여는 넌센스이다

설탕이란 분자가 단것이 아니다. 물에 녹아 혀에 존재하는 단맛 수용체에 우연히 결합할 수 있을 뿐이고 그 결합의 정도가 전기적 신호로 뇌로 전달된다. 설탕을 달다고 느끼는 것도 혈당을 높이는 것도 우리 몸의 생리적 작용에 의한 것이지 분자 자체의 능력이 아니다. 우리 몸이 설탕을 과당과 포도당으로 분해하여 흡수하는 것이지, 설탕 스스로가 우리 몸에 파고드는 것도 아니다. 하지만 많은 사람이 마치 설탕이란 분자 자체에 무슨 의도나 악의가 있는 것처럼 생각한다. 식품이란 물질(분자)에 지나치게 과도한 의미를 부여하는 대표적인 것이 '음식으로 고치지 못하는 병은 약으로도 고치지 못한다.'와 같은 말이다. 우리 몸의 건강은 몸을 구성하는 37조 세포 하나하나가 제대로 작동할 때 이루어지는 것이지 결코 음식 자체에 의한 것이 아니다. 세포하나하나가 쉴 새 없이 포도당을 에너지원으로 아미노산을 레고 블록처럼 활용해 필요한 성분을 스스로 만들어 낸다. 음식은 내 몸에 필요한 열량소와 부품일 뿐인데 과도한 의미 부여를 하는 것은 '거북이(자라)를 먹으면 오래 살고', '닭고기를 먹으면 닭살이 된다'는 과거의 믿음과 크게 다르지 않다.

2021년 고바야시제약에서 '홍국콜레스테헬프'란 건강보조식품을 출시했다. 그리고 이것을 복용한 사람 중에서 120명이 사망하고, 500여 명이 입원하는 참사가 벌어졌다. 여기에는 화학적인 약 대신에 쌀 등을 발효시켜 만든 천연 식품이라 부작용이 적을 것이라는 기대가 한몫 했다. 사실 약에 대한 과도한 기대부터가 허망한 것이다. 약은 아주 작은 분자일 뿐이고, 분자 자체에 어떤 좋은 기능이 있는 것이 아니다. 내 몸의 스위치 몇 개를 눌러보는 정도인데, 마침 적절한 스위치가 눌러지면 기능을 회복할 수 있지만 실제 기능은 스위치가 하는 것이 아니라 내 몸이 하는 것이라 한계가 분명하다. 약을 찬양하는 것은 자동차의 버튼을 눌렀더니 차가 달린다고 시동 버튼을 찬양하고, 어떤 버튼 눌렀더니 차가 따뜻해졌다고 히터 버튼을 찬양하는 셈이다. 음식의 찬양도 마찬가지다.

음식의 주 역할은 연료로 기능이다. 우리가 섭취한 음식 대부분이 ATP를 재생하면서 이산화탄소와 물로 사라지기 때문에 하루에 1.6kg을 먹어도 1.6kg의 살이 찌지 않는 것이다. 자동차가 달리기 위해서는 적합한 규격의 연료를 제때 공급해 주는 것이 핵심인 것처럼 음식도 필요한 열량소를 제때 공급하는 것이 핵심이다. 음식이 건강에 필

단맛

수 요소이지만, 건강의 모든 것을 해결하는 특별한 것도 아니고, 음식에 특별한 성분이나 조건이 필요한 것도 아니다. 식품 성분에 대한 지나친 찬양은 좋은 연료를 넣으면 자동차가 하늘을 날 수 있다는 주장과 같다. 음식의 한계도 명확한 것이다.

맛이나 식품의 현상을 해석할 때 분자 자체의 기능과 내 몸에서 일어나는 생리적, 심리적 현상을 구분하면 정말 좋을 텐데, 그럴 가능성은 0에 수렴한다. 전문가들조차 구분 없이 마구 섞어서 말한다. 당류와 곡류 같은 탄수화물은 우리의 먹거리를 책임져 준 고마운 존재다. 다만 소화와 흡수가 너무 잘 되고, 먹는 양을 줄이기 어렵다 보니, 소화·흡수가 더딘 단백질이나 지방을 찾게 되는 것이다. 그런데도 마치 탄수화물 자체에 무슨 악의가 있는 것처럼 말하는 것은 참으로 배은 망덕한 일이다.

2장

농경문화와
탄수화물 이야기

우리가 먹는 것은 주로
풀의 씨앗이다

: 단것 = 당류(탄수화물) = 곡식 :

전 세계 작물(Crop) 생산량은 94억 톤

2021년 전 세계 작물 생산량은 94억 톤이다. 2000년에 비해 54% 늘어난 양으로 세계 80억 인구에 1인당 1톤 이상 공급할 수 있는 양이다. 그런데도 세상에 굶주리는 사람이 있는 것은 배분이 잘 되지 않고, 사료나 연료의 원료로 사용되는 양이 증가했기 때문이다. 곡류는 다양하지만, 사탕수수, 옥수수, 밀, 쌀이 생산량의 50%를 차지한다.

곡물은 기본적으로 풀씨다. 우리는 '아낌없이 주는 나무'라는 말을 자주 하지만 실제 아낌없이 주는 것은 나무가 아니고 풀(초본식물, herbaceous plants)이다. 나무는 중심에 단단한 목재를 형성하여 수명이 길지만 그만큼 번식과 성장 속도가 느리다. 풀은 줄기에 목재를 형성하지 않는 식물로 오래 살아남는 버티기 전략 대신 빨리 자라고 빨리 씨앗을 맺어 번식하는 전략으로 진화한 덕분에 우리는 그들의 압도적인 생산력의 혜택을 누리고 있다. 풀(grass) 중에 특히 볏과 작물이 식량 자원의 핵심이다. 우리가 먹는 음식(칼로리)은 절반 이상이 곡식으로부터 얻는데, 풀의 씨앗인 곡식을 주식으로 삼는 포유류는 인간밖에 없다.

볏과 작물이 인류의 모든 것을 바꾸었다

여러 곡식 중에서도 인간이 가장 많이 재배하는 것은 옥수수, 쌀, 밀이다. 예전에는 다양한 곡식을 재배했지만 갈수록 이 3가지 작물에 의존도가 높아져 지금은 곡류의 90%를 차지한다. 그중에서도 옥수수가 가장 많이 생산되는데 옥수수의 상당량은 사료로도 쓰인다. 인구 부양 능력은 쌀이 가장 커서, 세계 인구의 35% 정도가 쌀을 주식으로 삼는다. 인류가 이런 '곡식'을 먹기 시작함으로써 농경시대가 열리고 많은 인구가 한곳에 정착해서 살기 시작할 수 있었고, 문명이 본격적으로 만들어지고 전승될 수 있었다. 먹거리의 역사가 인류 역사의 핵심적인 좌표였다.

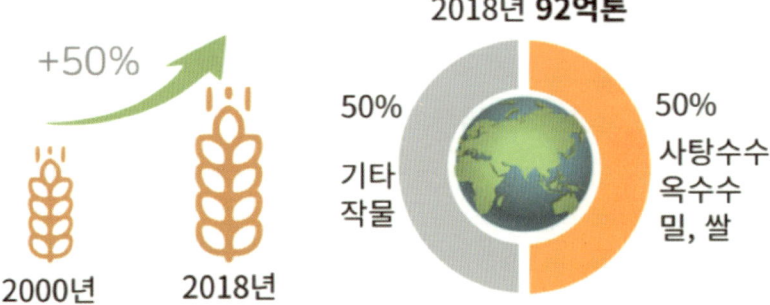

종류	1961년	1980년	2000년	2010년	2020년	성장률
옥수수	205	397	592	852	1,148	560
쌀(도정)	285	397	599	480	755	265
밀	222	440	585	641	768	346
구성비(%)	76	80	87	88	90	
보리	72	157	133	123	159	221
수수	41	57	56	60	58	142
기장	26	25	28	33	28	108
귀리	50	41	26	20	23	46
라이 밀	0	0.17	9	14		
호밀	35	25	20	12	13	

• 주요 곡식의 생산량 변화(출처: 위키피디아) •

과거에는 생활수준의 지표로 엥겔지수가 자주 언급이 되었다. 가계 소비지출 총액에서 식료품비가 차지하는 비율로, 가난할수록 먹거리를 구매하는 비용의 비중이 컸다. 지금은 엥겔지수를 말할 필요가 없을 정도로 소득에서 식료품비 비율이 줄어들었다. 이것은 소득의 증가뿐 아니라 상대적으로 곡류의 가격이 오르지 않은 공이 크다.

육종, 비료, 재배 기술의 혁신 덕분에 곡류의 가격은 크게 오르지 않았다. 곡류는 꾸준한 개량으로 더 이상 손대기 힘들 정도로 개량되었다. 옥수수는 원래 한 줄에 고작 몇 개의 열매가 맺혔다가 익으면 톡톡 사방에 튀어 번식하던 종이었다. 수확량도 적고, 채집도 어려웠다. 그러다 익어도 씨앗이 튀어 나가지 않는 돌연변이종의 씨앗을 뿌려서 번식시키는 인위적 선택이 시작되었고 오랜 시간을 두고 개량하였다. 그 결과 인간의 손을 거치지 않으면 번식조차 하지 못하는 인류 맞춤형 식물이 되었는데 1940년 이후 또 다른 대변혁을 겪었다. 잡종강세 육종을 개발해 불과 40년 만에 600% 생산성 향상을 이룬 것이다. 이 시

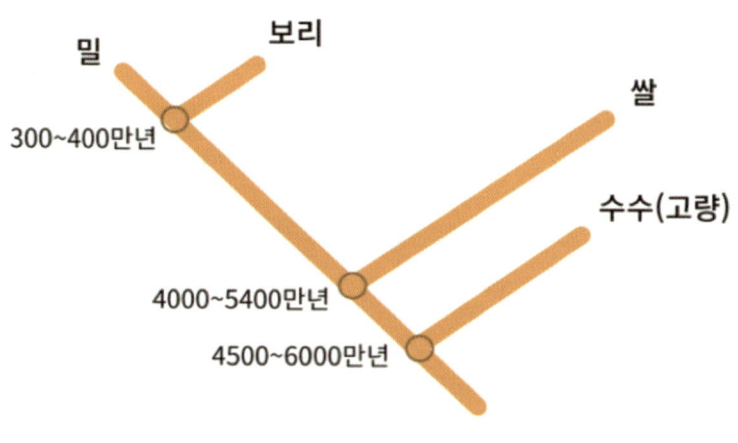

• 벼과 작물의 진화 계통도 •

단맛

기에는 밀과 쌀의 생산성도 대폭 향상이 되는 녹색혁명이 이루어졌다.

풀(초본류) 가운데 기장이 가장 먼저 작물이 됐고 이어서 보리가 선택돼 기장을 밀어내고 사랑받다가 마침내 밀이 작물화되었다. 보리와 밀은 다정하게 공존했으나 이집트에서 밀가루로 효모 발효 빵을 만드는 방법이 개발되면서 밀은 '곡식의 왕'이 됐고 그 지위를 오늘날까지 계속 유지하고 있다. 이런 곡류 덕분에 우리가 인류 역사상 가장 풍요로운 먹거리를 누리고 있다. 세상에는 정말 다양한 식재료가 있고 어느 것 하나 귀하지 않은 것이 없지만 그중에 단 하나만 꼽으라면 무조건 곡류를 꼽아야 한다.

작물의 생산성은 계속 증가하고 있다

곡물의 생산성은 1960년 이래 2.5배가 되었다. 곡물을 생산하는 농경지가 늘어서 이루어진 성과가 아니다. 품종 개량과 과학적 영농기술의 발전 덕분에 같은 농지에서 훨씬 많은 곡류를 생산할 수 있게 된 것이다. 품종의 개량 정도는 자연의 나머지 30만 종 식물을 아무리 샅샅이 뒤진다 해도 견줄 만한 것이 없다. 4대 작물의 탁월한 생산성 덕분에 우리는 과거보다 가계 수입의 낮은 비율을 음식 재료비에 지불하고, 차액은 문화생활을 누리는 데 활용할 수 있다. 그런데 우리는 이런 고마움을 모르거나 당연시하고, 탄수화물은 헐뜯는다. 탄수화물을 욕한다고 그 소비가 금방 줄어들지는 않는다. 그러는 동안 탄수화물의 비난이 진실로 통용된다. 그러다 대안으로 주장하는 것의 소비가 늘면, 당연히 그 부작용이 더 심각하다는 것이 드러날 수밖에 없고, 또 다른 희생자를 찾는 것이 지난 70년간 이어진 건강 정보의 패턴이었다.

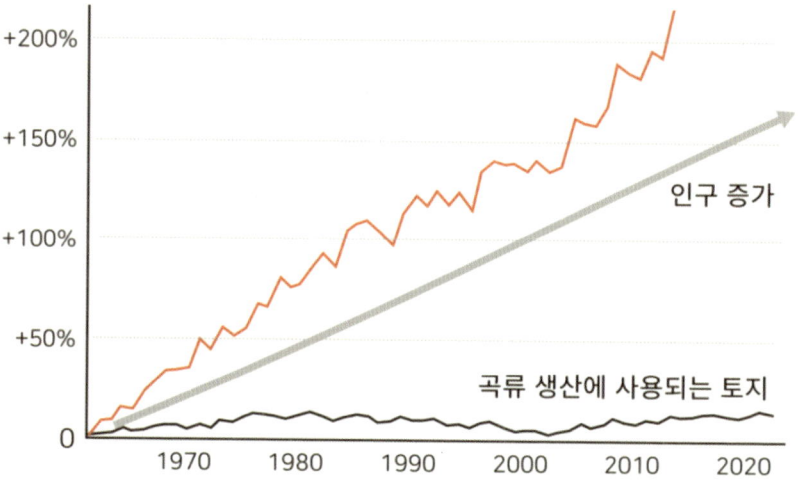

• 1961년 이후 세계 인구, 곡물 생산량, 토지 사용량 증가 비율(출처: FAO) •

단맛

2

벼농사가 동양 문화의
중심이 된 이유

아낌없이 주는 풀, 볏과 식물

한국인에게 쌀은 단순한 식량 이상의 의미가 있다. 국민의 대다수는 농부였고, 풍년으로 곳간에 쌀을 가득 채우는 것이 가장 큰 소원이었다. 부자의 기준이 천석꾼, 만석꾼일 정도로 쌀은 경제의 축이자 화폐 그 자체였다. 쌀은 술과 떡을 만들 때 사용되기 때문에 음식 중의 음식이었다. 아이를 해산한 산모에게 미역국과 흰쌀밥을 차려 주고, 큰 잔치에는 흰쌀밥을 차렸다. 백일에도 흰쌀밥이나 백설기 떡을 먹고, 모든 생일상에는 미역국과 흰쌀밥은 기본이었다. 산 사람을 위한 음식뿐 아니라 제사와 굿과 같이 혼령을 위한 음식에도 쌀밥은 절대적이었다. 제사상에도 '메'라고 불리는 흰쌀밥을 어떤 음식보다 중시하여 정성껏 올린다.

미국은 쌀은 고작 rice 한 단어지만 우리는 벼, 나락, 쌀, 밥 단계별로 구분하였고 밥도 온갖 종류가 있다. 중요한 만큼 용어도 다양해지고 일상 표현에 자주 등장한다. 반찬이 여럿 있는 식탁(상)을 '밥상'이라 하고, 생계 수단이나 직업을 '밥줄', 생계를 이어가는 것을 '밥벌이'라 한다. '밥술이나 뜬다'는 생활 형편이 괜찮다는 뜻이고, '밥술을 놓았다'는 죽었다는 뜻이다. 의욕이 떨어지면 '밥맛을 잃었다'고 하고, 불쾌하거나 역겨울 때도 '밥맛 떨어진다'고 한다. '밥맛 없는 놈'은 강한 욕이 된다. 쌀, 밥, 떡에 얽힌 속담이 대단히 많은 것은 그만큼 우리의 생활과 뗄 수 없는 관계였기 때문이다.

- 쌀독에서 인심 난다.
- 보기 좋은 떡이 먹기도 좋다.
- 염불에는 맘이 없고 잿밥에만 맘이 있다.
- 떡 줄 놈은 생각도 안 하는데 김칫국부터 마신다.
- 거지도 부지런하면 더운밥을 얻어먹는다.

단맛

지금의 논농사는 워낙 기계화가 잘 되어서 농사의 고단함이 크게 줄었지만, 과거에는 논농사가 얼마나 중요하고 많은 수고가 필요했을지 인터넷에서 계단식 논인 "Rice Terraces"만 검색해 봐도 알 수 있다. 필리핀 루손섬에 있는 계단식 논인 바나위(Banaue)는 1995년 유네스코 세계문화유산으로 등록되었고, 세계의 8대 불가사의로 알려질 정도다. 원주민인 아푸카오족이 오랜 세월 일군 것으로 산비탈에 등고선식 논이 끝없이 펼쳐 있다. 이곳의 논두렁을 모두 이으면 2만 km 이상으로 지구를 반 바퀴 돌 수 있는 길이라고 한다. '쌀이 얼마나 절실했으면 저런 곳까지 애써 논으로 만들었을까?'하는 생각이 절로 든

• 계단식 논을 뜻하는 'Rice Terraces' 모습.
쌀이 필요한 절실함을 보여주는 인류의 노력을 보여 준다. 출처: shutterstock •

다. 우리나라는 '다랭이 논'이 있는데 이보다 규모는 작지만 비슷한 모습이다. 평지가 아니라 산비탈을 깎아 만든 논의 모습을 보면 얼마나 큰 노력이 필요했을지 숙연해지기까지 한다.

　과거 농부의 꿈은 '문전옥답(門前沃畓)'을 갖는 것이었다. 문전옥답은 집 가까이에 있는 비옥한 논으로 집에서 멀리 있는 논보다 '문전(門前)', 즉 집 앞의 논이 몇 배의 가치가 있었다. 농사를 짓기 위해서는 논을 갈고, 물을 관리하고, 씨앗을 뿌리고, 잡초를 제거하고, 농약을 뿌리고, 비료를 주고, 수확하고, 운반하고, 탈곡하는 등 수많은 일을 해야 하는데, 논이 집에 가까이 있어야 틈나는 대로 관찰하고, 상황에 대처하기 쉬웠다.

　논농사에서 물을 공급하고 관리하기란 쉬운 일이 아니다. 논농사는 벼의 일정 부분을 물에 잠긴 채로 키워야 하니 많은 물이 필요하다. 대부분의 잡초는 그 정도로 잠기면 산소 부족으로 질식하게 되는데 볏과 작물은 줄기의 가운데가 대나무처럼 비어 있다. 그곳으로 산소를 보내기 쉬워서 물속에서도 견딜 수 있다. 벼는 밭에서도 키울 수 있지만 그러면 잡초의 피해가 너무 심해진다. 논에 물을 채워야 잡초가 줄어들어 벼의 성장이 좋아지고 소출도 많아진다.

벼와 가장 닮은 대나무

단맛

내가 볏과 작물을 공부하다가 가장 놀란 것이 벼와 가장 가까운 품종이 대나무라는 것이었다. 대나무, 잔디, 옥수수, 벼, 갈대가 모두 볏과 식물이지만 벼가 밀보다 대나무와 가까운 사이였다.

- 대나무아과(Bambusoideae) – 대나무, 벼 등
- 기장아과(Panicoideae) – 기장, 수수, 사탕수수, 옥수수 등
- 포아풀아과(Pooideae) – 밀, 보리, 귀리 등
- 물대아과(Arundinoideae) – 갈대, 물대 등
- 조릿대풀아과 – 조릿대풀 등
- 나도바랭이아과 – 나도바랭이, 잔디 등
- 나리새아과 – 나래새 등

대나무의 성장 과정을 자세히 살펴봐도 벼와 닮았다는 것을 알 수 있다. "모소 대나무" 이야기가 등장하는 광고도 있다. 모소 대나무는 4년을 키워도 3cm밖에 자라지 못하는데 포기하지 않고 잘 돌보면 5년째 되는 날부터 하루에 30cm가 넘게 자라기 시작하여 6주 만에 15m 이상 자라, 순식간에 빽빽하고 울창한 대나무 숲이 된다는 것이다. 모소 대나무가 진짜 한순간에 자라 숲을 이루는지는 알 수 없으나 대나무의 성장 속도가 비범한 것은 사실이다. 비가 온 뒤에 죽순이 엄청나게 빨리 자라는 모습을 보고 '우후죽순(雨後竹筍)'이라는 말이 있을 정도다.

이와 비슷하게 자라는 것이 홍수지대에서 자라는 뜬벼다. 벼는 보통 물에서 키우지만, 홍수 등으로 전부 물에 잠겨서 3일이 지나면 산소 부족으로 죽어서 썩어 버린다. 식물이 무슨 산소가 필요할까 싶지만, 광합성을 하는 엽록소를 제외한 나머지 세포는 동물과 같이 호흡을 해야 살 수 있다. 차이가 있다면 포도당이 아닌 설탕을 사용하고, 필요한 에너지가 적어서, 산소 필요량이 적다는 정도다. 그러니 물에 잠겨 산소가 차단되면 질식사를 당하는 것이다. 그런데 태국의 홍수 지역에서 자라는 뜬벼는 품종에 따라 수 m 깊이의 물에 잠겨도 버틸 수 있다. 뜬벼가 몸의 대부분이 물에 잠기면 이를 감지하여 줄기가 대나무 자라듯 물 밖으로 쑥쑥 자라 줄기를 내미는 것이다. 그러다 물이 빠지면 바닥에 쓰러지는데 대나무 줄기는 여러 마디가 있고 각각의

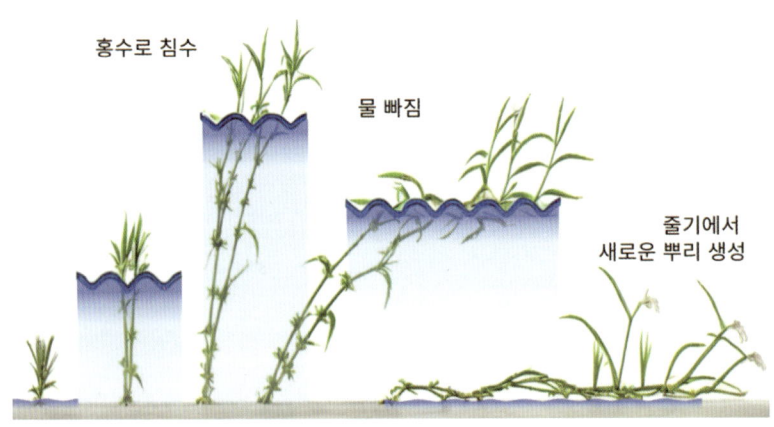

홍수로 침수

물 빠짐

줄기에서
새로운 뿌리 생성

• 뜬벼(Deepwater rice)가 홍수를 견디는 방법 •

단맛

마디에서 뿌리가 자랄 수 있듯이 뜬벼도 썩어 버린 줄기 위쪽의 마디에서 뿌리가 자라 물과 영양분을 흡수할 수 있다.

사실 대나무는 나무가 아니다. 나무처럼 부피 생장을 통해 점점 굵어질 수 없고, 죽순 단계에서 정해진 굵기 그대로 키만 높이 자라는 볏과의 여러해살이풀이다. 대나무가 빨리 자라는 데는 몇 가지 비결이 있다. 첫째는 다른 볏과 식물처럼 줄기의 속이 비어 있는 점이다. 속을 채우는 데 양분을 쓰지 않으니 빨리 높게 자라서 햇빛을 차지할 수 있다. 둘째는 대나무는 땅속줄기로 다른 대나무와 연결되어 있어 아기 나무는 주변에서 영양을 공급받을 수 있는 점이다. 그리고 대나무는 각 마디가 동시에 자란다. 마디마다 성장점이 있어 마디가 동시에 자라니 하루에 1m가 넘게 폭발적으로 자랄 수 있는 것이다.

이런 대나무는 쌀과 함께 우리 민족에 정말 소중한 존재였다. 마을마다 대나무 밭이 흔해서 구하기도 쉽고, 다루기 쉽고, 사용 특성도 좋아서 지금의 플라스틱 역할을 대신했을 만큼 온갖 용도로 사용되었다. 모자, 그릇, 부채, 바구니, 빗, 화살, 상자 등등 온갖 도구가 대나무로 만들어졌다. 담양의 죽세공이 전국적으로 유명했다.

쌀농사는 노동집약적이다

쌀농사는 기술 중심이다. 모내기에 정성을 다하고 비료를 개발하며

물 관리를 잘하는 한편, 논을 최대한 활용할 수 있도록 노력하면 더 많은 결실을 얻을 수 있다. 모든 역사를 통틀어 쌀농사를 짓는 농부만큼 열심히 일하는 농부는 존재하지 않았다. 쌀농사는 같은 면적의 옥수수나 밀밭에서 일하는 것보다 10~20배나 노동집약적이다. 대신 쌀농사는 토지 면적당 더 많은 식량을 산출할 수 있었다. 쌀농사에서 무엇보다 중요한 것은 자율성이다. 유럽의 농노는 귀족적인 지주 밑에서 낮은 임금을 받으며 일하는 노예와 비슷했고 스스로 삶에 대한 결정권이 거의 없었다. 하지만 쌀농사는 농부가 자율적으로 열심히 노력하지 않으면 생산성에서 큰 차이가 나기 때문에, 강압적인 봉건 제도는 벼농사와 어울리지 않는 제도였다.

논에 댈 물을 얻기 위해서는 이웃과 협력해야 했다. 논에 물을 대면 토양이 비옥해지고 잡초가 현저히 줄어들며 쟁기질도 쉬워진다. 하지만 물의 확보가 쉽지는 않았다. 공동으로 관개시설을 미리미리 만들고, 가뭄이 닥치면 서로 합의해서 물을 나누어 써야 살아남을 수 있다.

논에 가두어 놓는 물은 지하수를 늘리는 역할도 한다. 우리나라에서 논은 매년 54억 톤 정도의 물을 저장하는 역할도 한다. 논에 저장되는 물은 한여름 적당량이 증발하면서 대기의 온도를 낮춰 주며 논에서 자라는 벼는 대기 중의 이산화탄소를 흡수하고 연간 1,028만 톤(1ha당 9톤 정도)의 산소를 발산한다.

중국은 황허강과 양쯔강 사이에서 놀라운 자본 축적에 성공했다. 쟁기·시비법·이앙법 등 당시에는 첨단 농업 기술이 재빠르게 개발되었다. 7세기 초반 건설한 중국의 대운하는 유럽보다 무려 1,000년 이상 앞섰다. 진시황 이후 중국 황제들이 중국을 세계의 중심으로, 그리고 자신을 '왕 중의 왕'으로 생각하게 된 것은 벼농사의 높은 생산력 덕분이었다. 그리고 농경 역사상 가장 많은 수확량을 올렸다. 쌀은 농지 이용도와 단위 면적당 생산량이 모두 높았다. 쌀을 재배하여 100명이 먹고 살 수 있는 넓이의 땅에 밀을 심으면 75명이 먹고 살 수 있고, 목초지를 만들어 고기를 먹는다면 9명이 먹고 살 수 있다고 한다. 결국 쌀을 키우는 민족은 빠르게 고대국가를 이룰 수 있었다. 중국은 온갖 퇴비를 사용하고, 논밭에 수로와 연못을 파고 쌀, 뽕나무, 사탕수수, 과일 그리고 잉어나 오리 등을 함께 키웠다. 당시에는 쌀이 볏

• 한자리에서 계속 작물을 키우면 땅의 질소 원과 미네랄은 고갈되기 쉬워 휴경을 한다.
지력을 회복하기 위해 농사를 짓지 않고 땅을 쉬게 하는 것이다.
사진은 추수하는 모습. 출처: shutterstock •

과 작물 가운데 가장 생산성이 높은 편이었고, 더운 지역은 3모작까지 가능하며, 수경 재배라 논에 물고기와 오리를 함께 키워 단백질도 보충할 수 있다. 심지어 논에는 질소를 고정해 주는 녹조류까지 있었다.

아무리 잡초를 억제해도 한자리에서 계속 작물을 키우면 땅의 질소원과 미네랄은 고갈되기 쉽다. 이런 땅을 다시 비옥하게 만들기 위해서 거름을 사용하거나 지력을 유지하기 위해 휴경이나 돌려짓기를 하였다. 휴경은 지력이 회복하도록 농사를 짓지 않고 땅을 쉬게 하는 것이고, 돌려짓기는 콩이나 클로버 같은 것을 번갈아 재배하는 것이다. 질소 고정 식물로 콩이나 클로버가 유명하지만, 논에는 또 다른 생물이 있다. 물개구리밥인 아졸라(azolla)가 있는데 여기에 광합성과 질소 고정 능력이 둘 다 있는 아나바에나(anabaena)가 기생한다. 이것도 질소 고정 능력이 있어 질소 비료의 효과가 있다. 사실 20세기 세계 인구가 폭발적으로 증가할 수 있었던 것은 질소 비료 덕분이었다. 독일의 화학자 프리츠 하버(Fritz Haber)가 공기 중의 질소를 암모니아로 고정하면서 20억 명 이상에게 공급할 식량의 증산이 가능해졌다. 이런 질소 비료가 나오기 전부터 녹조류 덕분에 질소를 공급받을 수 있었던 쌀은 천혜의 작물이라고 할 수 있다. 이에 비해 서양은 1200년경 시비법 개발이 시작되기 전까지 휴경지로 지력을 살리는 방법이 고작이었다. 쌀의 우월한 생산력 때문에 동양 국가들은 안정적인 번영을 이룰 수 있었다. 고대 메소포타미아와 로마가 지주들의 토지 독점과 토지 황폐화 때문에 멸망한 것과 대조적이다.

한국인이 좋아하는 쌀은 자포니카종

우리나라의 경우 쌀농사는 일찍 시작되었으나 발전은 느렸다. 고려 후기에서 조선시대에 걸쳐 논을 깊게 가는 심경법과 모를 내서 옮겨 심는 이앙법 등 벼농사 기술이 발전하면서 생산력이 증대되었다. 국가의 부를 증대시키려는 노력으로 관개시설을 개선하고 땅을 개간하여 점차 논이 확대되자 드디어 벼는 우리의 주곡으로 자리잡게 되었다.

벼의 대표적 품종이 자포니카와 인디카 종인데, 우리가 소비하는 자포니카 쌀은 한반도, 일본, 중국 북부에서만 주로 소비가 되며, 전 세계에서 생산되는 쌀 중 10% 정도일 뿐이다. 인디카 쌀이 전 세계 쌀의 90%를 차지하며 모양이 길쭉하고, 찰기가 없어서 밥알이 분리된다.

쌀의 전분은 아밀로펙틴과 아밀로스로 되어있는데, 아밀로펙틴은 전분의 70~100%를 차지하며, 매우 거대한 분자로 찰기를 준다. 아밀로스는 양이 0~30%를 차지할 정도로 적지만, 크기도 워낙 작아 분자의 개수는 오히려 50배 정도로 많고 가루 같은 퍼석한 느낌을 준다. 찹쌀은 아밀로펙틴으로만 되어 있어 찰기가 높고 노화가 느리다. 아밀로스 함량이 높은 인디카 쌀은 찰기가 적어 달라붙는 느낌이 없고 향신료로 만드는 인도의 카레나 볶음 요리가 많은 동남아 요리에 잘 어울린다.

우리 조상이 찰기 있는 쌀을 선택한 이유는 밥이 주는 포만감 때문일 것이다. 찰기가 있는 것이 위에 오래 남고 포만감이 오래간다. 그래서 예전에는 지금보다 찹쌀로 한 밥들이 많았다. 우리나라에 쌀이 흔해진 것은 정말 최근의 일이고, 미역국에 흰 쌀밥을 배불리 먹어 보는 것이 최고의 로망이었던 것이 불과 수십 년 전의 일이다.

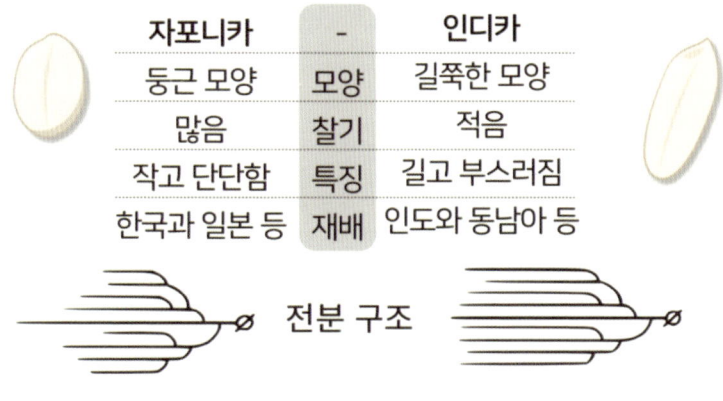

자포니카	-	인디카
둥근 모양	모양	길쭉한 모양
많음	찰기	적음
작고 단단함	특징	길고 부스러짐
한국과 일본 등	재배	인도와 동남아 등

전분 구조

• 자포니카 품종과 인디카 품종의 특징 비교 •

흰쌀밥

요즘이야 즉석밥 같은 상품이 많아 전자레인지에 몇 분만 가열하면 바로 따끈따끈한 밥을 먹을 수 있고, 쌀도 물만 붓고 바로 밥을 지

단맛

을 수 있는 상태로 팔지만, 과거에 밥을 지어 먹으려면 나락을 절구에 넣고 찧어 이를 체에 걸러 겨를 대충 골라내고, 다시 키질해서 벌거벗은 알곡을 얻어내야 했다. 이것이 현미이고 과거에는 이것을 백미로 만들기는 쉽지 않았다. 그래도 벼가 보리보다 훨씬 밥을 지어 먹기 쉬운 편이었다. 보리는 미리 불려서 밥을 지으려 해도 섬유질이 많아 잘 익지도 않고 먹을 때 소화도 잘 안되었다. 그래서 보리의 소비는 빠른 속도로 줄어서 우리 국민 1인당 연간 소비량은 1.3kg에 불과하다. 2024년 기준으로 쌀 소비량은 55.8kg이니 이제 보리는 거의 안 먹는 셈이다. 과거 먹고 살기 어려웠던 시절엔 '보릿고개'라는 말이 있었다. 이는 햇보리가 나올 때까지 견디기 힘든 생존의 고비(고개)라는 뜻이

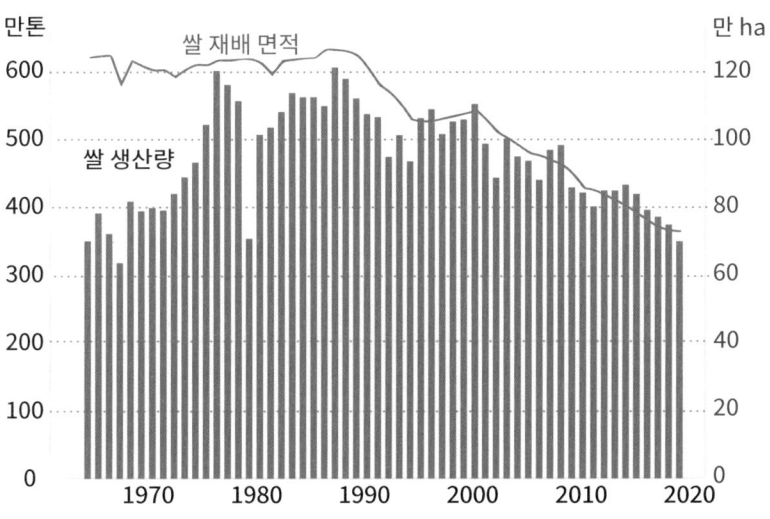

• 국내 쌀 재배 면적과 생산량의 변화 •

다. 즉, 대략 5~6월경 보관했던 곡식은 다 떨어지고 보리는 미처 여물지 않아 식량 확보가 가장 어려웠던 시기를 이르던 말이었다. 이때까지는 보리가 쌀을 보충하는 중요한 식량 자원이었다. 좁쌀이나 기장은 이보다 훨씬 열악했다.

벼의 생산이 증가하면서 고려시대부터 지배층은 벼를 도정한 쌀을 먹었지만, 서민들은 명절이나 제사상을 올릴 때 정도만 쌀밥을 먹을 수 있었다. 나라나 지주에게 바치는 세금은 벼로 해야 했으니 화폐의 구실까지 했다. 농민들은 농사지은 쌀은 세금으로 바치고 잡곡으로 연명하며 흰쌀밥을 그리워했다.

쌀 소비량은 계속 줄고 있다

1960년대는 워낙 가난하고 식량도 부족하였다. 1980년대까지 국가적 숙원 사업이 쌀의 자급자족이었을 정도였다. 수확량이 많고 재배 안전성이 좋은 품종을 개발 및 보급하고, 영농 설비의 개선, 시비법 등 재배 기술 개선을 위해 정말 많은 노력을 했다. 덕분에 농업 생산성이 급격히 증대하였다. 통일벼가 개발되고 1977년에 마침내 국가적인 숙원 사업인 쌀의 자급자족이 처음으로 가능하게 되었다. 지금도 벼는 우리의 식량 작물 중 유일하게 자급이 가능한 작물이다. 이후에는 쌀의 소비 감소와 경작지 감소로 쌀 생산량이 감소하고 있다.

단맛

'밥심으로 산다'고 말하는 민족답게 우리 조상은 밥을 많이 먹었다고 한다. 조선 후기 기록에 따르면 한 끼 식사로 성인 남자 7홉, 여자 5홉, 아동 3홉, 어린아이는 2홉을 먹었다. 1홉은 180mL 정도니 남자 어른은 한 끼에 1.2L나 밥을 먹은 것이다. 당시에는 하루 두 끼가 보통이고, 다른 반찬이나 간식도 부족했지만, 밥을 엄청나게 많이 먹은 것은 사실인 듯하다. 일본인과 중국인이 조선에 왔다가 사람들이 밥 먹는 걸 보고 깜짝 놀랐다고 한다.

요즘은 밥의 양이 현저하게 줄고 있다. 밥그릇도 점점 작아져 요새 밥공기 용량이 290mL다. 이것은 1인당 쌀 소비량으로도 알 수 있다. 1960~70년대 쌀 소비량에 비해 절반도 안 되는 양으로 줄었다. 이것은 이웃 나라인 일본과 대만도 비슷하다. 어느새 밥보다 고기를 많이 먹는 시대가 된 것이다. 밥이 탄수화물의 전부는 아니지만 큰 비중을 차지하고, 다른 탄수화물도 특별히 늘지 않아 탄수화물의 소비는 전체적으로는 줄고 있다. 탄수화물이 독이라고 말하는 사람들은 탄수화물의 소비가 점점 줄고 있어서 건강이 나날이 좋아지고 있다는 주장은 왜 하지 않는지 모르겠다.

흉년이 들면 먹을 만한 구황작물도 변변치 않았다

옥수수는 감자, 고구마, 호박과 함께 대표적인 구황작물이다. 그런데 지금은 그 고마움을 잊고 산다. 귀하고 비싸면 숭배하고, 흔하고 저렴해지면 그 대접도 저렴해지는 속성이 여기에도 그대로 적용된다. 과거 우리나라에 감자, 고구마보다 더 오래전부터 구황작물의 역할을 했던 것이 호박이다.

'호박이 넝쿨째 굴러 떨어졌다'는 속담은 뜻밖에 좋은 일이 생겼다는 의미다. 호박은 세계에서 가장 큰 열매를 맺을 수 있는 식물로 자이언트 펌킨의 경우 1톤이 넘는 열매를 맺기도 한다. 이런 호박은 수확 후 오래 보관할 수 있고, 과채류 중에는 녹말 함량이 가장 높다. 그래서 조상들의 끼니를 해결해 주는 최후의 보루였다. 더구나 호박은 씨앗을 땅에다가 심기만 하면 아무 데서나 잘 자란다. 그래서 시골에 가면 야생화처럼 곳곳에 호박꽃이 핀 모습을 볼 수 있었다. 농작물인 주제에 특별히 돌보지 않아도 잡초랑 경쟁하면서 잘 자랐다. 그런데 달리 먹을 것이 없어서 날마다 호박죽에 호박 나물 같은 것만 계속 먹어야 한다면 그 느낌이 어떨까? "호박꽃도 꽃이냐?"라는 말처럼 대접이 소홀해지기 마련이다.

우리는 고구마와 감자를 비슷한 작물로 취급한다. 용도도 비슷하고 땅속에서 수확하는 것도 비슷하다. 과거에는 이름마저 구분하지 않고 혼용해서 쓸 정도였다. 영국은 먼저 도입된 고구마를 potato라고 불렀고 나중에 감자가 들어오자 white potatoes 또는 둘을 혼용해서 potato로 불렀다. 그러다 대기근이 들었을 때 감자가 구황작물의 중추적 역할을 하자 감자를 potato, 고구마를 Sweet potato라고 구분

했다. 우리나라도 처음에는 둘 다 감자라 불러서 김동인의 소설 '감자'에 고구마가 감자로 등장할 정도다. 하지만 둘은 생물학적 조상이 다르다. 감자는 가짓과 식물로 줄기가 부풀어서 만들어진 것이고, 고구마는 메꽃과 나팔꽃 속이라 꽃이 나팔꽃과 유사하고 뿌리에 영양분이 축적되어 만들어진 것이다. 고구마는 생으로 먹어도 되고 자체로 단맛이 나지만, 감자는 가짓과 식물답게 겉에 솔라닌이라는 독성의 쓴맛 물질이 있어서 이를 제거하고 먹어야 한다. 고구마는 따뜻한 지방에서 잘 자라고, 그만큼 냉해를 받아 보관 중에 상하기 쉽다. 감자는 강원도처럼 서늘한 지방 등 악조건에서 잘 자라고 보관성도 좋았다.

이런 감자가 우리나라에서 본격적으로 재배된 것은 일제 강점기 이후고, 유럽도 300년 전에 불과하다. 안데스 산록에서 유래한 감자가 유럽에서 처음부터 식량으로 환영받은 것은 아니었다. 서구인은 새처럼 하늘과 가까운 곳에서 난 산물을 가장 고귀한 먹거리로 땅속에서 난 것을 천하고 위험한 것이라고 믿었다. 그래서 서구인은 감자를 처음에는 두려워하고, 불신하고, 멸시했다. 하지만 춥고 습하고 메마른 땅에서도 잘 자라는 이 강인한 식물은 점점 가난한 사람에게 절대적 생존 수단이 되었다. 곡물 농사가 쉽지 않은 아일랜드에서는 거의 주식으로 삼다시피 감자가 퍼져 나갔고, 영국과 독일, 북유럽, 러시아와 같이 기후가 좋지 않은 지역에서도 주곡의 자리를 넘보게 되었다.

우리나라에서 씨감자를 4월 초에 심으면 하지인 6월 말에는 벌써 수확할 수 있게 된다. 그래서 하지에 일찍 수확하는 감자를 하지감자라 부른다. 그때는 논에 모를 낸 벼들이 이제 조금 자랐을 시점이다. 석 달도 되지 않는 시간에 거둘 수 있는 것이다. 더군다나 햇빛이 조금 모자라도, 기온이 낮아도 감자는 잘 자란다. 이렇게 빨리 탄수화물 덩어리를 제공하는 작물은 없었다. 감자의 또 다른 장점은 조리하는 데에 곡식보다 시간이 덜 걸려 땔감을 적게 소모한다는 것이다. 얼마나 고마운 작물인가? 하지만 요즘은 감자튀김이나 감자칩을 초가공 식품으로 비난하는 경우가 많다. 저렴해지면 많이 먹고, 많이 먹어서 생긴 부작용을 꼭 그 작물 탓으로 돌리는 나쁜 버릇이 있다.

단맛

3

밀이 서구의 주식이 된 이유

밀은 쌀과 많은 점이 다르다

밀은 우리나라에는 희소한 곡물이었다. 그러다 6·25전쟁 이후 미국에서 다량의 밀가루가 도입되면서, 국수·수제비와 같은 밀가루 음식을 먹게 되었다. 문제는 한국인이 갈망한 음식은 쌀밥이었고, 낯선 밀가루 음식은 생활이 어려운 사람들이 부족한 밥을 대신해 먹는 음식일 뿐이었다. 오죽했으면 국가가 나서 대대적인 혼분식 장려 운동을 통해 부족한 쌀을 밀가루로 메우려 했을 정도였다.

하지만 세계적으로는 밀이 여러 곡식 가운데 일찍 작물화된 편이다. 이른바 '비옥한 초승달' 지역이라고 하는 메소포타미아 지역에서 수메르인들이 야생 밀을 심어 본격적인 농업의 시대를 여는 계기가 되었다. '비옥한 초승달' 지역은 한쪽 날개는 지중해의 동쪽 해안에 걸쳐 있고 다른 쪽은 페르시아만에 펼쳐진 지역으로 지금은 사막화와 염분 증가로 그렇게 좋은 지역이 아니지만, 과거에는 강수량이 (비교적) 많고 강이 발달하여 고대 문명이 번성하기 좋은 지역이었다.

밀은 더위에 약해 열대 지방에서 재배할 수 없는 점을 빼면 성장 조건이 그다지 까다롭지 않기에 다른 여러 지역으로 퍼져 나갔다. 서양 역사에서 밀은 로마의 주식이 된 이래로, 곡물 중에서 가장 중요한 위치에서 벗어난 적이 없다. 로마에서 밀이 부족하면 아주 큰 문제였고, 로마의 위정자들은 시민에게 값싼 밀을 공급하는 것이 우선 과제였다. 로마는 일찍부터 실용적인 기술이 발달한 나라인데 이런 배경에 밀이 이바지했다는 해석도 있다. 밀 도정이 어려웠고 이를 해결하기 위해서

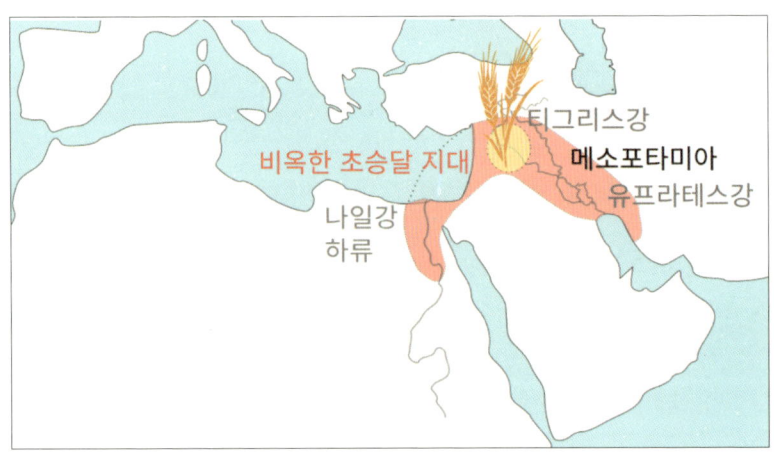

• 밀과 보리 등의 기원지인 비옥한 초승달 지대 •

단맛

기술 개발의 노력이 문화적인 진보를 가져왔다는 뜻이다.

쌀이나 보리도 도정이 쉬운 것은 아니었지만 밀보다는 훨씬 쉬웠다. 쌀은 잘 말린 단단한 알곡을 절구에 넣고 공이로 찧으면 껍질이 쉽게 벗겨진다. 하지만 밀은 이렇게 도정하면 낱알도 같이 깨져서 껍질과 섞이게 된다. 이렇게 분쇄된 알곡을 체에 걸러 껍질을 제거한 후 가루를 잘 모아야 한다. 하지만 분쇄된 곡물과 밀 껍질의 분리가 쉽지 않다. 밀가루에 껍질이 많이 섞여서 좋은 밀가루를 얻기가 쉽지 않다. 도정의 기술에 따라 밀가루의 품질은 현격한 차이가 날 수밖에 없었다. 그러니 제분 공장을 만들어 대규모로 하는 것이 훨씬 이득이었다. 밀을 도정하기 위해서는 수력이나 동물의 힘을 빌리는 도정 기구를 제작하고, 껍질과 가루를 분리하기 위한 장치도 있어야 한다. 이런 필요성이 로마의 기술 발전을 촉진하기도 했다.

빵을 만드는 일도 우리가 밥을 짓는 것보다 훨씬 어려운 문제였다. 쌀밥은 쌀을 물에 씻어 물과 불의 기운만 맞추면 금세 밥이 되지만, 빵은 밀가루에 효모를 섞고 여러 번 반죽하는 데에도 몇 시간이 걸리고 오븐이 적정한 온도가 되도록 먼저 불을 때고 반죽을 넣어 굽는 고된 공정을 겪어야 비로소 완성된다. 이런 복잡한 공정을 일반 가정에서 끼니때마다 반복하기 힘들어서 중세의 유럽에서는 장원마다 빵 공장을 운영했다. 감자는 아이들도 찌기만 해서 먹을 수 있을 정도로 취식이 간편한 데 비해 밀은 고도의 기술이 필요했다. 쌀의 이용 난이도가 감자와 밀의 중간 정도인 셈이다.

서양 역사에서 밀은 곡물 가운데 가장 중요한 위치에서 벗어난 적이 없다. 로마에서는 밀이 부족하면 아주 큰일이었다. 밀을 확보하려고 시칠리아와 이집트 등의 지중해 밀 산지에서 밀을 사들였고 로마의 위정자들은 시민에게 값싼 밀을 공급하는 것이 최우선 과제였다.

밀은 가루의 상태라 쌀처럼 밥의 형태로 쪄서 먹을 수 없고, 국수나 빵 같은 형태로 성형해서 먹어야 한다. 밀가루를 다양하게 성형할 수 있는 것은 쌀에는 없는 글루텐이라는 소수성 단백질이 들어있기 때문이다. 글루텐의 함량은 품종에 따라서도 다르다. 단백질 비율이 높고 글루텐이 많으면 대체로 단단하고, 반투명한 유리질이 된다. 이런 밀을 경질밀이라고 하는데 미국에서 생산되는 밀의 75%를 차지한다.

밀가루는 찰기에 따라 강력분, 중력분, 박력분으로 나누는데, 이 구분은 밀가루 안에 포함된 '글루텐(gluten)'이라는 단백질의 함량을 기준으로 하는 것이다. 강력분은 주로 빵을 만들고, 중력분으로는 국수나 전, 박력분으로는 과자나 케이크를 만든다. 글루텐의 함량은 밀의 종류에 따라 차이가 있지만 제분 과정에서 배젖 부위의 처리에 따라서도 차이가 난다. 용도에 맞는 밀가루를 생산해야만 음식이 제대로 될 수 있으니 그러려면 더 큰 규모의 공장에서 세심한 가공 공정을 마련하는 수밖에 없다.

밀가루의 글루텐은 분자량이 큰 여러 종류의 단백질로 이뤄진 집합체로 가장 크고 복잡한 단백질 네트워크를 형성한다. 사실 글루텐은 특정한 단백질의 이름이 아니라 글리아딘(gliadin)과 글루테닌(glutenin)이라는 단백질이 만나 형성된 거대한 그물구조의 단백질 복합체다. 즉 글루텐은 원래 밀에 존재하는 것이 아니고 밀가루에 물을 넣고 치대야 만들어지는 구조물의 이름인 것이다.

밀이 쌀과 함께 최고의 곡물로 대접을 받을 수 있는 것은 글루텐의 특성을 활용하는 기술과 효모(yeast)의 역할이 크다. 밀가루 반죽에서 효모는 포도당을 발효해 알코올과 이산화탄소를 생성하여 반죽을 부풀린다. 포도당 2g에서 대략 1g의 이산화탄소가 만들어진다. 이산화탄소 1g은 기체 상태에서 약 500ml의 부피를 가진다. 소량의 포도당만 분해되어도 빵은 충분히 부풀어 오를 수 있고, 오븐에서 구우면 이

들과 물이 기화되면서 공기가 80%인 빵이 만들어진다. 밀을 제외하면 호밀 정도가 이런 물성을 가질 수 있다. 보리에도 소량 있지만 반죽을 부풀리기에는 역부족이고, 쌀·메밀·퀴노아(Quinoa)에는 글루텐이 없다. 글루텐 네트워크를 만들 수 없는 것이다. 글루텐은 가소성과 탄성을 함께 갖고 있다. 압력을 가하면 모양이 변하지만, 반발력이 있고, 압력을 제거하면 본래의 모양으로 되돌아가려 한다. 가소성과 탄성이 결합한 점탄성을 가지고 있어서 밀가루 반죽은 이산화탄소가 발생하면 적당히 팽창할 수 있으면서, 또한 계속 안에 가두어 둘 수 있다. 이렇게 부푼 반죽을 오븐에서 구우면 보들보들한 빵이 나온다. 반면 보리에는 글루텐이 거의 없어 빵을 만들면 딱딱해진다. 다른 첨가물을 추가하지 않고, 반죽이 부풀어 부드러운 빵을 만들 수 있는 건 밀과 호밀뿐이다.

호밀(rye)과 맥각(ergot)병

중세 유럽에서부터 르네상스 시대에 이르기까지, 빵은 주로 호밀로 만들어졌다. 호밀은 밀보다 다소 길쭉하다. 호밀은 원래 밀밭에서 자라는 잡초였다고 한다. 그런데 밀과 같이 자라다 보니 더 큰 씨앗과 더 강한 이삭을 갖게 되었고, 게다가 본래 다년생이었으나 수확 후 밭갈이하는 밀 농사법에 맞춰 1년생으로 진화를 했다. 호밀은 밀보다 더 가혹한 환경에서도 잘 자란다. 호밀로 만든 빵은 밀로 만든 빵에 비해 식감이 워낙 거칠고 맛도 떨어진다는 인식이 강해, 밀이 잘 자라는 지역은 호밀을 주로 동물 사료로 쓰거나 먹을 것이 궁한 빈민들이 죽으로 만들어 먹는 경우가 많았다. 심지어 호밀은 중세 마녀 사냥의 근거가 일부 되기도 했다. 호밀과 그 유사 식물은 이삭(씨방)에 자낭균이 기생하면 맥각(ergot)이 생기는데 이 맥각 알칼로이드를 고용량 섭취하면, 온몸이 타는 듯한 고통을 받고 치명적일 수 있고(麥角中毒, Ergotism, ergot poisoning, Saint Anthony's Fire), 저용량을 섭취하면 강한 환각효과를 발휘한다. 14~17세기의 유럽 문헌에 등장하는 '무도병(dancing mania)'은 맥각이 만든 환각 때문에 광란의 춤을 추어서 생긴 현상이다. 하늘을 나는 마녀의 이야기도 이 맥각 중독에서 기인할 수 있다. 당시 여성들의 삶은 대단히 고단했고 질병, 가난, 죽음이 언제나 곳곳에 널려 있었다. 그런데 맥각의 환각에 빠져 몇 시간의 자유를 누리다 다음 날 아침 자신들의 침대에서 아무 탈 없이 깨어나는 것은 대단한 유혹이었을 것이다. 그런 여성 중에는 자기 경험이 환각인지 실제인지 전혀 구분하지 못하고 스스로 악마의 파티에 참여한 마녀라고 자백한 사람도 있었다.

사람들은 호밀보다 밀을 좋아하지만, 밀이 자라기 힘든 지역에서 호밀은 구세주였다. 내한성이 강해 겨울에 파종해서 눈이 내려도 새싹이 눈 밑에서 자라고, 여름에는 엄청난 고온과 건조한 기후에도 끄떡없이 견뎠으며, 계속된 경작으로 염류가 축적된 토양에서도 자란다. 주로 재배되는 곳은 독일 동부와 러시아를 비롯한 동유럽이다. 이 지역은 동쪽, 즉 러시아 쪽으로 갈수록 더 척박해지고 작물이 자라기 힘들다. 대륙성 기후로 겨울에는 춥고 여름에는 찌는 듯 덥고 항상 물이 부족했기에 호밀은 구세주와 같은 작물이었다. 러시아 음식인 호밀 빵, 크바스, 보드카의 주원료다. 호밀 빵을 어릴 때부터 익숙하게 먹어 왔던 문화권에선 호밀 빵의 거칠고 시큼한 식감을 그리운 고향의 맛이라고 생각한다.

육종, 난장이벼

밀에 관한 가장 성공적인 육종은 1943년에 노먼 볼로그 박사가 개발한 '왜소종 밀' 일명 난쟁이 밀이다. 노먼 박사는 길이가 짧고 단단해, 이삭이 커져도 쓰러지지 않고 버틸 수 있는 '왜소종 밀'을 개발하여 녹색혁명을 일으켰고 그 공로로 1970년 노벨평화상까지 수상했다. 왜소종 밀은 세계적으로 재배되는 밀의 99% 이상을 차지하고, 1961년부터 1999년까지 중국의 밀 수확량을 여덟 배나 증가시켰다.

그런데 왜소종이 그렇게 유리한 것일까? 사실 인위적인 재배가 아니면 왜소종은 다른 잡초나 일반 밀에 덮여 햇빛을 못 받아 사라질 운명이다. 하지만 모두 왜소한 환경이라면 그것은 전혀 문제가 되지 않는다. 인간 측면에서는 쓸데없는 키 크기 경쟁을 없애서 그 힘을 낟알

단맛

을 키우는 데 쓰게 하는 것이 당연히 유리하다. 이처럼 육종은 뭔가 새로운 능력을 부여하는 것 못지않게 불필요한 경쟁이나 기능을 없애는 것으로도 획기적인 결과를 가져온다.

풀 가운데 기장이 가장 먼저 작물이 됐고 이어서 보리가 선택돼 기장을 밀어내고 사랑받다가 마침내 밀이 작물화되었다. 보리와 밀은 다정하게 공존했으나 이집트에서 밀가루로 효모 발효 빵을 만드는 방법이 개발되면서 밀은 '곡식의 왕'이 됐고 그 지위를 오늘날까지 계속 유지하고 있다. 과거에는 쌀이 밀보다 더 많이 생산되었지만, 최근에는 밀의 생산량이 꾸준히 늘어 쌀보다 많아졌다. 그래도 1960년대 이후 가장 많이 생산되는 곡식은 옥수수이다.

옥수수가 가장 많이 생산되는 이유

옥수수, 멕시코에서 신으로 대접받는 이유

멕시코가 세계 음식 문화에 이바지한 점이 많다. 카카오(초콜릿), 고추, 감자, 고구마, 토마토, 아보카도, 치클(껌의 원료), 선인장 등의 원산지이기 때문이다. 그중에 옥수수는 매년 9월 29일을 기념일로 삼을 정도로 멕시코에 소중한 음식이자 문화유산이다. 멕시코의 대표 음식인 타코는 옥수수로 만든 토르티야가 필요하다. 옥수수는 다른 여러 음식에도 많이 쓰이는 주식이다. 그리고 세계적으로도 가장 많이 생산되는 곡물이기도 하다. 작물의 생산량 자체는 사탕수수가 많지만, 사탕수수는 82%가 물이라 수분을 제외한 건조 함량으로 환산하면 옥수수가 가장 많다.

옥수수는 대략 7,000년 전부터 재배한 것으로 알려져 있다. 마야 신화에서 신은 옥수수로 인간을 만들었다. 그만큼 마야와 아스텍 등의 멕시코 고대 문명에서 중요한 식량 자원으로 평가받았다. 콜럼버스가 아메리카 대륙을 발견했을 때는 이미 마치종, 경립종, 연립종, 튀김옥수수, 단옥수수 등이 분화되어 있었으며, 인디오 부족들이 200~300종의 옥수수를 재배하고 있었다.

옥수수는 단위 면적당 높은 생산량을 가졌고, 짧은 시간에 척박한 환경에서도 잘 자란다. 가공법도 단순하여 삶거나 구워서 먹을 수도 있고 기름도 짜낼 수 있고, 가루를 내서 사용할 수도 있다. 그만큼 지력의 소모가 많은데, 아메리카 원주민도 그것을 알고 옥수수를 콩, 호박과 같이 재배하였다. 그리고 그들은 옥수수의 문제점과 활용법도 잘 알고 있었다.

옥수수는 곰팡이의 공격에 취약하여 발암물질인 아플라톡신이 생기는 경우가 많고, 니아신(Niacin, 비타민 B3)이 잘 흡수가 되지 않는 형태로 존재하는 문제가 있다. 그래서 옥수수만 먹으면 펠라그라(Pellagra) 병에 걸리기 쉽다. 아메리카 원주민들은 이런 문제를 닉스타말(Nixtamal) 방법으로 해결했다. 옥수수 알갱이를 알칼리수(탄산염수)에 불려서 분말로 만드는 것이다. 그러면 껍질이 쉽게 제거되고, 트립토판, 니아신 같은 성분의 소화와 흡수가 좋아져 펠라그라에 걸릴 위험이 줄어든다. 아플라톡신 같은 독소가 97~100% 제거되는 효과도 있다.

옥수수, 중세에 세계로 퍼져나갔다

1492년 콜럼버스가 옥수수 재배하는 것을 보고 종자를 에스파냐로 가져가기 전까지 옥수수는 중남미를 제외한 다른 세계에는 존재조차 알려지지 않았다. 1620년대 잉글랜드 청교도들은 종교의 자유를 찾아 메이플라워호(Mayflower)를 탔다. 하지만 그들이 도착한 신대륙도 꿈의 대륙이 아니었다. 그들은 심한 식량난과 추위에 시달려 그해 겨울에 102명 가운데 44명이 죽었고 나머지도 질병에 시달렸었다. 그때 도움을 줬던 사람들이 바로 미국 원주민인 인디언들이었다. 옥수수 등의 곡물을 가져다 주고, 농사를 짓는 방법도 가르쳐 주었다. 이들의 도움으로 청교도들은 다음 해에는 풍성한 수확을 얻을 수 있었다. 이를 기념하여 감사의 제사를 지낸 것이 추수감사제의 기원이다.

신대륙에서 옥수수만큼 단시간에 많은 식량을 생산할 수 있는 식물은 없었다. 옥수수 씨 한 알을 심으면 살찐 옥수수 알이 150개 이상, 어떤 때는 300개까지도 생산이 되었다. 반면 밀은 옥수수 생산량의 50분의 1도 미치지 못했다. 옥수수가 밀에 완승한 것이다. 이 키가 큰 작물은 버릴 부분이 없다. 옥수수는 정착민들에게 곡식뿐 아니라 거의 모든 문제를 해결해 주었다. 섬유, 사료, 가연성 연료와 술까지 제

단맛

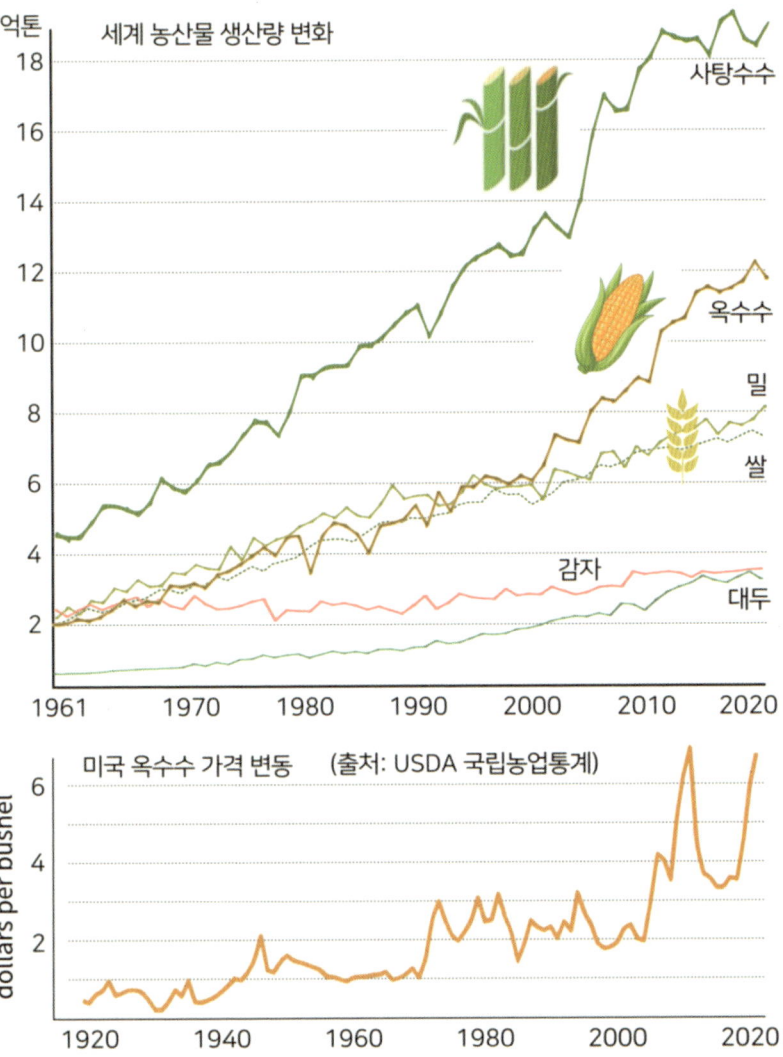

세계 농산물 생산량 변화

억톤

- 사탕수수
- 옥수수
- 밀
- 쌀
- 감자
- 대두

미국 옥수수 가격 변동   (출처: USDA 국립농업통계)

dollars per bushel

공했다. 겉껍질은 엮어서 깔개나 실을 만들고, 잎과 줄기는 가축의 사료로 쓰였다. 낟알을 떼어낸 옥수수 속은 연료로 태우거나 화장실 휴지 대신 임시변통으로 사용하기 위해 옥외 변소 옆에 저장해 두었다. 19세기 영국의 작가 윌리엄 코벳에 따르면 옥수수는 '인간에게 주어진 신의 가장 큰 은총'이었다.

옥수수 낟알은 보관과 비축이 쉬운 상품이기도 했다. 사람들은 옥수수를 필요한 만큼 쓰고 남은 것은 시장에 내다 팔았다. 건조한 옥수수는 어디에 내놔도 손색없는 상품이었다. 수송하기도 쉽고 상할 걱정도 없었다. 음식이자 상품인 옥수수의 양면성 덕분에 자급자족 경제에서 시장 경제로 도약할 수도 있었다. 그래서 옥수수가 노예무역에 없어서는 안 될 필수품이 되기도 하였다. 옥수수는 아프리카에서 노예 가격을 지급하는 화폐로 쓰였으며 아메리카로 가는 동안 노예들을 먹이는 음식이 되었다.

옥수수의 변신

인간이 옥수수에 의존하지만, 옥수수도 인간에 의존해 살아간다. 인간이 봄마다 심어 주지 않으면 몇 년 뒤에는, 지구상에서 영원히 사라질 수밖에 없다. 옥수수의 조상이라고 생각되는 테오신테는 맨 끝의 꽃자루에 얼마 안 되는 씨앗들이 드러난 형태이다. 그러다 수천 년 전에 우연한 돌연변이로 지금의 옥수수로 변모하기 시작했다. 이삭이 줄기 맨 위에서 가운데로 옮겨 영양 공급이 훨씬 원활해져서 많은 양의 씨앗을 만드는 것이 가능해졌다. 더구나 딱딱한 겉껍질이 감싸게 되면서 다른 곤충의 피해를 덜 입게 되었고, 익어서도 그 안에 가만히 남아 있어서 인간이 수확하기에 좋은 형태가 된 것이다. 이런 옥수수는 인위적인 교배를 통해 인간이 원하는 특징이 더욱 강화되었다. 아메리카 원주민들은 과학자들이 잡종교배를 이해하기 훨씬 전부터 어떤 옥수수의 수술에서 꽃가루를 가져다가 다른 옥수수의 수염에 뿌려

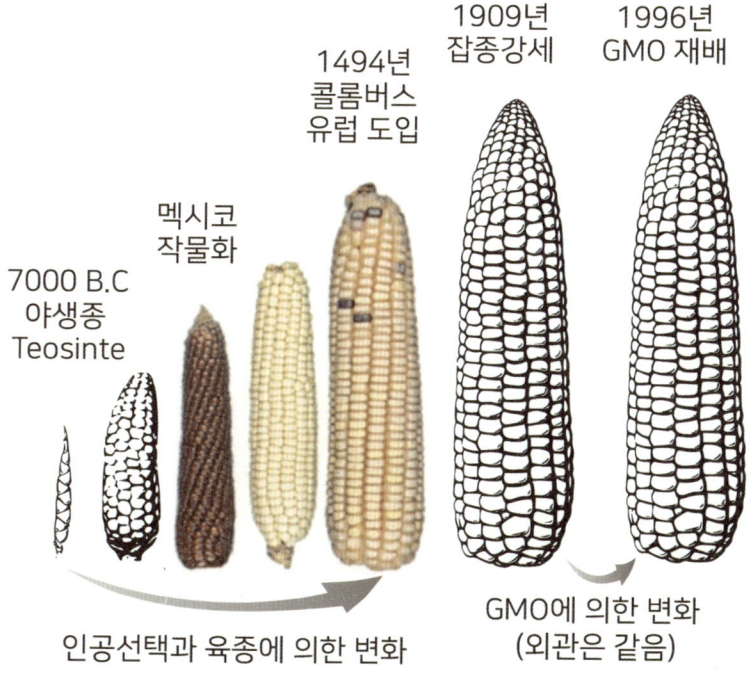

• 옥수수의 인공선택과 육종으로 변화하는 과정. •

품종을 개량했다. 아메리카 인디언이 세계 최초의 식물 신품종 개발자였던 것이다.

지금의 옥수수는 두툼한 겉껍질에 감싸인 형태이다. 인간이 이것을 제거한 다음 씨를 분리하여 땅에 흩어 심어 주어야 한다. 아니면 싹이 트기도 힘들고, 혹시 땅에 떨어져 발아해도 한군데 밀집하여 모두 시들어 버리고 만다. 옥수수는 인간을 협력자로 삼은 덕분에 지구상에서 가장 성공적인 작물이 되었다. 지구에는 옥수수와 옥수수로 키운 가축 그리고 그것을 먹고 사는 인간이 눈에 띄는 동물의 90%를 차지한다.

인류는 꾸준한 육종으로 생산량뿐 아니라 작물의 형태도 완전히 바꾸었다. 옆으로 퍼져서 자라는 것을 줄기를 곧고 단단하게 세우도록

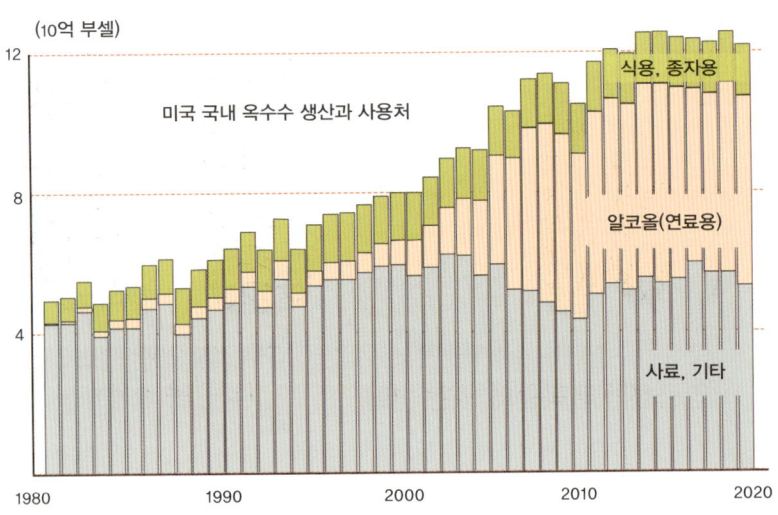

단맛

개량하여 좁은 땅에 촘촘하게 키울 수 있어서 에이커당 3,000그루까지 재배 가능해졌다. 육종의 과정에서 잡종강세도 큰 활약을 했다. 보통 교배를 하면 양친의 중간적인 성격의 자손이 나오는데, 미국에서 처음 옥수수의 잡종강세에 성공하자 모두 먹는 것을 꺼렸다. 당시 일반적인 옥수수보다 너무나 크고 생산량이 많아서 자연의 섭리에 벗어나는 것 같았기 때문이다. 그러다 식량부족에 시달리던 소련(러시아)에서 이를 수입해 갔고, 몇 년을 먹어도 아무 이상이 없다는 것이 알려지자 잡종강세가 널리 활용되기 시작했다. 절묘한 양친의 선택으로 억제 유전자의 발현을 피해 거대화를 이룬 것이다. 하지만 두 번째 세대인 식물 F2는 첫 번째 세대 F1보다 생산량이 거의 3분의 1로 곤두박질쳐 버린다. 씨앗으로 가치가 없어져 버리는 것이다. 그래서 그해의 수확물 중에서 좋은 것을 골라 종자로 쓰던 시대가 끝이 나고, 종자회사에서 만들어 준 씨앗으로 곡물을 재배해야 하는 시대가 되었다. 사실상 옥수수도 자연의 식물이라기보다는 공산품의 일종이 된 셈이다.

초당옥수수(Super Sweet Corn)와 사탕수수는 뭐가 다를까?

최근 초당옥수수가 과일 못지않은 높은 당도와 높은 수분 함량, 아삭아삭한 식감으로 관심을 끌었다. 초당옥수수하면 강원도 초당 지역에서 생산된 옥수수라고 생각할 수 있지만 설탕보다 달다는 '超

(뛰어넘을 초) 糖(사탕 당) 즉 Super Sweet Corn'이란 뜻이다. 당도가 18~20brix로 과일보다 달고 부드러워서 생으로도 먹을 수 있다. 워낙 달아서 GMO로 의심하기도 하지만 사실 초당옥수수는 옥수수의 열성 돌연변이이다. 일반 옥수수보다 훨씬 달기 때문에 뭔가 능력이 향상된 것 같지만 사실 달지 않고 단단한 옥수수가 훨씬 힘들게 만들어진 것이다. 고밀도의 전분을 축적하려면 잎에서 광합성을 통해 만들어 보내 준 설탕을 다시 포도당과 과당으로 분해한 후 촘촘하게 전분으로 쌓아 올려야 하는데, 그렇지 못한 것이 초당옥수수다. 초당옥수수는 1953년 미국 일리노이드 대학의 존 로넌 교수가 개발한 것인데, 일본을 거쳐 1990년대에 우리나라에 들어왔다. 지금은 제주도를

• 사탕수수와 초당옥수수, 옥수수의 체관 공급 차이점을 보여주는 그림. •

단맛

비롯해 호남 남부에서 재배하는데, 재배가 쉽지 않다고 한다. 초당옥수수가 워낙 달콤해서 벌레도 잘 먹고 온도에도 민감해서 상품 가치를 잃기 쉽기 때문이다.

초당옥수수는 설탕을 비축하지만, 전분의 양이 작고 수분이 많아서 칼로리가 낮다. 옥수수와 같은 볏과 작물인 사탕수수는 설탕 그대로 크고 두툼한 줄기에 비축한다. 결국 같은 볏과 작물의 같은 성분인데, 언론은 초당옥수수의 인기에 대해서는 무척 호의적으로 다루고, 사탕수수의 당액을 결정화한 설탕에 대해서는 너무나 분노의 태도로 다룬다. 실제 내용물이 아닌 이미지로 평가하는 것이다.

5

사탕수수, 달콤함에 대한 쓰디쓴 역사와 오해

사탕수수는 원물로는 전 세계에서 가장 많이 생산되는 작물로 매년 15억 톤 이상이 수확되고 있다. 195개국에서 생산되고 있으며, 이 중 브라질과 인도의 생산량이 60%를 차지한다. 지금이야 설탕이 너무나 저렴하고 흔해져서 너무 많이 사용되고, 그런 죄로 건강을 파괴하는 악의 축으로 꼽히지만, 200년 전만 해도 설탕은 대부분 사람이 구경조차 못한 정말 귀한 식재료였다.

과거에 인류에게 최고의 단맛 재료는 꿀이었다. 고대 벽화를 보면 인류는 적어도 1만 년 전부터 야생 벌꿀을 채취해 왔다는 것을 알 수 있다. 지금도 그 위험한 절벽 낭떠러지에서 어렵게 석청을 채취하는 장면을 보면 인류가 얼마나 단맛을 갈구했는지 알 수 있다. 꿀벌을 길들인 양봉업을 시작한 것도 4,000년 전으로 추정된다. 수메르 점토판에 새겨진 글에는 신랑은 '꿀같이 감미롭고', 신부의 포옹은 '꿀보다 더 향기롭고', 신방은 '꿀이 가득하다'고 묘사되었다. 구약성서에 약속의 땅은 젖과 꿀이 흐르는 땅이라고 되어 있다. 그만큼 꿀은 최고의 감미료였다. 그러다 지금은 설탕이 그 자리를 차지했다.

사탕수수의 원산지는 남아시아와 동남아시아의 열대 지방이다. 사탕수수의 줄기를 짜서 채취한 수액에 함유된 설탕을 인도인들은 이미 5,000년 전부터 이용하였다. 그래서 범어인 사르카라(Sarkara) 또는 사카라(Sakkara)가 설탕의 어원이 되었다. 이런 설탕이 세상에 알려지기 시작한 것은 기원전 327년 그리스의 알렉산더 대왕 시절이다. 인도를 침략했을 때 군사령관이었던 네아르쿠스 장군은 "인도에서는 벌의 도움을 받지 않고도 갈대의 줄기에서 꿀을 만들고 있다."라면서 놀랐다는 기록이 있다. B.C 320년 인도에 주재한 일이 있던 그리스인 메가스테네스는 설탕을 돌꿀(石蜜)이라고 소개했다. 당시에 벌써 결정화된 설탕도 만들어져 고체의 꿀이라 한 것이다.

설탕의 전파는 전쟁과 관련이 깊다. 아랍의 무함마드 군대는 정복지 페르시아에서 사탕수수를 발견 후 매료되어 정복지마다 사탕수수를 갖고 갔다. 점점 지중해, 메소포타미아, 스페인 그리고 북아프리카 등지로 전파되었다. 11세기부터 13세기까지 벌어진 십자군 전쟁은 설탕 전파의 획기적인 계기가 되었다. 그러다 설탕은 후추와 함께 중세 유럽의 중요한 무역 품목이 되었다. 설탕 한 줌은 후추처럼 비싸고 귀한 음식이었다. 당시 영국에서는 설탕 1.5kg이면 송아지 한 마리를 살 수 있을 정도였다고 한다. 15세기에 들어가서야 유럽의 부유

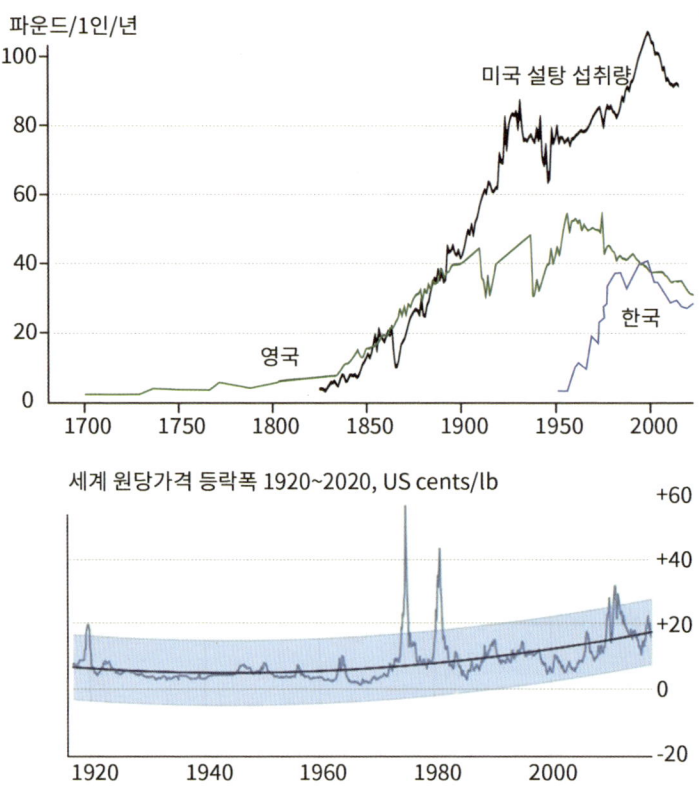

세계 원당 가격변화 1920~ 2017, US cents/lb

• 설탕의 소비량과 가격 변동 추이 •

단맛

층들은 설탕을 약이 아닌 음식의 하나로 보기 시작했다. 음식의 풍미를 높여 맛의 즐거움을 더해 주는 설탕의 가치를 이해하기 시작한 것이다. 그래도 17세기까지도 설탕은 약국에서 취급될 만큼 귀중한 '약'이었다. 병에 걸리지 않았음에도 설탕을 먹을 수 있는 사람은 신사나 귀족, 그리고 자신의 부를 과시하고 싶은 무역 상인 정도였다.

이렇게 귀한 대접을 받던 설탕은 삼각무역의 발달과 함께 대량 소비의 시대로 접어들게 된다. 1612년 네덜란드 동인도회사는 맨해튼에 지금의 뉴욕을 건설하면서 아메리카 항로를 전담하는 서인도회사를 설립했다. 해적질도 서슴지 않는 전쟁 기업이었고 모피, 노예, 사탕수수를 주로 거래했다. 이들이 수행한 노예, 담배, 설탕의 삼각무역으로 유럽으로 가는 설탕이 폭증해 유럽은 점점 설탕의 단맛에 빠지게 됐다.

설탕의 달콤함에 숨겨진 흑인 노예의 한

설탕의 소비는 18세기 흑인 노예의 등장 이후 본격적으로 증가한다. 오늘날 미국에서 살고 있는 흑인들이 본래 그들의 고향인 아프리카를 등지고 아메리카 대륙까지 끌려오게 된 직접적인 원인이 설탕의 생산을 위한 노예무역이다. 영국은 노예무역에 뒤늦게 뛰어들었지만, 18세기에 들어서며 최대 노예무역 국가가 됐다.

초기 사탕수수 농장에서는 현지 원주민들과 영국에서 이주한 백인들이 노동자로 일했는데, 현지 원주민들은 각종 전염병 등으로 인구가 급속히 감소했고 백인 노동자들은 영국과 크게 다른 열대 기후에 적응하지 못했다. 즉, 일의 효율성이 떨어졌다. 이에 사탕수수 농장주들은 아프리카로 눈을 돌렸다. 아프리카 흑인 노예들은 그들이 원하는 값싸고 질 좋은 노동력을 제공할 수 있었다. 이에 사탕수수 농장의 노동력은 대부분 흑인 노예로 대체됐다.

그리고 영국, 서아프리카 연안, 카리브해 지역의 삼각무역이 활발해졌다. 영국은 그들이 생산한 면직물과 각종 공산품을 서아프리카 지역에 판매하고 그 급부로 노예를 살 수 있었다. 노예 업자들은 노예들을 서아프리카에서 카리브해 지역으로 수송해 팔고 설탕을 사들여 영국에 팔아 이익을 남겼다. 이 삼각무역은 누군가에 큰 이익을 안겨 주는 루트였지만, 흑인 노예들에게는 죽음보다 더한 고통의 루트였다. 노예제도가 폐지되기 전까지 아메리카로 1,250만 명이 넘는 흑인 노예들이 잡혀 왔으며, 이 가운데 40%가 브라질과 서인도 제도의 설탕 산업에 투입되었다. 아프리카에서 노예를 실어 나르는 노예선의 상황은 정말 비참했다. 노예들은 화물처럼 촘촘하고 빽빽히 배치돼 실렸고 도망을 방지하기 위해 결박된 상대로 누워 있어야 했다. 그 상태에서 벌린 입에 물과 음식을 넣어 주고 대소변도 그 자리에서 보게 했다. 위생 상태가 최악이었고 음식도 너무 부실했다. 카리브해로 가는 긴 항해 중 상당수 노예가 감염병이나 영양실조, 탈수 등으로 목숨을 잃었다. 최소한의 영양으로 겨우 버티고 살아남은 근검절약의 유전자를 가진 흑인이 살아남은 것이다. 그 영향 때문인지 같은 칼로리를 먹어도 아메리카 흑인이 아프리카의 흑인보다 쉽게 비만해진다. 이런 경향은 태평양의 외딴섬에 사는 사람들과 비슷하다. 남태평양 폴리네시안은 유난히 비만율이 높다. 이런 섬에 흘러든 사람은 선조가 수천 km를 항해하면서 태반이 아사하는 상황에서 겨우 살아남은 근검절약의 유전자를 가진 사람의 후손이기 때문일 것이다. 그러니 고열량의 현대 음식에 노출되면 비만해지기 훨씬 쉽다.

극한의 고통 속에 카리브해에 도착한 흑인들은 사탕수수 농장에 배치된 후 본격적인 노예의 삶이 시작됐다. 혹독한 노동환경 속에서 매

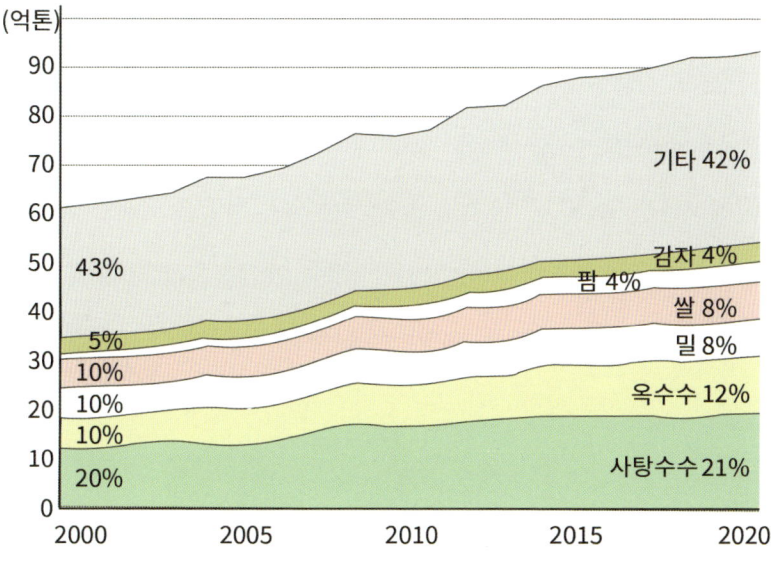

• 세계 주요 작물 생산량 변화 •

일 중노동에 시달렸지만, 그에 따른 보수는 거의 없었다. 그들의 행동은 모두 통제됐고 낮에는 사탕수수 농장에서 밤에는 설탕 제조 공장에서 일했다. 마음에 들지 않으면 수시로 가혹한 형벌이 가해졌다. 반면 노예무역을 통해 부를 축적한 사탕수수 농장주와 자본가들은 영국의 경제는 물론이고 정치계에도 큰 영향력을 행사했다. 무역 항구들이 발전했고 막대한 자금의 흐름 속에 금융업과 보험업이 발달했다. 그러다 점점 노예무역의 참상이 점점 영국 사회에 알려지면서 이에 반대하는 여론이 일어났다. 특히, 계몽주의자 등 영국의 진보적 지식인과 종교인을 중심으로 노예제도와 노예무역에 대한 반대가 강했다. 산업혁명으로 자본주의와 민주주의가 발달하자 영국과 미국은 각각 1833년과 1865년에 노예제도를 공식으로 폐지했다. 설탕의 달콤함 뒤에는 수많은 흑인 노예의 고통과 눈물 그리고 한이 있었다.

지금도 사탕수수 생산량은 매년 증가하고 있다. 브라질은 전체 생산량의 40%를 차지할 정도로 많이 재배하는데, 설탕을 만드는 것 말고 에탄올을 생산하는 데 점점 많이 사용된다. 미국은 세계에서 가장 많은 옥수수를 생산하는데 이것도 사료와 에탄올을 만드는 데 많은 양이 쓰인다.

동양과 우리나라의 설탕

설탕은 5~6세기 무렵 인도로부터 중국, 타이, 인도네시아 등에도 전해졌다. 하지만 서구와 같은 광풍은 불지 않았다. 중국은 아랍을 거치지 않고 인도로부터 직접 사탕수수의 재배와 설탕 제조법을 배웠다. 당나라 때부터 비록 사치품이기는 했어도 상품으로 통용되기도 했다. 당나라와 밀접한 관계를 맺었던 통일신라의 귀족도 이 설탕을 맛보았을 가능성은 높다. 확실한 것은 고려 말에 원으로부터 수입한 품목에 설탕이 포함되어 있다는 것이다. 중국은 일찍부터 설탕이 소개되었고, 상당한 제조 기술이 발전했음에도 서양과 같은 광풍은 없었고, 지금도 설탕 소비가 많지 않은 것이 오히려 특이하다.

우리나라에는 설탕은 없었지만, 식혜, 조청, 엿이 있었다. 농사를 짓게 되면서 곡식이 풍족해졌다. 곡식을 입에서 오래 씹으면 단맛이 난다. 전분이 침에 섞인 효소 때문에 포도당으로 분해되는 것이다. 그러다 누군가 보리나 밀이 싹을 틔울 때 밥과 함께 두면 단맛이 난다는 사실을 발견했을 것이다. 그래서 만들어진 것이 식혜(감주)인데, 만들려면 먼저 보리나 밀의 싹을 틔워야 한다. 우리나라는 보리가 흔하여 주로 사용했다. 보리의 싹이 보리 알갱이 길이의 두 배쯤 되면 이를 말리고 갈아서 만든 것이 바로 엿기름이다. 물기가 많지 않게 밥을 지어서 고운 체에 엿기름을 내린 물과 섞어 뜨뜻하게 해 주면 감주가 된다. 꿀만큼은 달지 않지만 단것에 대한 욕망을 채워 줄 만했다. 감주에서 쌀알을 걸러 내고 불에 잘 졸이면 묽은 조청이 된다. 수분이 줄어든 만큼 단맛이 더욱 강해진다. 지금의 물엿과 비슷한 조성이며 가

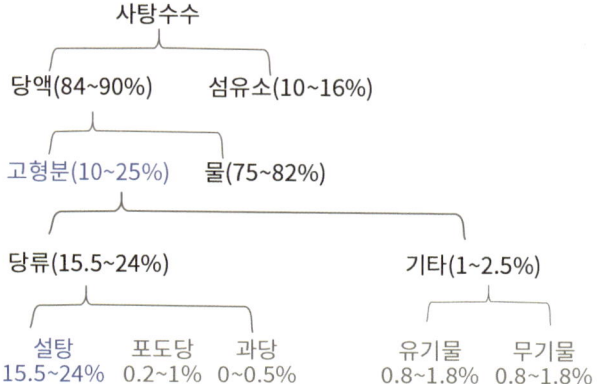

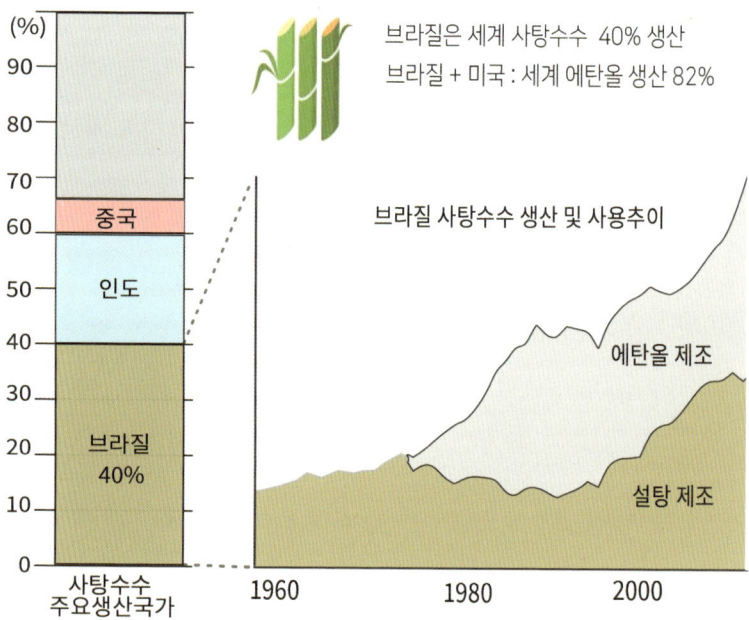

브라질은 세계 사탕수수 40% 생산

브라질 + 미국 : 세계 에탄올 생산 82%

브라질 사탕수수 생산 및 사용추이

에탄올 제조

설탕 제조

단맛

단맛 원료	과당	포도당	설탕	기타 당
설탕	0	0	100	0
옥수수 시럽	0	98	0	2
캐러멜	1	1	97	1
메이플 시럽	1	4	95	0
당밀	23	21	53	3
HFCS-42	42	53	0	5
꿀	50	44	1	5
HFCS-55	55	41	0	4
아가베시럽	70-90	20		
HFCS-90	90	5	0	5

• 주요 단맛 원료의 당류 조성 •

열 과정에서 캐러멜 반응으로 색도 진해진다. 조청을 더욱 졸이면 단단한 갈색의 갱엿이 된다. 여러 번 잡아 늘이면 미세한 공기 입자가 만들어져 부드러워지며 빛을 산란하여 흰색의 가락엿이 된다. 우리 선조에게 이보다 훌륭한 단맛의 간식은 드물었다. 아이들에게 엿장수는 선망의 대상이었고, 엿장수 마음대로 엿을 주는 것은 갖고 싶은 권력이었다.

우리나라에서 설탕의 대중화는 매우 늦어서 일제강점기 이후다. 일본은 근대화 이후 설탕을 적극 받아들이고, 청일전쟁으로 빼앗은 타이완을 사탕수수 재배의 전초기지로 삼는다. 여기서 만든 설탕을 일본 본토와 만주, 한국까지 공급한 것이다. 1920년 평양에 제당 공장이 세워졌고, 6·25로 공급이 끊기자 1952년에 남한에도 최초의 설탕 공장이 세워졌다. 삼성의 모태가 되는 '제일제당'이다. 이후 CJ로 분사되었다. 지금은 이들 회사의 규모에 비해 설탕의 매출액은 정말 빈약하지만, 1950년대 초반에는 절대적 상품이었다. 삼성에게 최악의 흑역사도 단맛과 관련 있다. 1966년 삼성 계열사에서 사카린 55톤을 일본에서 건설 자재로 꾸며서 밀수한 것이다. 이 사건으로 온 나라가 떠들썩했고, 그 여파로 이병철 회장이 경영 일선에서 한동안 물러나야 했다. 당시에는 식품이나 식품 소재 말고는 큰 사업의 아이템이 없어서 MSG를 가지고도 미원(대상)과 삼성이 사활을 걸고 싸울 정도였다.

설탕 대신에 최초의 감미료인 벌꿀을 쓰면 안전할까?

사람들은 전통적이면 안전하고 현대적 기술의 산물이라고 하면 위험하다고 평가하는 경향이 있다. 그래서 설탕은 인류가 사용한 지 얼마 안 되는 감미료라 위험하고, 벌꿀은 아주 오래전부터 사용한 것이니 안전하다는 주장도 설득력 있게 받아들이곤 했다. 꿀의 성분은 과당과 포도당이 반반이라 설탕과 다르지 않다. 오히려 설탕이 분해된 형태라 흡수가 더 빠르다. 성분상 설탕보다 유리한 점은 없고, 오히려 숨겨진 독성은 꿀에 더 많다.

과거 전쟁에서 매드허니(Mad Honey)를 적군에 고의로 사용하기도

단맛

했다. 매드허니는 히말라야산맥과 터키 고산지대 등에서 자라는 진달래속(Rhododendron)꽃에서 얻어지는 꿀이다. 식물에서 유래한 그레이아노톡신(Grayanotoxin)이 있어서 소량이면 환각이나 술에 취한 것과 같은 상태지만 다량 섭취하면 치명적인 독이 될 수 있다. 종종 네팔산 야생 꿀(석청)을 먹은 뒤 사망사고가 발생하는 것도 이 때문이다. 뉴질랜드의 로열젤리를 먹고, 사망사고가 발생하곤 한다. 로열젤리에 포함된 알레르기 성분 때문이다. 투투나무가 자생하는 뉴질랜드 지역에서 늦은 여름에 생산한 벌꿀은 투틴(Tutin)이라는 신경독소를 함유하는 경우가 있다.

'1세 미만의 아기들에게 꿀을 먹이지 말라'고 한다. '영아 보툴리누스증(Infant botulism)' 때문이다. 가장 치명적인 신경독소를 만드는 보툴리눔의 포자가 벌꿀에 오염되면 영아의 장 속에서 자라 치명적 질병을 유발할 수 있다. 벌꿀에는 일반 세균은 살 수 없지만 포자는 살아남을 수 있다. 이 포자가 영아의 대장에 가면 아직 이를 견제할 미생물군이 형성되지 않아, 보툴리누스 균이 독점적으로 자라 보툴리누스증에 걸리게 된다. 성인의 대장에는 40조가 넘는 기존의 균과의 경쟁에서 완전히 밀려 영향을 주지 못하지만, 아이에게는 아직 견제할 세균 집단이 없어서 벌어지는 일이다. 하여간 설탕보다 안전한 감미료도 없다. 단지 너무 먹을 뿐이다.

설탕에 과거 흑인 노예의 한이 서린 것일까? 지금은 설탕이 질병과 비만의 주범으로 지탄받고 있다. 2022년 기준으로 전 세계 설탕 소비량은 약 1억 7,600만 톤이나 된다. 이렇게 늘어난 설탕 섭취는 비만, 당뇨, 충치, 고혈압, 심장질환, 우울증 심지어 암의 원인으로 지목될 정도다. 설탕 과잉섭취의 부작용을 줄여 보고자 많은 나라가 설탕과의 전쟁을 선포하고, 설탕세(Sugar Tax)까지 도입하는 실정이다. 2021년까지 45개국에서 설탕세를 도입했는데, 당장 설탕의 소비는 줄일 수 있을지 모르지만, 비만의 문제까지 해결될지는 미지수다. 비만과 질병의 원인은 생각보다 복잡하고 항상 풍선효과가 나타나기 때문이다.

100년 전만 해도 당뇨가 적었는데 지금은 너무나 흔한 병이 되었다. 당뇨의 원인으로 변화된 식습관과 특히 설탕 소비 증가를 꼽는다. 당뇨는 소변에 당이 증가하는 현상이니, 설탕을 많이 먹으면 혈당이 증가하고 당뇨가 증가할 것이라고 쉽게 연관시킬 수 있다. 그런데 당뇨와 관련하여 미국과 대비되는 나라가 중국이다. 중국은 설탕 소비량이 미국의 1/5도 안 되는데 당뇨 유병률은 비슷하다. 스위스는 중국보다 설탕을 10배를 먹는데 오히려 낮다. 그리고 솔로몬 제도 같은 섬 지역은 설탕의 섭취가 적어도 당뇨가 심각하다. 설탕의 소비량은 적은데 당뇨는 많은 나라의 사례를 골라 사용하면 설탕의 소비가 많을수록 당뇨가 적게 걸린다는 설득력 있는 자료를 만들 수 있을 정도다.

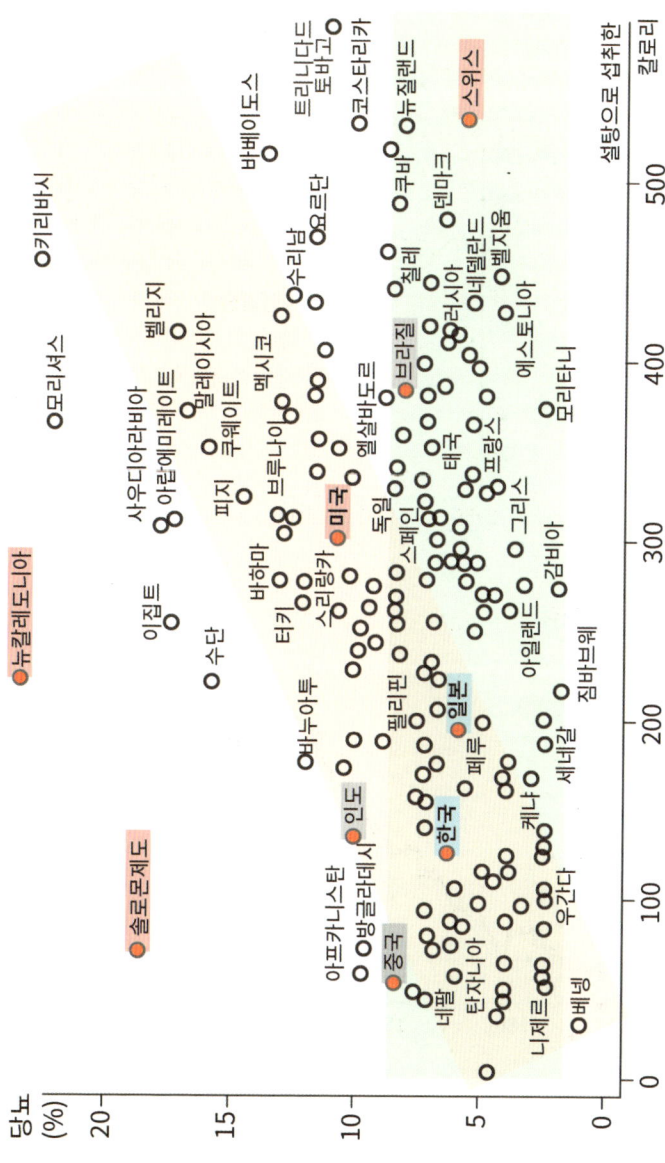

• 설탕 섭취와 당뇨의 관계 •

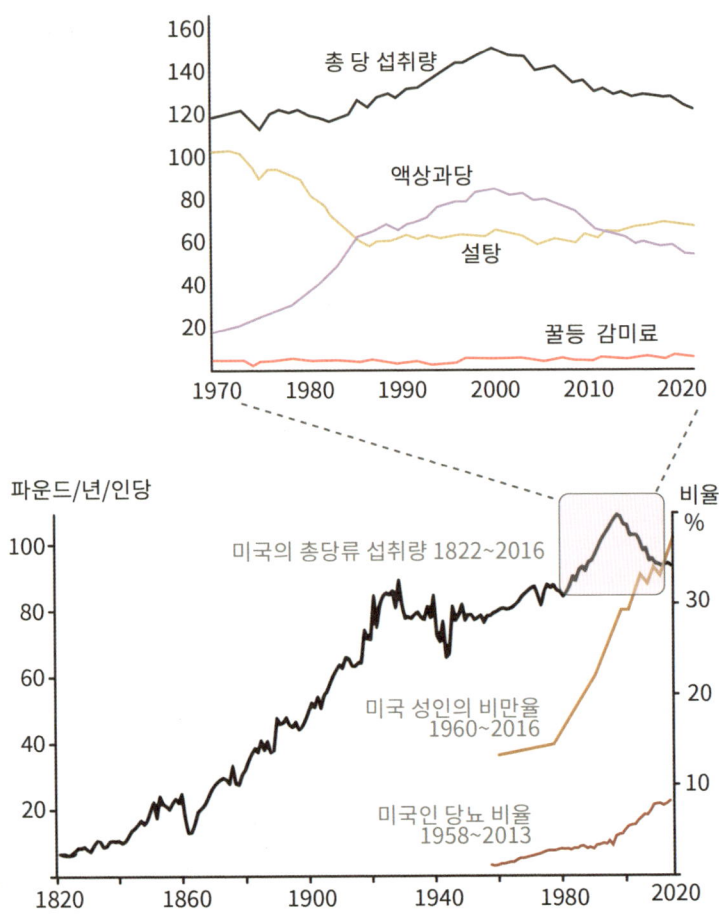

160

140

120

100

80

60

40

20

총 당 섭취량

액상과당

설탕

꿀등 감미료

1970   1980   1990   2000   2010   2020

파운드/년/인당

비율
%

100

80

60

40

20

미국의 총당류 섭취량 1822~2016

미국 성인의 비만율
1960~2016

미국인 당뇨 비율
1958~2013

30

20

10

1820   1860   1900   1940   1980   2020

• 미국의 설탕 섭취량과 비만, 당뇨 추이 •

한국인의 당뇨는 단것을 많이 먹은 탓보다는 췌장이 서양인보다 작아서 인슐린 저항성에 대응할 능력이 떨어지는 점이 크다.

미국의 비만이 심각해진 것은 설탕의 소비가 크게 늘어 났던 1920년대 이전이 아니다. 미국의 경우 설탕 소비가 늘어난 것은 1800년대 초반부터이다. 1920년대에 이미 지금 우리나라가 먹는 양의 2배를 먹었지만, 당시에는 비만과 당뇨가 심각하지 않았다. 1970년대에 벌써 설탕 소비가 줄었지만, 비만은 늘었고, 액상과당의 소비까지 줄어서 당류 총 소비량이 감소하기 시작한 것이 2000년으로 벌써 25년 전이다. 그런데도 비만은 폭증하고, 당뇨도 계속 증가하고 있다. 다른 음식물의 소비가 늘어났기 때문이다. 설탕뿐 아니라 뭐든 너무 많이 섭취하면 체중이 증가하기 쉽고, 음식이 비만의 유일한 요인도 아니다. 신체 활동, 유전적 특성 등 많은 다른 요인이 있다.

충치의 원인이 설탕일까?

요즘은 치과 병원이 참 많다. 충치가 늘어서 치과가 많아진 것일까? 아니면 치과가 많아져서 충치가 늘어난 것일까? 후자는 전혀 말도 안 되는 것 같지만 세상에는 생각보다 알쏭달쏭한 문제가 많다. 과거에 전혀 칫솔질을 하지 않은 네안데르탈인의 치아는 의외로 건강하다고 한다. 요즘 초등학생은 역사상 가장 치아 관리를 열심히 하지만, 치아

상태는 최악이다. 과거 치아 교정기의 사용은 정말 희귀했는데 요즘은 당연시되고 있다. 왜 그런 것일까?

내가 어렸을 때는 설탕이 들어간 사탕, 껌, 초콜릿, 아이스크림 등이 충치의 원인이라는 말을 정말 많이 들었다. 그런데 우리나라에서 '덴티큐'라는 무설탕 껌이 해태제과에서 출시된 것이 1995년으로 30년 전이다. 단 과자 등의 소비 증가가 멈춘 지 20~30년이 넘었다. 흔히 달콤한 것이 충치를 유발한다고 여기지만, 실제 충치를 유발하는 것은 시큼한 것이다. 치아는 칼슘염이고, 칼슘염은 산성 조건에서 압도적으로 잘 녹는다. 그래서 대리석은 산성비에 녹고, 진주나 달걀을 식초에 담그면 껍질이 완전히 녹는다. 당분이 직접 치아에 손상을 유발하지 않지만, 충치 유발균(*Streptococcus mutans*)의 먹이로 쓰일 수 있는 것이 문제다. 충치균이 당분을 영양분 삼아 자라면서 플라크를 만들고, 산을 생성하는데 그 산에 의해 칼슘이 녹는다. 칼슘이 산에 녹는 특성은 우리 몸안의 강산인 위산이 칼슘을 녹여 흡수를 돕는 기능도 가능하게 한다.

충치균은 설탕이나 포도당은 잘 소화하지만, 솔비톨, 자일리톨 같은 당알코올은 흡수해도 에너지대사에 활용하지 못한다. 먹어도 소화되지 않고 그대로 배

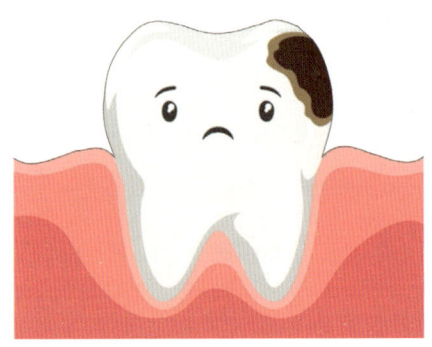

설된다. 또다시 먹어도 그대로 배설이 되어 충치균은 결국 배고파 죽게 된다. 중요한 것은 결국 산에 노출되는 시간이다.

탄산수나 청량음료는 치아에 해롭고, 과일은 유익할 것 같지만, 과일을 먹는 것이 시간이 더 걸려 그만큼 해롭다. 떡은 중성이고 부드러워 치아에 직접적인 손상은 없지만 치아에 일부가 남게 되면 더 심각한 치아 손상의 원인이 될 수 있다. 껌은 포함된 설탕의 양은 적지만 오래 씹으니 그만큼 충치균의 영양분이 될 수 있다는 근거로 설탕이 포함되지 않는 제품으로 바뀐 지 30년이 되었다. 그런데도 치과 치료를 받아야 하는 일이 늘어나는 것은 결국 단단한 치아가 형성될 기회가 없어졌기 때문일 것이다. 우리의 뼈는 1년이면 절반이 새롭게 만들어진다고 한다. 뼈나 치아를 단단하게 재구성하는데 스트레스 또한 필요하다. 장기간 우주정거장에서 체류한 우주인이 지상에 도착하면 잘 서지도 못한다고 한다. 뼈가 약하게 재구성된 것이다.

과거에 인류의 치아 구조는 고기를 자를 수 있는 절단교합의 상태다. 그런데 지금은 윗니는 앞으로, 아랫니는 뒤로 물리는 피개교합의 상태다. 이렇게 치아구조가 바뀐 것은 칼을 사용하면서 이빨로 음식을 자를 일이 줄었기 때문이다. 지금은 먹거리가 씹을 필요조차 없을 정도로 부드러워지고 있다. 그래서인지 현대인은 날고기는 먹을 수 없을 정도로 치아가 약해졌다. 한 과학자가 양고기를 날것으로 섭취하는 실험을 했다. 양고기가 초기 우리 인류 조상들이 먹었던 야생동물의 육질과 비슷할 것으로 추정하고 생으로 먹을 수 있는지를 실험한 것인데, 현대인의 이빨로는 양고기를 잘게 부수는 것은 거의 불가능한 수준이었다. 아무리 씹고 또 씹어도 양고기는 끄떡없었다.

아이들은 점점 딱딱한 것을 먹을 기회가 없어져 그만큼 턱 구조가 발달할 필요가 없어졌다. 턱이 점점 V라인으로 변하는 것이다. 그만큼 이빨이 제대로 자랄 공간이 부족해져서 치아는 제대로 나기 힘들어진다. 치아교정이 필수가 되고, 치아가 고르고 강하지 못하니 단단한 것을 씹는 것이 불편해진다. 단단한 것을 씹지 않으니 치아는 더 약해지기 쉬워진 것이다.

음식은 부드러워질수록 더 쉽고 빠르게 소화된다. 소는 섬유소가 포함된 거친 풀도 먹을 수 있지만 부드럽게 해 주어야 소화를 잘한다. 과거 볏짚은 겨울동안 소의 중요한 사료인데 볏짚을 그대로 주지 않았다. 작두로 볏짚을 썰고 콩깍지, 왕겨 가루, 콩가루 등을 잘 섞어 푹 삶아 쇠죽을 쑤어 먹였다. 요즘 농촌 들판에는 커다란 흰 덩어리의 '볏짚 곤포 사일리지'를 볼 수 있다. 추수하고 남은 볏짚을 덩어리로 만든 뒤 발효액을 뿌려 분해해야 사료의 가치가 높아지기 때문이다. 인류는 음식을 날것으로 먹지 않고, 도구를 이용하여 음식을 자르고 으깨고 부드럽게 하고, 섬유소를 줄이고, 불로 익혀서 먹으면서 작은 치아와 턱 그리고 소화기관을 가질 수 있었다. 그만큼 소화에 들어가는 에너지도 줄고 턱도, 입도 입술을 놀릴 수 있는 공간이 확보되고, 섬세한 소리 즉 언어를 사용하기 적합해졌다.

그런데 지금은 그 선을 넘은 것 같다. 예전에는 생쌀도 씹고 마른오

징어도 씹었다. 하지만 지금은 오징어도 반 건조로 부드럽고, 팥빙수의 얼음도 눈처럼 곱게 갈아야 인기다. 치과의사는 단단한 오징어나 팥빙수의 얼음이 치아에 좋다고 말할까, 나쁘다고 말할까? 1,000명 중에서 999명은 단단한 것이 치아에 긍정적인 효과를 주고, 1명에게 손상을 주었다고 해도, 치과의사가 접하게 되는 것은 1명이 전부일 테니, 단단한 것을 피할수록 치아에 좋다고 할 수밖에 없을 것이다. 우리는 원하든 원하지 않든 점점 음식은 부드러워지는 시대를 살아갈 수밖에 없게 된 것이다.

"뼈 갈아 먹으면 뼈가 튼튼해진다." 식의 거짓말은 너무 많다

예전에는 건강한 치아는 '오복(五福)'의 하나라는 말을 많이 했다. 그런데 오복을 처음 규정한 '서경(書經)'에는 '장수, 부유함, 건강, 덕행, 편안한 죽음'이 포함되고 '치아'는 없다고 한다. 그럼에도 사람들이 건강한 치아를 '오복'의 하나로 꼽은 이유는 그만큼 치아가 건강에 중요했기 때문이다. 과거의 음식은 지금보다 훨씬 거칠고 질기고 조악했다. 치아가 나쁘면 음식물을 제대로 씹어서 소화할 수가 없었다. 점점 육류 섭취를 꺼리게 되고 단백질 부족 등 영양불량에 걸리거나 소화기관 약화 및 식욕부진으로 이어지는 경우도 생긴다. 더구나 과거에는 영구치가 손상되면 돌이킬 방법이 없었다. 지금이야 틀니나 임플

란트도 하고, 심지어 멀쩡한 이도 미용의 목적으로 갈아 내거나 교체하기도 하지만 과거에는 영구치가 한 번 손상되면 평생 그대로 사는 수밖에 없었다. 앞니에 김 조각만 붙여도 바로 바보 얼굴이 되는데 평생 그대로 살아야 했다. 이가 새면 발음도 새고, 건강도 새어 나갔다. 그래서 과거에는 건강한 치아가 평생의 건강을 좌우하는 오복의 하나였다.

그렇다면 건강한 치아를 유지하려면 어떻게 해야 할까? 치아에 좋은 음식을 잘 챙겨 먹으면 평생 건강한 치아가 보장될까? 내가 어렸을 때는 멸치에 칼슘이 많다고 뼈까지 통째로 씹어 먹으라는 말을 많이 들었다. 지금은 멸치 먹으라는 말은 사라졌지만, 뼈를 갈아 먹으면 뼈가 튼튼해진다는 미신은 여전히 남아 있어서 콜레스테롤을 먹으면 콜레스테롤이 증가하고, 콜라겐을 먹으면 콜라겐이 증가할 것이라고 믿는다. 칼슘은 치아를 구성하는 요소의 하나일 뿐이라, 칼슘을 부족하게 먹지 않으면 되는 것이지 더 많이 칼슘을 섭취한다고 치아 건강이 보장되는 것은 아니다.

사람의 경우, 손상된 영구치는 다시 나지 않지만, 상어는 평균 300개의 이빨을 갖고 있고, 이빨이 뽑혀도 계속 다시 나니 치아 손상을 걱정할 필요가 없다. 악어도 손상된 이빨이 다시 자라는 능력이 있고, 코끼리는 이빨이 닳아서 무력해지면 여섯 번까지는 새로 자란다고 한다. 설치류는 앞니가 계속 자라기 때문에 마모의 걱정이 없다. 오히려 이것저것 딱딱한 것을 갈아 대지 않으면 치아가 너무 길어져 언젠가

입을 사용할 수 없게 된다. 음식보다 중요한 것이 몸의 기본적인 설계인 것이다.

세포가 세포를 만들 수 있지 음식이 세포를 만들 수 없다. 음식은 몸 세포가 사용하는 재료이자 연료일 뿐이다. 식품의 기능과 우리 몸의 기능을 완전히 구분해야 하는데, 음식과 건강 이야기는 항상 뒤죽박죽 섞어서 말하기 때문에 발전이 없다. 우리는 유치 20개, 영구치 32개로 평생 살아가야 하는 유전자를 가지고 있으니, 이에 맞추어 지내야 한다. 질병, 건강, 수명 등에 유전자보다 강력한 영향 인자도 없다.

나는 현대인의 가장 큰 혜택의 하나가 치과라고 생각한다. 혹시 영구치가 하나라도 손상되면 어쩔까 하는 걱정이 많이 줄어든 것이다. 치아를 적당히 잘 관리하다가 문제가 생기면 치료를 받으면 되는 것이지 치아에 좋은 특별한 음식을 찾거나 치통에 좋은 음식을 찾을 필요도 없다. 치아의 경우만 봐도 음식의 기능과 한계가 너무나 명확하고, 음식과 치료(병원)의 관계가 명확한데, '음식으로 치료하지 못하는 것은 약으로도 치료하지 못한다'와 같은 말에 현혹될 이유가 없다. 음식이 평소의 건강을 유지하는 데 중요하지만, 자동차를 아무리 잘 관리해도 고장나면 수리를 하는 것처럼, 아프면 적절한 치료를 찾아야 한다.

사람들은 마치 설탕은 200년 전부터 먹기 시작한 낯선 당이라고 생각하지만 전혀 사실이 아니다. 엽록소에서 만들어진 포도당은 절반이 과당으로 전환된 후 설탕의 형태로 결합하여 식물의 나머지 부분으로 전달되므로 과일의 당은 포도당, 과당, 설탕이 혼합된 상태다. 단지 순수한 설탕 결정의 형태로 대량 생산되기 시작한 것이 200년 전일 뿐이다. 문제는 결국 단맛에 대한 욕망은 줄이지 못한 채, 인류가 과거에 비하면 공짜에 가까운 가격으로 설탕을 무제한 공급받을 수 있게 된 것에서 만들어진 것이다.

설탕이 이렇게 욕을 먹는 것은 가장 많이 먹기 때문이고, 가장 많이 먹는 이유는 싸고 맛있기 때문이다. 설탕이 전체 감미료 시장의 80%를 차지할 정도다. 세상에 설탕보다 맛있는 감미료가 있다면 식품회사는 당장 그것을 사용할 것이다. 예를 들어 포도당이 설탕보다 더 맛이 있다면 어떻게 될까? 포도당은 자연에 가장 흔한 전분을 분해하면 쉽게 얻을 수 있어서 가격도 훨씬 저렴하다. 포도당이 설탕보다 맛있다면 식품회사는 설탕 대신 포도당을 사용했을 것이고, 지금 설탕의 온갖 오명을 포도당이 전부 뒤집어썼을 것이다. 그러면 지금 설탕을 비난하는 의사들은 포도당에 대해 뭐라고 말했을까? 병원에 입원하면 가장 기본적인 처방이 포도당 주사이고, 당뇨는 혈관에 설탕이 많은 것이 아니라 포도당이 많은 질병이다. 설탕이 단순 정제당이라 흡수가 빨라 문제라고 하는데, 포도당 주사는 정제한 단순당을 소화 과정도 거치지 않고 혈관에 직접 투입한다. 이론적으로는 혈당에 최악이지만 사용량에 맞추어 한 방울씩 공급하므로 아무런 문제가 없다. 음식도 중요한 것은 종류가 아니고 섭취 방법과 양인 것이다. 같은 콜라 한 병이라고 해도, 한 번에 마시는 것과 가끔 한 모금씩 마시는 것은 혈당에 미치는 영향이 완전히 다르고, 심한 운동으로 고갈된 에너지를 보충하려 마실 때와 이미 음식을 충분히 먹은 상태에서 입가심으로 마실 때는 그 역할이 완전히 다르다.

설탕의 원죄는 결국 가장 저렴하면서 가장 맛있다는 것인데, 다른 맛있는 음식은 설탕처럼 비난하지는 않는다. 맛있는 음식이 저렴하고, 푸짐하기까지 하면 착한 가격, 가성비 맛집이라면서 입에 침이 마르도록 칭송한다. 하지만 실제로는 이들이 폭식을 유발하기 쉬운 음식이다. 반복적으로 폭식을 하면 위가 커지고, 한번 커진 위는 6개월은 인내해야 원상태로 돌아간다. 과자나 간식이 폭식을 유발할까? 아니면 맛있는 요리가 폭식을 유발할까? 나는 아직 폭식을 유발할 정도로 맛있는 과자는 먹어 보지 못하고, 과자를 가지고 1차, 2차, 3차 회식을 해 보지 못했다. 그런데 건강 전도사들은 과자를 가지고 폭식을 많이 해 본 듯하다. 우리 몸은 과자 같은 간식으로 먹는 칼로리와 맛있는 요리를 통해 섭취한 칼로리를 구분할 능력이 없는데, 맛집에 찾아가서는 넘치게 시키고, 아깝다고 남기지 말라 하면서 위가 늘어나게 먹는 것은 별로 대수롭지 않게 생각한다. 만약에 과자를 가지고 똑같이 했으면 눈살을 찌푸리며 온갖 훈수를 했을 것이면서 그렇다.

사실 청소년기에는 칼로리가 수시로 부족하니 필요할 때 적당한 간식을 먹는 것이 현명하지, 간식을 참았다가 식사 시간에 과식하는 것은 전혀 현명하지 못하다. 위의 크기를 늘리지 않으면, 자주 먹을 수는 있어도 과식하기는 힘들기 때문이다. 자주 먹다가 나중에 먹는 횟수를 줄이는 것이 쉽지, 일단 식사량을 늘려 위가 늘면 위를 줄이기는 정말 어렵다. 이상적인 식사법은 배고플 때 배고프지 않을 정도만 먹는 것인데, 이것은 지키기 너무 힘들다. 그나마 현실적인 것이 폭식을 유발하지 않는 것인데, 온갖 회식, 맛집, 잔치 음식으로 폭식을 유발하면서, 다른 한쪽으로는 과식으로 벌어진 문제를 성분 문제로 둔갑시키는 짓을 수십 년째 계속하고 있다.

우리를 폭식하게 만드는 것은
요리인가 과자인가?

단맛

문제는 모든 성분을 탓하는 것이 원푸드 다이어트처럼 일시적으로는 효과가 있다는 점이다. 일시적인 효과로 세상을 호도하다 관심과 약발이 떨어지면 다른 음식으로 성분 탓을 돌리면서 허송세월했다. 미국은 다이어트 인구도 많고, 비만 인구도 많다. 비만이 늘어서 다이어트가 늘어난 것일까? 다이어트가 늘어서 비만이 늘어난 것일까? 미국은 다이어트가 늘어서 비만이 더 늘어난 것이 확실하다. 모든 다이어트는 95%가 요요로 끝나므로 다이어트는 비만의 해결책이 아니라, 다이어트 자체가 비만이 증가하는 주요 원인의 하나이다.

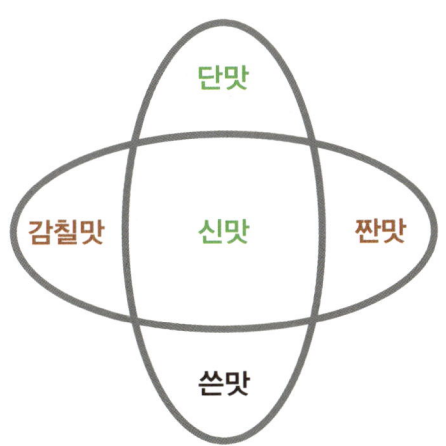

3장

에너지대사의 핵심, 포도당

산소는 원래 독이었다

: 포도당 + O_2 = CO_2 + H_2O + ATP :

숨을 쉰다는 것과 거둔다는 것

1장에서 잠깐 이야기를 했던 ATP 이야기를 해 보려 한다. ATP를 모른다는 것은 우리가 왜 먹어야 하는지도 모르고, 왜 숨 쉬어야 하는지도 모르고, 왜 우리가 늙고 병들어 가는지도 모르는 셈이라 이 이야기를 자세히 해 보고자 한다.

숨을 안 쉬면 3분, 물이 없으면 3일, 음식이 없으면 3주를 버티기 힘들다고 한다. 산소의 역할은 잠시 숨을 참아 보면 알 수 있다. 아니면 산소가 희박한 고산 지역에 가 봐도 알 수 있다. 공기 중 산소 비율은 해발 1,000m까지는 21% 정도로 일정하나, 고지대로 갈수록 밀도가 낮아져, 일반인의 20% 정도가 2,500m 높이의 산을 빠르게 등반하면 고산증을 경험한다. 고산지대에 사는 사람들은 이런 산소 부족을 해결하기 위해 평지에 사는 사람들보다 산소를 더 많이 받아들일 수 있게 많은 적혈구를 가지거나(그래서 얼굴이 붉다.) 횡격막 근육이 발달하는 등 나름 대책이 있다. 공기 중에 산소 농도가 18% 이하가 되면 민감한 사람들은 두통이 시작되며, 15% 이하면 현기증이 나고 시력이 저하되며, 호흡이 급격하게 증가한다. 12% 이하면 의식을 잃을 수 있고 7% 이하면 사망한다.

숨을 참으면 금방 위험해지니 산소가 엄청나게 필요할 것 같지만 무게로는 생각보다 적다. 포도당($C_6H_{12}O_6$) 1분자(분자량 180)를 완전 연소하려면 6분자의 산소($6O_2$, $6*16*2=192$)가 필요하다. 포도당 600g을 연소시키려면 640g의 산소가 필요한 셈이다. 부피로는 상당하다. 산소의 기체 비중이 1.429 g/L이므로 448리터에 해당한다. 산소가 액체 상태라면 640g을 섭취하는 것이 별로 어렵지 않지만, 물에 잘 녹지 않는 기체 상태의 산소 448리터를 흡수하기는 쉽지 않다. 35℃의 1리터의 물에 고작 0.03g의 산소가 녹는다. 혈액은 헤모글로빈의 철이 산소를 붙잡아 보통의 물보다 60배의 산소가 녹지만, 그래도 1리터의 혈액에 1.8g(200ml)의 산소만 녹는다. 산소 640g(448리터)을 공급하기 위해서는 최소한 2,200리터의 혈액 순환이 필요한 것이다.

산소가 없이는 잠시도 살 수 없으니 산소가 마치 천사와 같고, 이산화탄소는 쓸모없는 독으로 생각하기 쉽지만, 산소가 원래는 독이고, 대기를 오염시킨 물질이었다. 산소는 산화력(반응성)이 강해서 이산화탄소보다 독성과 부작용이 훨씬 크다. 자연에 존재하는 거의 모든 물질을 산화시켜 버린다. 대표적인 예가 바다의 철분이다. 초기 지구에는 이산화탄소가 가득했고 산소는 없었다. 그러다 시아노균과 같은 광합성 생명체가 등장하자, 이산화탄소를 마구 먹어 치우고 산소를 배출하기 시작했다. 지금도 시아노균의 일부인 남조류 같은 해양 미생물이 육상의 모든 식물이 만든 양보다 많은 산소를 생산하고 있다. 지구의 허파는 사실 숲이 아니라 바다인 것이다. 이런 시아노균은 식물이 등장하기 35억 년 전에 세상에 등장하여 대기 조성을 완전히 바꾸었다. 그러자 전 지구적인 산화가 일어났다. 바다에 엄청나게 녹아 있던 철분은 산화철의 형태로 침전해 지금은 바다에서 가장 부족한 미네랄이 되었다. 시간이 지날수록 육지와 바다에 산소와 반응할 것이 사라지자 대기 중에 산소가 쌓이기 시작했고, 산소는 당시의 생명체에게 절체절명의 독(스트레스)으로 작용했다. 지금도 우리는 산소 때문에 늙고 병든다. 산소 일부가 대사 과정에서 '활성산소(자유라디칼)'로 바뀌는데, 그것이 조금씩 DNA나 단백질을 망가뜨린다.

한편 산소는 많은 생물에 강한 스트레스로 작용해 진화에 결정적 촉매로도 작용했다. 산소의 농도가 늘어날수록 모든 생명체가 점점 병들고 쇠약해지는 것이 아니라, 그것을 견디고 적응한 새로운 생명체가 탄생하여 다양해졌다. 산소를 이용하여 더 효과적으로 에너지를 만들 수 있는 미생물이 생기고, 다른 미생물과 서로 연합하는 것들이 생겼다. 그런 연합의 가장 성공적 사례가 미토콘드리아를 함유한 진핵 생명체의 탄생이다. 진핵세포는 세포 안에 많은 미토콘드리아를 갖게 되면서 세균보다 1만 배 커진 몸집을 유지할 수 있는 에너지를 만들 수 있게 되었고, 마침내 거대한 몸집의 다세포 생물이 등장하게 되었다. 세포들이 산소의 독성을 피하고자 집단을 이루어 역할 분담을 한 것이 다세포 생물의 진화를 촉진한 것이다.

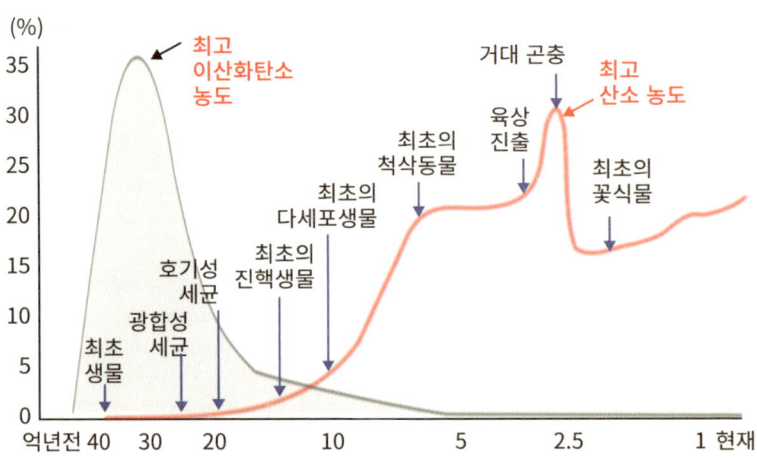

• 지구 역사상 산소와 이산화탄소의 농도 변화 •

단맛

석탄기에 지구의 산소 농도는 32% 정도로 지금보다 절반 이상 높았으며, 거대 곤충들이 등장했다. 잠자리의 날개 폭이 70cm에 달할 정도였다. 곤충의 거대한 몸집과 날개에도 산소가 충분히 공급되었기 때문이다. 공기 중 산소가 35%로 늘어나면 산소의 확산 속도는 대략 67% 빨라진다.

35억 년 전에 지구의 대기는 이산화탄소가 35%를 넘고 산소는 1%도 되지 않았다. 그런데 지금은 이산화탄소는 0.04%이고 산소가 21%다. 지금의 우리 몸에서 산소는 필요한 것이지 선한 것이 아니다. 실제 우리 몸에 질병과 노화는 에너지 대사의 부산물인 활성산소가 만든다. 우리는 체중에 비해 많이 먹고, 그만큼 많은 활성산소를 만든다. 활성산소의 피해를 줄이고자 우리 몸은 끊임없이 재생하여 사용하는 항산화 시스템을 갖추고 있지만 한계가 분명하다. 이것은 별도로 항산화제를 많이 먹는다고 해결이 가능한 것이 아니다. 이산화탄소는 에너지 제로의 완전히 산화된 상태라 안정되고 안전한 분자이다. 단지 우리 몸에 별 쓸모가 없을 뿐이다. 자연이나 물질 자체에 무작정 좋거나 나쁜 것은 없다. 적응에 따라 역할과 선악이 바뀐다.

음식에서 만들어지는 활성산소는 방사선과 똑같은 방식으로 피해를 준다

산소는 진화와 생명의 엔진일 뿐 아니라 질병과 노화의 결정적 원인이다. 인간을 포함한 진핵생명체는 산소를 이용해 포도당 같은 열량소를 에너지 제로 상태인 이산화탄소와 물로 연소하면서 다량의 ATP를 재생할 수 있다. 이 과정에서 반응성과 산화력이 매우 강한 활성산소도 만들어진다. 활성산소는 공기 중의 산소가 금속을 녹슬게 하듯이 세포 속의 단백질과 유전자 등을 손상시킨다. 우리는 음식은 안전하고, 방사선은 대단히 위험하다고 생각하지만, 우리 몸을 손상하는 기작은 같다. 방사선은 물을 이온화하는 과정에서 활성산소를 만들고 음식은 물이 되는 과정에서 활성산소를 만든다. 방사선은 피할 수 있지만, 음식은 피할 방법도 없다. 우리는 살기 위해 먹고 숨 쉬지만, 그 과정에서 만들어진 활성산소 때문에 조금씩 꾸준히 늙고 병든다.

동맥경화의 원인인 죽상경화증도 콜레스테롤 자체가 아니라 콜레스테롤을 7-케토콜레스테롤로 산화시키는 라디칼 유도에 기인한 것이고, 음주의 피해도 알코올 자체가 아니라 알코올의 산화 과정에서 발생한다. 세포 안에는 이런 손상을 보수하는 메커니즘이 있지만 완벽하지는 않다. 활성산소로 세포의 손상이 많이 누적되면 새로운 세포로 대체된다. 그 와중에 DNA 원본에도 조금씩 손상이 누적되어 새로 만든 세포는 점점 원형보다 성능이 떨어진다. 노화의 원인은 최대 80%가 활성산소 때문이라고 한다. 우리가 먹고 숨을 쉬는 것 자체가 늙어가는 과정이다.

활성산소 말고도 그냥 산소 자체도 과도하면 해롭다. 식품에 질소

포장을 하는 것은 곰팡이 같은 진핵생명체는 산소가 없으면 살지 못하기 때문에 이를 억제하는 목적도 있지만 산패를 막기 위한 목적이 더 큰 경우가 많다. 산소가 없으면 산화반응이 없으므로 지방 등 식품의 보존에 훨씬 좋다. 우리 몸도 산소가 과도한 상태를 좋아하지 않는다. 산소 함량 60% 이상의 기체를 흡입하면 적혈구의 헤모글로빈은 계속 산소가 포화상태를 유지하기 때문에 생명 활동의 이산화탄소가 제대로 운반 배출될 수 없다. 체내에 축적된 이산화탄소가 과도하게 혈장에 용해되어 해롭다. 의료용 산소도 30~50%에 낮은 압력으로

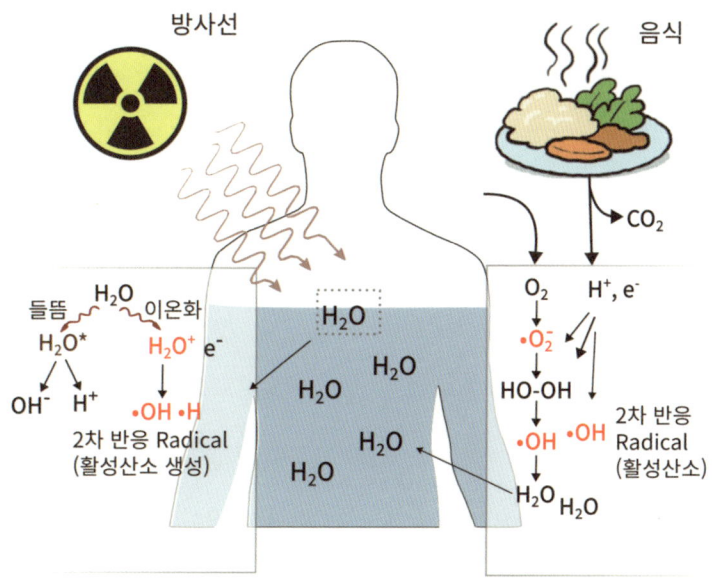

• 방사선의 피해기작과 활성산소의 피해기작 •

사용된다. 잠수부의 경우 266m(217피트) 이상의 수심에서 100% 산소를 호흡하면 발작을 일으킬 수 있다. 순수한 산소는 해로운 것이다. 과거에 미숙아가 태어나면 산소가 많이 들어 있는 인큐베이터에 넣어졌는데 일부 아기가 산소 함량이 너무 높아서 생긴 부작용으로 실명한 이후로 이 방법은 폐지되었다.

산소가 과도해도 문제이고 부족해도 문제인 것처럼 활성산소마저 과도하면 문제지만 부족해도 문제이다. 활성산소는 높은 반응성으로 병원체를 공격하고 암세포를 공격하는 역할도 하기 때문이다. 암세포는 정상 세포보다 활성산소에 취약하다. 암세포는 원래 우리 몸의 세포가 여러 부분 손상된 세포에서 기원한 것이기 때문이다. 방사선 요법은 권장 허용치의 5,000배의 방사선을 조사해 물을 활성산소의 형태로 분해하여 암세포를 공격하는 행위다. 방사선이 아니라 활성산소가 암세포의 사멸 및 세포 분열 실패를 유도한다. 항암 치료 중에 항산화제를 먹겠다는 것은 암세포의 생존을 돕겠다는 행위이기도 하다.

활성산소는 평소에도 다양한 항균 작용에 사용된다. 상처에 과산화수소를 바르는 이유가 산소의 강력한 항균 작용을 이용하기 위해서인 것처럼 백혈구가 세균을 죽일 때도 활성산소를 이용한다. 세포 증식 및 분화를 포함한 여러 기본적인 생물학적 과정에도 필요하다. 활성산소는 생존에 필요한 신호 물질의 하나인 것이다. 특히 식물에서는 세포 증식, 생리적 기능 등에서 일정 수준의 활성산소를 유지하는 것이 생존에 필수임이 밝혀지고 있다. 활성산소를 특정 임계값 이하

단맛

로 낮추면 세포 증식이 억제되고 분화와 면역에 부정적인 영향을 미칠 수 있다. 활성산소는 호기성 생물의 진화 과정에서 불가피한 물질이라 이 물질의 농도에 따라 수많은 생리작용이 조절되는 신호 물질로 작용할 가능성이 높다. 심지어 활성산소는 학습 및 기억과 관련된 후성 유전적 DNA 탈메틸화에도 중심적인 역할을 한다. 활성산소마저 적절한 양일 때 건강한 것이다.

노화와 질병의 핵심적인 원인인 활성산소마저 모자라면 독으로 작용하는데, 안전한 것과 위험한 것이 따로 있는 양, 어떤 것(가공)은 아무리 적게 먹어도 위험하고, 어떤 것(천연)은 아무리 많이 먹어도 안전하다는 식의 주장이 너무 많은 것이 문제다.

인슐린과 혈당,
뇌는 어떻게 포도당을 통제하는가?

: 포도당 + O_2 = CO_2 + H_2O + ATP :

포도당 수송체는 다양하다

포도당은 친수성 분자라 세포막을 그냥 통과할 수 없다. 세포막에 존재하는 수송단백질(Glucose transporters, GLUTs)의 도움이 필요하다. 이런 포도당 수송체는 신체 부위별로 다양한 버전이 있다. 인슐린의 신호에 따라 작동하는 GLUT4가 있고, 인슐린이 없어도 항상 작동하는 SGLT, GLUT1, GLUT2, GLUT3도 있다. 소장(공장)에서 사용되는 것은 나트륨/포도당 공동 수송체1(Sodium glucose cotransporters SGLT1)이다. 이것도 인슐린과 무관하게 작동한다. 콩팥의 사구체에서는 혈액 속에 있는 포도당 등 작은 분자가 모두 배출되는데, 이런 포

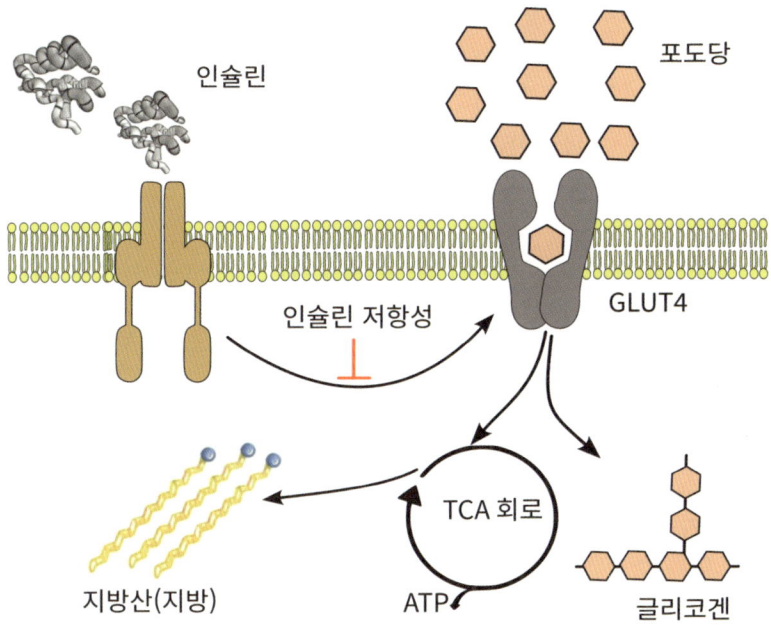

타입	인슐린 의존	특징	주역할 및 특징
GLUT1	No	흡수 느림	적혈구, 뇌장벽 등 내피세포에 많음 모든 세포에 소량 발현으로 기본량 확보
GLUT2	No	양방향	해당과정, 포도당 신생 등 간 췌장, 신장, 장 등 장에서 단당류(포도당, 과당, 갈락토스) 흡수
GLUT3	No	저농도	뇌(신경세포)와 태반 높은 포도당 친화력으로 낮은 농도에서도 작동
GLUT4	**Yes**	**저장용**	**골격근, 심장근, 지방세포,** **인슐린 신호에 따라 작용하여 포도당 보관**
GLUT5	No		소장에서 과당 흡수
SGLT	No	Na과 함께	장에서 포도당 흡수, 콩팥에서 포도당 재흡수

• 포도당 수송체(펌프)의 대표적 형태와 기능 •

도당을 재흡수하는 것이 SGLT다. 90%는 SGLT2를 통해 재흡수되고, 3% 정도는 SGLT1을 통해 재흡수된다. 이 포도당이 인산화 효소를 통해 포도당-6-인산 형태로 인산화되면 이 수송체를 이용할 수 없다. 그런 식으로 포도당의 출입을 통제한다.

세포에서 포도당을 에너지원으로 사용하는 해당 과정의 첫 단계도 포도당의 인산화로 포도당 6-인산을 형성하는 것이다. 포도당의 즉각적인 인산화의 주된 이유는 전하를 띤 인산기가 포도당 6-인산이 세포막을 통과하는 것을 방지하기 때문이다. 또한 고에너지 인산기를 첨가하면 이후 해당 단계에서 분해될 수 있도록 포도당이 활성화된다.

음식으로 섭취한 포도당이 남으면 글리코겐의 형태로 비축된다. 간에는 약 150g의 글리코겐이 저장되고 골격근에는 약 250g이 저장된다. 글리코겐은 포도당 자체보다 훨씬 '공간 효율적'이고, 반응성이 낮아서 비축에 유리한데, 전분 형태보다 가지 구조가 많아서 급할 때 빨리 분해해서 사용할 수 있는 것이 장점이다.

체세포는 글리코겐을 합성하고도 남는 포도당은 지방의 형태로 비축한다. 간에서 지방이 과다하게 비축되면 지방간이 된다. 조류는 가벼운 체중을 유지하기 위해 피부와 간에만 지방을 비축하는데, 거위에게 억지로 과도한 영양 공급을 하면 간이 지방으로 가득차 비대해진다. 그것을 요리한 것이 푸아그라(Foie gras)인데 지방간을 맛있게 요리해 먹는 셈이다.

혈액의 포도당 농도를 70~110mg/dL(3.9~6.1mmol/L)로 유지하는 것이 정말 중요하다. 100mg/dL은 0.1g/100ml이니 평소에 0.1% 정도를 유지하다가 식사를 통해 많은 탄수화물을 섭취한 후에도 180mg/dL 즉 0.18%를 넘겨서는 안 된다. 그렇다고 혈액에 0.05% 이하가 되어서는 안 된다. 뇌의 신경세포나 적혈구는 보통의 상태에서는 에너지 생산을 거의 전적으로 포도당에 의존하기 때문에 혈당이 너무 낮아지면 곧바로 저혈당 쇼크가 올 수 있기 때문이다. 인간의 혈액량은 성인의 경우 5리터 정도다. 이 혈액에 항상 포도당 4~5g이 녹아 있는 상태를 유지하는 것이 그렇게 중요한 것이다. 하루에 2,400칼로리의 음식을 먹고 그중에 절반이 탄수화물이라면 하루에 300g(1,200칼로리)의 포도당이 음식을 통해 공급되는 것이다. 만약 300g이 한꺼번에 공급

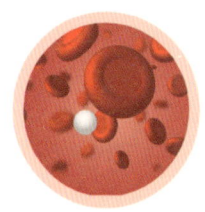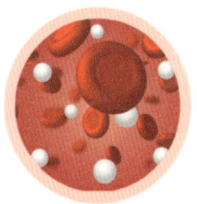

	저혈당	정상	고혈당	당뇨
공복	50~70	80~100	101~125	>126
식후	80~90	170~200	190~230	220~300
2~3시간 후	70~90	120~140	140~160	>200

되면 300g/5L이니 6,000㎎/dl로 혈당 기준치를 60배를 초과하게 되고 하루에 3번으로 나누어 먹어도 20배를 초과하게 된다. 이런 일이 벌어지지 않게 5g을 초과하면 인슐린의 신호로 체세포 안으로 밀어 넣어야 한다.

문제는 무작정 세포 안으로 밀어 넣어서는 안 되고 4g을 초과하는 양만 밀어 넣어야 한다는 것이다. 만약 4g 이하가 되면 수단과 방법을 가리지 않고 포도당을 다시 만들어 채워야 한다. 뇌뿐 아니라 우리 몸의 곳곳에 인슐린이 없어도 작동하는 포도당 펌프가 있다. 그만큼 혈액의 포도당은 꾸준히 소비된다. 이렇게 소비된 포도당을 보충하여 혈액에 일정량의 포도당을 유지하는 것은 일정량의 산소를 공급하는 것과 똑같이 긴박한 일이다. 산소가 필요한 유일한 목적이 포도당 같은 열량소를 태워서 ATP를 재생하는 것인데, 산소 대신 포도당이 없어도 결과는 같다. 즉시 생명이 위험해지는 것이다. 그러니 혈액에 포도당이 부족하면 우리 몸은 간에 포도당 형태로 보관된 것뿐만 아니라 젖산, 유기산, 지방산, 아미노산을 포함한 가능한 모든 유기물에서 포도당을 재생산한다.

간에는 약 150g의 글리코겐이 저장되어 있는데 혈당이 낮아지면 비축된 글리코겐을 분해하여 포도당의 형태로 다시 혈액으로 방출하여 혈당을 유지하는 데 쓴다. 근육에서 분해된 글리코겐은 포도당 6-인산 형태로 근육에서는 인산을 제거하는 효소가 작용하지 않아서 혈액에 다시 공급되지 않고, 근육에서 활용된다. 간에서 포도당을 재생하기 때문에 건강한 사람의 밤새 아무것도 먹지 않아도 혈당을 70~100 ㎎/dL 상태를 유지하고, 때로는 깨어나기 직전에 혈당이 평소보다 오히려 높아지기도 한다.

혈당이 높으면 인슐린을 신호로 포도당을 체세포로 이동하게 만들어 혈당을 낮추고, 혈당이 낮으면 글루카곤 등 호르몬의 신호로 포도당을 만들어 혈당을 높인다. 정맥에서 혈당이 180㎎/dL 이상이면 고혈당증, 40mg/dL 미만이면 저혈당증이 나타난다. 혈당이 정상적이어야 뇌가 정상적으로 작동한다. 반추동물은 탄수화물이 장내 미생물에 의해 단쇄지방산으로 더 많이 전환되어 에너지원으로 쓰이기 때문에 혈당 농도가 더 낮지만(소는 60㎎/dL, 양은 40㎎/dL) 일정 혈당은 필수적이다.

췌장은 인슐린과 글루카곤 호르몬을 분비하는 기관이다. 인슐린은 세포가 포도당을 흡수하도록 포도당 펌프의 스위치를 켠다. 인슐린이 없으면 포도당 펌프가 작동하지 않아 포도당이 세포로 들어갈 수 없으므로 체세포가 연료로 사용할 수 없다. 췌장의 인슐린 생성 세포가 손상되면 인슐린이 부족할 수 있다. 이런 인슐린은 GM 기술이 처음 적용된 대상이기도 했다. 인슐린은 당뇨환자에게 꼭 필요한 호르몬인데, 51개 아미노산으로 만들어진 단백질이다. 단백질치고는 단순하지만, 단백질을 화학적으로 만드는 기술은 없었다. 그래서 처음에는 동물 사체의 췌장에서 인슐린을 추출했는데, 워낙 소량만 존재하여 값이 매우 비쌀 뿐 아니라, 병균의 오염이나 면역 반응 등의 문제가 있었다. 그러다 사람의 인슐린 유전자를 대장균에 이식하여 대량 생산하는 길이 열린 것이 1976년이다. 최초의 GM 기술이 의약품으로 상용화된 것이다.

인슐린이 합성되지 않는 것도 문제이지만, 인슐린이 있어도 포도당 펌프가 작동하지 않는 인슐린 저항성도 큰 문제다. 같은 혈당 강하 효과를 얻기 위해 더 많은 인슐린이 필요하고, 상황은 점점 나빠진다.

우리가 측정하는 혈당은
당류의 섭취량이 아니라 인슐린 작용의 결과물

비만 문제를 해결하려 할 때 가장 큰 문제는 우리 몸이 포도당을 좋아하고 지방을 잘 쓰려고 하지 않는다는 것이다. 특히 뇌가 그렇다. 뇌는 우리의 생각뿐 아니라 생리적 기능도 지배하며, 에너지의 사용도 항상 뇌를 최우선으로 관리한다. 뇌는 다른 신체 부위에 비해 무게당 무려 10배의 에너지를 사용하는데 그 에너지원으로 거의 포도당만 쓰려고 한다. 항상 혈관에 일정 수준의 포도당을 유지하다가 음식물을 섭취하여 혈관에 포도당이 넘치면 인슐린을 만들어 다른 부위도 포도당 펌프가 작동하도록 한다. 뇌의 포도당 펌프는 인슐린이 없어도 항상 작동하는 펌프고, 체세포의 포도당 펌프는 인슐린의 신호로 세포막에 활성화되어 작동하는 펌프이다.

단맛

지금은 연속 혈당 측정기가 개발되어 자신의 혈당을 실시간으로 측정할 수도 있다. 음식을 먹으면서 자신의 혈당이 어떻게 변하는지 실시간으로 계속 관찰할 수 있는 것이다. 같은 탄수화물 20g을 바나나로 먹는 것과 쿠키로 먹는 것 중에서 어느 쪽이 혈당이 더 높아질까? 대부분 쿠키라고 답하겠지만 결과는 '제각각'이라고 한다. 둘 다 혈당이 오르거나, 오르지 않거나, 바나나만 혈당이 오르거나, 쿠키만 혈당이 오르는 등 제각각이라는 것이다. 그리고 같은 사람이 같은 음식을 먹어도 혈당 반응이 그때그때 달라지는 경우가 많다고 한다. 『글루코스 혁명』의 저자 제시 인차우스페는 "월요일에 먹는 나초칩은 혈당 스파이크를 크게 일으켰지만, 일요일에 먹는 나초칩은 그렇지 않았고, 맥주는 혈당 스파이크를 만들지만, 와인은 그렇지 않고, 점심을 먹은 뒤 먹은 초콜릿은 혈당 스파이크를 만들지만, 저녁에 먹은 것은 그렇지 않았다."라고 말했다. 800명이 넘는 대상자의 혈당을 연속 혈당 측정기를 이용하여 관찰한 결과, 혈당이 '수학 공식'처럼 식사의 내용물에 반응하는 것이 아니라 사람에 따라 달랐다는 것이다. 같은 사람이 같은 음식을 먹어도 먹은 시간에 따라, 컨디션에 따라 혈당의 반응은 달랐다.

혈당은 단순히 포도당의 흡수량이 아니라 인슐린이 최대한 통제한 결과물이다. 몸 안의 호르몬(인슐린)의 분비량이 기계적이 아닌데 혈당의 변화가 기계적일 수 없는 것이다. 따라서 음식이 혈당에 미치는 영향은 한두 사람의 측정 결과나 한두 번의 측정 결과로 판단할 수 없는 복잡한 것이다. 보통은 공복 혈당을 70~100㎎/dl, 식후 2시간 후 혈당을 90~140㎎/dL 정도로 권장한다. 식후 고작 20~40 정도만 올라가는 것 자체가 기적 같은 일인데 우리는 이것을 너무나 당연하게 여긴다. 우리는 매일 300g 이상의 포도당(탄수화물)을 먹는다. 만약에 포도당을 간이나 근육에 보관하지 않고 혈관에 보관한다면 아침에 먹은 100g의 포도당은 혈당을 2,000㎎/dl으로 올리고, 점심에 먹은 100g은 아직 소비되지 않은 37.5g과 합쳐져 혈당을 2,750㎎/dl으로 올린다. 저녁에 먹은 100g은 남은 50g과 합해서 혈당을 3,000㎎/

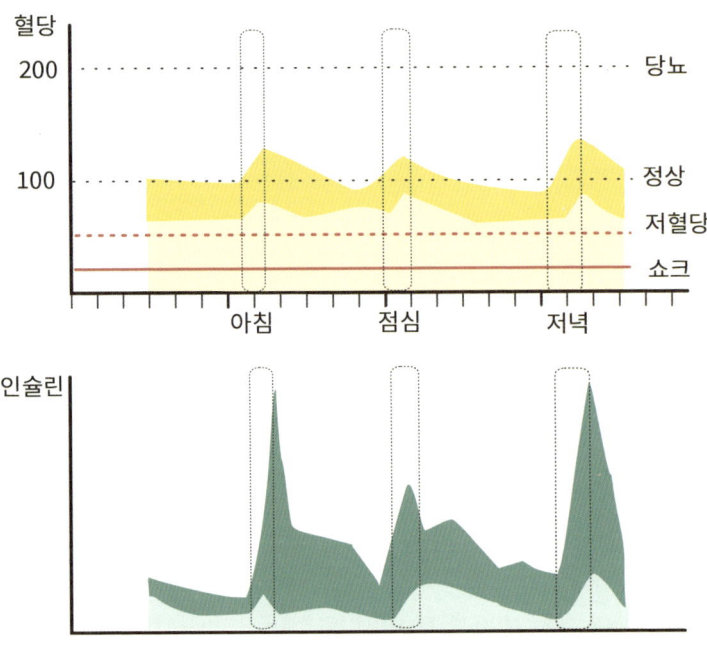

• 혈당과 인슐린 변동(Adapted: Jacobs DM Care 20:1279, 1997) •

단맛

dl 까지도 올리게 된다. 그리고 아침에야 100㎎/dl이 될 것이다. 이처럼 혈당의 변동량은 식사로 섭취한 포도당 변동량의 2% 정도에 불과한 것이다. 단기간의 혈당 변화는 음식에 들어 있는 당류보다 우리 몸의 인슐린 분비량과 더 많이 관련된 것이다. 그러니 단편적 혈당 측정으로 음식을 평가하는 것은 결코 바람직하지 않다.

당뇨병 환자에게는 왜 저혈당 쇼크의 위험이 심각할까?

"OO을 주문하려다가 놀라서 문의드립니다. 귀사의 제품에 말티톨이 들어간 것일까요. 말티톨은 조금 천천히 올릴 뿐 혈당을 올립니다. OO 제품을 쓰레기라고 하는 것은 단맛을 말티톨 같은 것으로 내기 때문입니다."

요즘은 '혈당 스파이크' 이야기가 너무 많다. 혈당을 높이는 것이 죄악의 성분이자 증오의 대상이 된 것이다. 사실 음식을 먹는 주목적이 혈당을 유지하기 위한 것인데 말이다. 당분 같은 열량소를 분해하여 ATP를 만드는 것이 음식을 먹는 목적의 80% 이상을 차지할 정도로 식품의 가장 중요할 역할이다. 식품에 관련된 거짓말이 너무나 많은 것에는 음식의 기본 목적이 무엇인지도 제대로 따지지 않은 탓이 클 것이다.

고혈당 못지않게 혈당을 너무 낮지 않게 조절하는 것이 중요한 것은 저혈당 쇼크가 얼마나 심각한지를 통해서도 알 수 있다. 혈당이 4배 높아지면 만성 질병이지만, 1/4로 감소하면 쇼크로 사망할 수 있다. 뇌는 인체 전체 에너지의 20%를 사용하는 에너지 과소비 기관이다. 필요한 에너지를 거의 전적으로 혈관의 포도당에 의존한다. 그러니 혈관에 포도당이 부족하면 마치 뇌에 산소가 공급되지 않는 것처럼 치명적인 기능 저하가 나타난다. 고혈당은 서서히 사람을 죽이지만 저혈당은 순식간에 사람을 치명적인 위험에 빠지게 한다.

저혈당증(Hypoglycemia)의 증상은 정상 수치보다 고작 30% 부족할 때부터 생긴다. 먼저 배가 고픈 느낌이 들고, 무기력함, 발한, 수전증, 불안감, 두근거림, 빠른맥, 혈압이 올라가는 등의 증상이 나타나게 된다. 정상 수치의 절반인 45mg/dL 이하로 떨어지면 혼수상태에 빠지고 사망에 이를 정도로 위험해질 수도 있다. 고혈당으로 인한 당뇨병은 신체가 서서히 꾸준히 망가지지만, 저혈당으로 인한 쇼크는 일순간에 생명이 위험해지는 것이다.

인슐린이 만들어지지 않는 당뇨도 위험하지만, 인슐린이 너무 많이 만들어져 위험한 지속성 고인슐린성 저혈당증(PHHI)이라는 희소병도 5만 명 중의 1명꼴로 발생한다. 결국 분비된 인슐린은 제때 제거되어야한다. 혈관에 계속 남아 뇌가 사용할 포도당까지 고갈시키면 저혈당 쇼크가 발생할 수 있다. 우리는 인슐린 부족만을 걱정하지, 인슐린이 어떻게 분해되는지도 모르면서 혈관에 계속 많은 양이 남게 되는

단맛

경우는 걱정하지 않는다. 세상에 혈당과 인슐린 이야기가 그렇게 많지만 죄다 반쪽짜리 이야기인 셈이다.

혈관의 혈당은 대부분 내 몸이 재생산한 것이다

혈당이 80mg/dL 이하로 떨어지면 인슐린 생산이 멈추고, 혈당이 더욱 낮아지게 되면 글루카곤(glucagon)이라는 호르몬이 췌장에서 분비된다. 이 신호를 바탕으로 간에 저장해 둔 글리코겐(glycogen)을 분해하거나 다른 열량소를 이용해 포도당을 재생산한다. 그래야 심각한 저혈당을 막을 수 있다.

이것은 혈관에 당이 넘치는 당뇨환자에게도 중요하다. 당뇨환자는 인위적으로 인슐린을 투여해서 혈당을 낮추는데, 인슐린의 적정량이 식사량과 컨디션에 따라 매번 달라지기 때문에 정확한 수치를 투여할 수 없다. 평상시와 같은 식사와 인슐린의 양에도 격렬한 운동 등에 의해 의도치 않게 과다 투여 효과가 날 수 있다. 당뇨환자가 과도한 운동으로 인한 저혈당 쇼크로 사망할 수도 있는 것이다.

탄수화물과 포도당을 섭취해도 근육에 글리코겐을 축적하면서 혈당 상승이 필요한 만큼 안 되는 질병도 있고, 일부 약에 의한 부작용으로 저혈당 증세를 보일 수도 있다. 심지어 과일에 의한 저혈당으로 어린이가 사망한 사건도 있다. 인도 동부 비하르주의 한 마을에서 1995년 이후 해마다 많은 어린이가 리치(Lychee) 때문에 위험해졌다. 이 증상이 발생한 무자파푸르 마을은 인도에서 최대 규모로 손꼽히는 리치 재배지역 중 하나다. 매년 5~6월 사이 수많은 아동이 고열을 비롯해 발작, 경련 등의 증상을 보인다. 2014년엔 이런 증상을 보인 390명 가운데 122명이 숨지기도 했다. 리치에는 지방을 분해해서 포도당

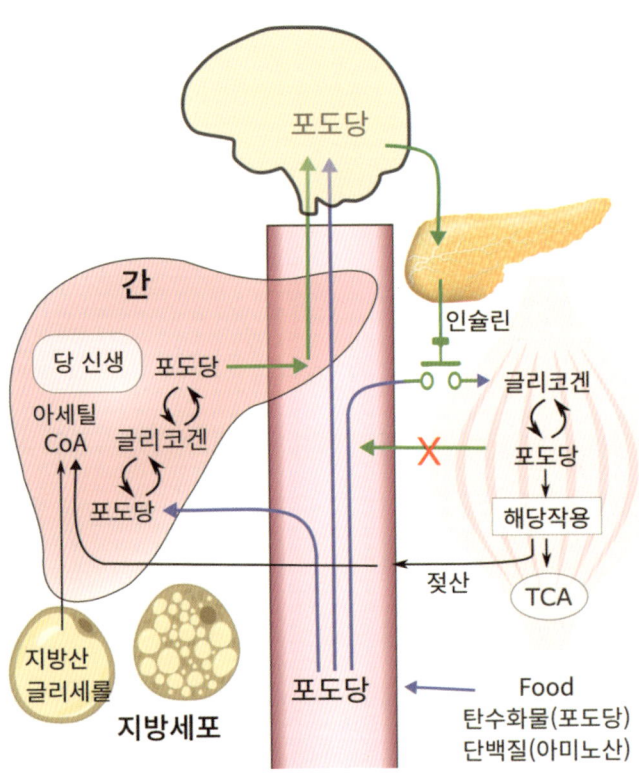

• 당신생(Glycogenesis) •

을 만들어 내는 포도당신생합성을 억제하는 '하이포 글리신(methylene cyclopropyl glycine)'이란 성분이 들어 있는데, 가뜩이나 굶은 아이들이 배가 고파 허겁지겁 떨어진 리치를 주워 먹었고 혈당치가 급격하게 낮아져 결국 사망에 이르게 된 것이 원인이었다.

저혈당은 수반되는 증상 때문에 환자가 괴로운 때도 있다. 당장 길을 가다가 저혈당이 오면 사탕 등을 먹어도 바로 혈당이 올라가지는 못해서, 근육에 힘이 풀려버리기 때문에 길바닥에 주저앉게 된다. 식은땀을 흘리면서 손을 떨기도 한다. 만약 당뇨병 환자가 쓰러지면 짐이나 주머니를 뒤져서 약을 찾아 먹이면 안 된다. 당뇨병 환자가 갖고 다니는 약은 혈당을 내리는 약이므로 더 위험해진다. 이때 약이 되는 것은 영양분이 좋은 음식이 아니라 단순당을 빠르게 섭취할 수 있는 콜라 같은 음료이다. 초콜릿, 에너지바, 아이스크림 같은 지방이 포함된 식품은 당의 흡수가 지연되어 최선책은 아니다. 제로 콜라나 자일리톨 껌 같은 것은 아무 소용이 없다.

혈당을 조절하는 주체는 우리 몸이지 음식 자체가 아니다. 자기 전에 측정한 혈당이 100㎎/dl이었고, 아무것도 안 먹고 잠만 잤는데 왜 아침 공복에 측정한 혈당이 130㎎/dl로 높아질 수 있을까? 바로 간 때문이다. 간은 우리 몸의 화학공장으로 식사할 때는 흡수된 포도당을 글리코겐으로 저장했다가 음식이 들어오지 않을 때는 이를 분해하여 혈액으로 방출한다. 잠을 자도 뇌는 쉬지 않기 때문에 혈관에 소비된 포도당을 보충해야 한다. 그러다 가끔 적정량 이상의 포도당을 만들기도 한다. 스트레스를 많이 받으면 코티졸과 아드레날린이 분비되어 평소보다 더 많은 당을 만들게 한다. 악몽을 꾸거나 잠을 설쳐도 마찬가지다. 더구나 아침에 깨어나자마자 움직일 수 있도록 혈관에 당을 미리 더 만들어 고혈당의 상태를 만들기도 한다.

운동이 끝나고 막 혈당을 재면 평소보다 더 높을 때도 있다. 운동을 하면 그만큼 포도당이 소비되어 혈당이 낮아져야 정상일 텐데 말이다. 왜일까? 운동을 할 때면 근육이 평소보다 많은 당을 소비한다. 간이 열심히 포도당을 만들어 공급한다. 그런데 운동을 멈추면 갑자기 포도당 소비량이 줄어든다. 그러나 간이 포도당 생산을 멈추는 데는 시간이 걸린다. 그래서 운동이 끝난 후 15분 안에 재면 운동 전보다 혈당이 오히려 높게 나오기도 하는 것이다.

핵심은 우리 몸의 조절 능력이고 음식은 그저 대상일 뿐인데, 마치 우리 몸은 바람 앞에 촛불처럼 음식에 의해 마구 흔들리는 무기력한 존재인 양 깎아내린다. 식품 성분에 대한 과도한 의미 부여나 숭배는 과거의 토테미즘과 크게 다르지 않다. 과식의 문제를 덜 먹는 노력 대신 특정 성분의 비난으로 해결하려고 해 봐야 그 효과는 극히 일시적이거나 부분적이라 시간이 지나면 금방 무효가 된다. 먹어야 사는 이유가 혈관에 혈당을 유지하기 위한 것이라고 해도 과언이 아닌데 지금처럼 'OO를 먹어 보니 혈당이 높아졌다. 그러니 나쁜 음식이다'는 식으로 어떤 성분의 선악을 판단하는 것은 어설프게 알아서 생긴 병인 셈이다.

단맛

요즘은 설탕보다 과당이 나쁘다는 이야기가 많다. 과당은 음식에서 유리당으로 개별적으로 존재하거나 설탕의 일부로 존재하는데, 과당은 포도당, 갈락토스와 함께 장에서 GLUT를 통해 흡수가 가능한 세 가지 단당류 중 하나다. 설탕을 섭취하면 소장의 막에 존재하는 효소(수크레이스)를 통해 분해되어야 흡수할 수 있다. 과당은 GLUT5에 의해서 흡수될 수 있다. 과거 꿀이 최고의 피로회복제였던 것은 과당 38%, 포도당 31%, 설탕 1%로 분해된 상태로 존재하는데, 포도당이나 과당이 따로 있는 것보다 같이 있는 것이 GLUT2(포도당)와 GLUT5(과당)가 동시에 작동하여 훨씬 효과적으로 흡수할 수 있기 때문이다.

1981년 데이비드 젠킨스는 "단맛이 강하고 칼로리가 높을수록 혈당을 높일 것이다."라는 당시 상식에 의문을 품고, 수백 종 식품을 실험했다. 그렇게 만들어진 것이 당지수(Glycemic index, GI)이다. 12시간 단식 후 일정량의 탄수화물(보통 50g)이 함유된 식품을 섭취한 후 2시간 혈당 반응 곡선의 면적을 측정한 것이다. 포도당, 포도당이 2개 결합한 맥아당, 10개 결합한 말토덱스트린 등이 100 정도이고, 과당과 갈락토스는 20~25 정도로 포도당의 1/4에 불과했다. 포도당과 과당이 결합한 설탕은 과당과 포도당의 중간 정도이다. 젠킨스에 따르면 포도당이나 전분보다 과당이나 설탕이 훨씬 혈당에 좋은 음식인 셈이다. 요즘 시중에 흔한 주장과 전혀 다른 결과인데 이를 정확히 이해하려면 과당과 갈락토스의 GI가 낮은 근본적인 이유를 알아야 한다.

흡수된 과당이나 갈락토스는 간문맥을 통해 간으로 이동한다. 간으로 이동한 과당과 갈락토스는 인산화효소로 인산화되기 때문에 간을 빠져나가지 못하고 갇히게 된다. 간에 포획되기 때문에 혈당을 높이지 않는다. 이것은 확실한 장점이다. 반면 포도당은 간에서 인산화하지 않고 그냥 통과하는 경향이 있어서, 혈당을 높이는 작용을 한다.

또한 과당은 설탕보다 더 달아서 그만큼 작은 양을 사용할 수 있다. 그래서 GI 다이어트, 즉 저인슐린 다이어트가 유행일 때는 당지수(GI)가 낮고 인슐린 생성을 유발하지 않는다는 이유로 과당이 최고의 감미료로 꼽히기도 했다. 사실 과당은 당류 중에서 점도가 가장 낮아 끈적임이 적고, 섭취 후 열 발생이 가장 많을 정도로 소비 속도가 빠르고, 칼슘과 철분 등의 무기질 흡수를 돕기 때문에 스포츠와 에너지 음료에서 최고의 감미료로 꼽히고, 당뇨 환자의 감미료로 50g까지는 적당한 양으로 판단되기도 한다.

그런데 과당은 포만감을 주지 못한다는 문제가 있고, 우리 몸의 처리 용량을 초과하는 과당의 섭취는 포도당보다 심각한 부작용이 있다는 문제가 있다. 포도당은 일정량 이상이 되면 혈관을 통해 뇌와 우리 몸 체세포 전부에 분산해 사용할 수 있어서 많은 양도 효과적으로 처리할 수 있는데, 과당은 간에서 사용하고, 사용하다 남은 과당은 간에서 지방으로 전환해 보관한다. 이 때문에 지방간을 형성할 수 있다.

과당의 섭취가 늘어나면 우리 몸이 과당을 흡수하는 양을 줄이면

단맛

좋은데, 우리 몸은 과당 등 당류의 과잉섭취를 상상조차 하지 못했던 100만 년 전에 만들어진 구조라 과당의 섭취가 늘면 GLUT5의 양을 증가시켜 흡수량을 늘린다. 그렇다고 과당이나 다른 당류, 당알코올을 흡수되지 않고, 대장으로 보내도 문제다. 대장에 삼투압을 높여, 많은 수분을 보유하게 한다. 그러면 우리 몸은 이상 상태로 감지하여 설사를 유발하기 쉽다. 아니면 온갖 세균의 영양분으로 사용되어 단쇄지방산, 유기산 및 미량 가스가 생성되어 복부 팽창, 설사 같은 증

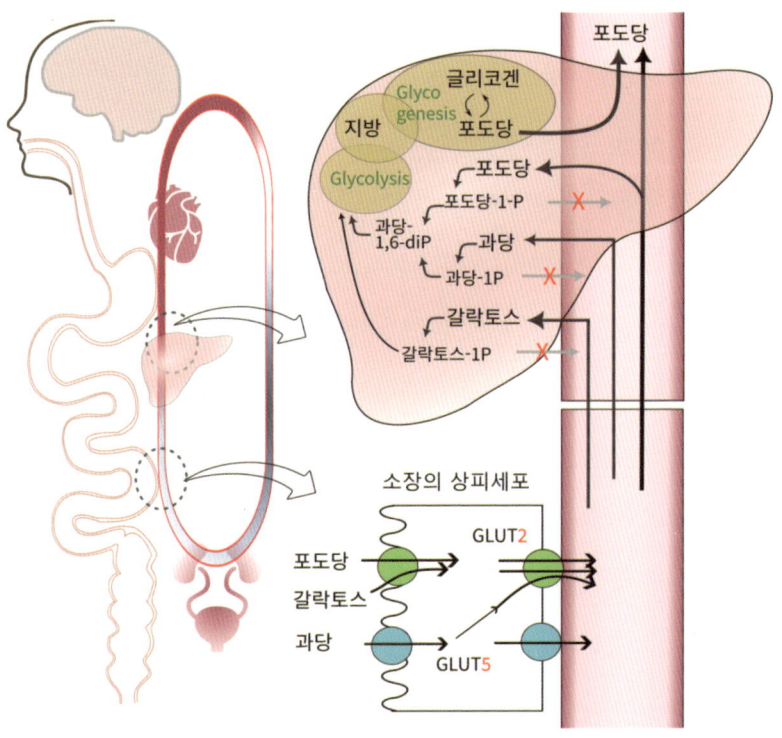

• 단당류의 대사 경로 •

상이 발생하기 쉽다. 과당의 과잉 섭취가 여러 대사증후군을 유발할 수 있다고 하지만 이것은 과당만의 특별한 현상이 아니다. 뭐든 많이 먹으면 나중에 똑같은 증상이 발생한다. 결국 과식을 줄여야 해결될 문제가 특정 당류를 탓한다고 해결되지 않는다.

우리 몸에 탄수화물은 즉시 사용할 수 있는 현금 같은 것이고, 단백질이나 지방은 전환과정이 필요한 현물과 같은 셈이다. 즉시 사용할 수 있는 현금(탄수화물) 대신에 지방이나 단백질 같은 현물을 주면 이들을 합성하는 데 사용하는 칼로리가 줄고 단백질과 지방에서 포도당을 만드는 기능이 활성화된다. 결국 과잉 증상이 나타나기까지 시간과 정도만 약간 다를 뿐 똑같은 일이 벌어지는데 자꾸 단편적인 결과로 어떤 성분을 천사나 악마 취급을 하는 것이다.

과당이 해롭다면 이보다 훨씬 해로운 것이 갈락토스(galactose)다. 대사 과정도 더 복잡하고 처리하는 효소도 부족하기 쉽다. 그런데 엄마 젖은 주성분이 갈락토스가 절반을 차지하는 유당(lactose)이다. 유당불내증이나 갈락토스혈증이 과당불내증보다 훨씬 심각하지만, 아이들은 그런 유당을 주식으로 먹으면서 건강하게 자란다.

모든 식품 성분의 문제는 우리 몸의 세팅에 적합한 양인지가 문제인데, 아무도 식품 전체에 대해 적당량과 현재 섭취량을 제시하지 않고 선/악 놀이만 한다. 과당도 용도에 맞게 적당량 사용하면 이보다 좋은 당류도 없다. 단지 우리가 '적당히'를 지키지 못할 뿐이다.

단맛

최근 설탕을 대체할 수 있는 감미료가 많이 사용되는데 알룰로스는 건포도나 무화과, 밀에 미량 존재하는 당 성분이다. 설탕에 가까운 깔끔하고 자연스러운 단맛을 내면서도 칼로리는 거의 없다. 알룰로스는 α-글루코시데이스, α-아밀레이스, 말테이스 및 수크레이스의 약한 억제제로 작용해서 장에서 전분이나 이당류를 단당류로 분해 흡수하는 것을 억제할 수 있다. 또한 알룰로스는 장에서 포도당 흡수를 억제하기도 한다. 이처럼 당이나 설탕의 소화 흡수를 방해하여 설탕 섭취량을 줄이는 전략도 사용할 수 있다.

당류가 4개 결합한 아카보스(Acarbose)는 α-글루코시데이스 저해제로 작용하여 혈당 상승을 억제하는 의약품으로 활용되고 있다. 식후 혈당에 주 효과를 나타내면서 당화혈색소를 감소시키는 약제다.

D-Xylose

L-Aarabinose

Acarbose

아라비노스와 자일로스는 5탄당인데 식물의 섬유질에 다량 포함되어 있다. 이들 당류를 설탕과 함께 먹으면 설탕분해효소에 결합하여 설탕의 분해를 방해한다. 아라비노스는 설탕에 약 3% 정도 첨가되었을 경우 혈당 상승이 50% 정도 억제되며 자일로스는 설탕의 약 10% 정도 첨가되었을 때 50% 정도의 억제 효과를 기대할 수 있다.

그런데 흡수가 안 된 당류가 대장으로 가면 어떻게 될까? 유당불내증은 유당이 소화 흡수가 안 되고 대장으로 가서 벌어지는 문제다. 장류에는 다양한 종류의 미생물이 있는데, 이들이 이것을 사용하면서 가스와 노폐물을 만들어 복통이나 설사를 유발할 수 있다. 미생물이 활용하지 못하는 당알코올 등이 많아져도 대장 안에 삼투압만 높아져도 민감한 사람은 설사를 유발할 수 있다.

당류가 넘치면 콩팥에서 포도당의 재흡수를 막는 것도 방법이다. 콩팥의 사구체에서 포도당이 배출된 후 기다란 세뇨관을 지나면서 100% 재흡수되는데, 이것을 줄이면 쉽게 포도당 농도를 낮출 수 있다. 병적으로 혈액에 포도당이 과도하여 콩팥에서 100% 재흡수하지 못하고 소변으로 배출되어 소변이 달아지는 것이 당뇨지만, 자의적으로 과잉의 포도당을 배출하면 다이어트다. 일부러 포도당의 재흡수를 막아 70g 정도의 포도당을 그대로 배출하게 하는 약물이 개발되기도 했다. 소변은 당뇨 상태지만 혈관의 포도당은 정상 수준을 유지하는 것이다. 이렇게 되면 혈당이 낮아지고 혈압과 체중도 낮아진다. 만약에 콩팥에서 무작정 포도당을 재흡수하는 대신에 혈당의 상태에 따라 포도당의 재흡수량을 조절하는 기능이 있으면 좋을 텐데, 인류가 역사 이래 포도당을 과잉 섭취한 적이 없다. 이처럼 많은 사람이 비만을 걱정하기 시작한 지 50년도 되지 않았다. 콩팥에서 포도당 재흡수를 조절하는 능력이 생기기에는 터무니없이 짧은 시간이다.

탄수화물이 나쁘면, 단백질은 좋을까?

ATP는 탄수화물 말고 단백질이나 지방으로도 만들 수 있다. 하지만 우리 인간의 몸은 단백질이나 지방으로부터 에너지를 얻는 것을 좋아하지 않는다. 탄수화물은 주로 전분의 형태이고, 전분은 포도당 한 가지 성분으로 되어 있어서 우리 몸이 가장 쉽게 잘 활용하는 깔끔한 열량소다. 반면 단백질은 구성하는 아미노산이 20가지로 복잡하고 질소나 황을 포함하고 있다. 위는 강산성 상태라 단백질이 변성되고 강한 연동운동으로 음식물을 소화액과 혼합하여 유즙의 형태가 된다. 음식물이 위를 통과하는 시간은 음식마다 다른데 탄수화물은 2~3시간 정도로 위를 빠르게 통과하고 지방과 단백질 같은 식품은 3~5시간으로 머무는 시간이 길다.

아미노산을 분해하면 이산화탄소와 물 말고도 암모니아(질소)가 생성되는데 암모니아는 독성이 있어서 빠르게 체외로 배출시켜야 한다. 우리 몸에 과도하게 남게 되면 신경독성이나 소화 독성을 보이게 된다. 문제는 암모니아는 산소보다 물에 1,000배 이상 잘 녹는다는 것이다. 기체의 형태로 폐에서 배출하지 못하고 물과 함께 소변으로 배출해야 한다. 물에서 사는 물고기라면 암모니아 형태로 배출할 수 있지만 물이 부족한 육상 생물은 암모니아를 독성이 약한 요소(Urea)로 전환해서 배출한다. 소변은 물이 95%이고 고형분이 5%인데 그 절반이 요소다. 단백질에서 분해된 암모니아는 배출이 잘 되지 않으면 독성이 상당하다.

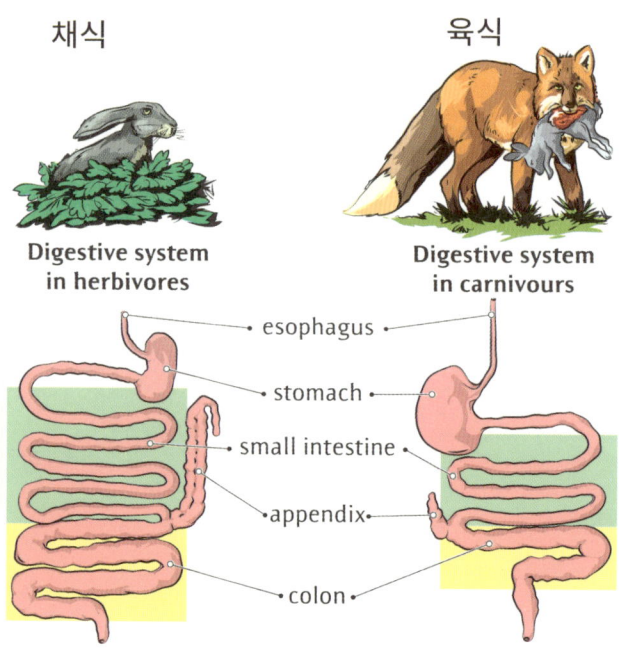

• 채식과 육식의 내장 장기 차이 •

지금까지 알려진 아미노산의 대사 이상 증상이 70종 이상이다. 아미노산의 종류가 많은 만큼 다양한 대사이상이 발생할 수 있다. 이 중 페닐케톤뇨증이 유명하다. 아스파탐을 사용하면서 페닐알라닌 함유라고 표기하는 것은 아스파탐을 먹으면 페닐알라닌과 아스파트산으로 분해되기 때문이다. 선천적으로 페닐알라닌을 티로신으로 전환하는 효소에 이상이 있는 사람은 페닐알라닌이 정상경로로 처리되지 않고 유독 성분이 만들어져 뇌혈관 장벽을 통과하여 중추신경계를 손상하여 큰 문제를 일으킨다.

요즘 알레르기가 점점 심각해지고 있는데 알레르기 주요 원인 식품은 우유, 달걀, 견과류(땅콩·호두·아몬드 등), 밀가루, 갑각류(게·새우·가재 등), 어류(꽁치, 고등어 등)같이 단백질이 풍부한 식품이다. 적색육이 2군 발암물질로 등재되어 있는데, 미국 영양학자 콜린 캠벨은 『무엇을 먹을 것인가』에서 중국의 농촌지역을 대상으로 20여 년간 수행한 연구를 통해 동물성 단백질이 암 발생을 껐다 켰다 하는 '암 발생의 스위치' 역할을 한다고 주장했다.

인간은 소화나 신진대사 기능이 육식 동물과는 달라서 칼로리의 절반 이상을 고기로부터 섭취하면 단백질 중독에 빠질 수 있다. 단백질 중독이 일어나면 혈중 암모니아의 독성이 높아지고 간과 콩팥이 손상되어 탈수 및 식욕부진을 겪다가 결국 죽게 된다. 이것은 초기 북극탐험대가 조난으로 가져간 식량이 떨어지자 동물만 잡아 먹다 벌어진 일이기도 하다.

고기를 많이 먹을수록 건강해지면, 고기만 먹는 육식동물이 탄수화물만 먹는 초식동물보다 압도적으로 건강해야 하고, 채식하는 스님보다 식물이 잘 자라지 않아 순록과 바다표범 같은 고기를 주로 먹는 에스키모인이 훨씬 건강해야 할 것이다. 에스키모인은 생선도 많이 먹어 하루에 무려 오메가-3 지방산을 1만 5,000mg을 먹는데 육식임에도 여러 심혈관계 질환으로부터 상당히 자유로운 편이라고 알려졌다. 하지만 2010년 조사에서는 실제로는 상당히 많은 수의 에스키모인이 심혈관질환이 있음이 밝혀졌고 젊을 때는 건강하였지만 나이가 들수록 건강이 급격히 나빠졌다고 한다.

지금 '탄수화물은 독이다'란 책은 시간이 지나 단백질을 탄수화물보다 많이 먹게 되면 '단백질이 독이다'로 바뀔 것이다. 물과 산소마저 많으면 독이 되는데, 어떤 것이든 많이 소비되면 그만큼 부작용도 눈에 띄기 마련이다. 탄수화물은 많이 사용된 것이 죄이지 자체에 특별한 위험이 있는 것이 아니다.

GLP-1 유사체가 식품산업을 위기로 내몰 것인가?

10여 년 전에는 가공식품과 첨가물에 대한 걱정이 많았는데 요즘은 당류와 혈당 스파이크가 그 자리를 차지한 것 같다. 현대인의 과식 문제는 덜 먹어야 해결되지, 특정 음식을 비난한다고 해결될 일이 전혀

단맛

아닌데, 식사량을 줄이는 것이 대부분 사람에게는 불가능에 가깝게 힘들어서 지난 80년간 특정 음식의 문제라는 주장이 그 대상만 바꿔어 주기적으로 출몰하는 것이다. 그래서 지금까지 2만~10만 종의 다이어트 방법이 개발되었지만, 그중에서 2년 이상 유의미하게 낮아진 체중을 유지하는 것은 위절제술 말고는 없었다. 그러다 최근 위절제술 효과를 기대하는 다이어트 방법이 등장했는데 바로 GLP-1 유사 호르몬 요법이다.

GLP-1은 음식 섭취 시 우리 몸의 소장에서 분비되는 천연 호르몬이다. 췌장에는 인슐린을 분비하도록 촉진하고, 간에는 포도당 생산을 촉진하는 글루카곤의 분비를 억제한다. 위에서는 음식물이 소장으로 내려가는 시간을 지연시켜 혈당이 급격하게 오르는 것을 막는다. 그래서 처음에는 당뇨약으로 개발되었다. 그러다 부작용(?)으로 체중 감량이 잘 일어나는 점이 발견되었다. 음식을 먹고 있다는 신호로 작용해 식욕을 잘 억제하는 것이다. 뇌에 먹고 있다는 신호를 주어 공복감은 줄이고, 포만감은 높여 음식 먹는 양을 줄인다. 이것이 소비자에게는 꿈의 비만약이 되고 식품회사에는 큰 위협이 된 것이다. 식품회사가 대응이 힘든 것은 특정 성분이나 식품이 나쁘다는 주장이 아니라 어린이 분유 시장처럼 소비자나 소비량이 줄어드는 것이다. 그런데 획기적 비만약의 등장으로 식품의 실제 소비량이 줄어들 수 있기 때문이다.

미국 코넬대학 연구에 따르면 미국에서 GLP-1 처방을 받는 사람은

6개월 동안 식료품 지출을 평균 5.5% 줄였고, 음료 중에는 탄산 음료가 가장 크게 줄었다고 한다. 음식뿐만 아니라 술, 담배, 심지어 강박적인 쇼핑이나 게임 갈망까지 줄어든다. 주류 소비량의 60~90%는 성인 20%에 의해 소비되는데 만약 이들의 음주 욕구가 준다면 주류 산업에 심각한 타격이 될 수 있다. GLP-1의 처방이 늘수록 식품회사는 섭취량 감소에 맞춰 포장 단위를 줄이고, GLP-1 맞춤형 식품으로 '포만감 지원', '단백질 강화', '부작용(메스꺼움) 완화' 등의 새로운 상품을 개발할 필요가 있을 것이다.

이것은 식품산업을 벗어나 의료·의료기기 업계에도 큰 영향을 미칠 것이다. 비만으로 파생되었던 여러 질환의 치료 수요가 줄어들 것이기 때문이다. 당뇨병 관리, 당뇨 합병증 관리, 투석, 수면무호흡증, 퇴

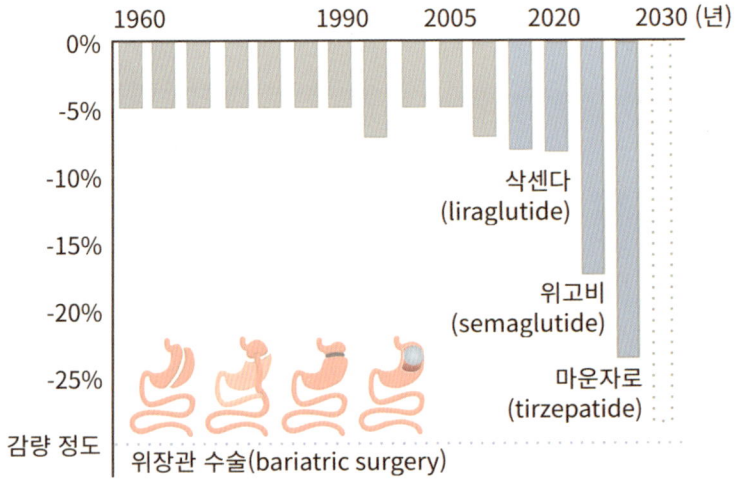

단맛

행성 관절염, 디스크 질환 등 많은 치료 시장이 줄어들 것이다. 이런 모든 효과는 소위 몸에 나쁘다는 음식을 줄이고 좋다는 음식을 먹어서 생기는 효과가 아니다. 그냥 음식을 적게 먹어서 생기는 효과다.

GLP-1 유사체는 GMO의 산물이다

GLP-1 호르몬을 이용한 다이어트 효과는 위고비라는 상품을 통해 우리에게 본격적으로 알려졌는데, 위고비는 GM 효모(S. cerevisiae)로 만들어지는 고순도 GMO 산물이다. GLP-1은 Glucagon-like peptide-1의 약자로 글루카곤과 유사한 형태의 펩타이드(단백질) 호르몬이란 뜻이다. 단백질의 형태라 인슐린처럼 GMO 기술로 만들어지고 주사로 주입된다. GLP-1을 만들기 위해 우리 몸은 췌장에서 먼저 아미노산 180개로 된 전구체가 만들고, 최종적으로는 30개 또는 31개의 아미노산이 결합한 형태로 완성되어 분비된다. 문제는 이들 GLP-1이 내 몸안의 효소인 디펩티딜펩티데이스-4(DPP-4)와 중성 엔도펩티데이스 24.11(NEP 24.11)에 의해 빠르게 분해된다는 점이고, 분해되지 않은 것도 콩팥에서 배출되기 쉬워 불과 2분 만에 절반으로 줄어든다는 것이다. 반감기가 짧은 호르몬이라 우리 몸에서 분비되는 형태로는 약물로 가치가 없다.

그래서 호르몬의 작용기는 그대로 유지되면서 내 몸안의 효소에 의해 파괴되지 않고, 콩팥에서 배출되지 않는 형태로 만들어야 한다. 먼저 GM 효모(S. cerevisiae)로 펩타이드는 뼈대를 만들고 이후 여러 단계의 변형이 가해진다. 대표적인 변형이 DPP-4 효소가 작용하는 위치에 있는 2개의 아미노산을 전혀 다른 형태의 분자로 바꾸고, 26번 위치의 아미노산(lysine)에 지방산을 결합하여 혈액의 알부민에 쉽게 결합하도록 한다. 거대한 단백질인 알부민과 결합한 GLP-1은 콩팥의 사구체를 빠져나가지 못하므로 혈액에 오래 남게 된다. 그래서 투입된 지 2~3분도 버티지 못하던 호르몬이 1주일 넘게 지속되어 하루에도 몇 번씩 맞아야 했던 주사를 1주일에 1번만 맞을 수 있게 된 것이다. 위고비는 GLP-1 수용체 작용제이고, 마운자로는 GLP-1과 GIP 수용체를 동시에 작용하는 이중 작용제로 효과가 더 좋고 부작용이 적다고 한다.

그동안 식품 분야에는 '합성 지옥, 천연 천국'의 구호 아래 온갖 천연에 대한 미신적 숭배와 가공에 관한 무차별적 혐오가 넘치고, 실제 식품 문제를 해결할 방법은 요원했는데, 가장 인위적이고, 합성적인 호르몬의 처방을 통해 해결할 가능성이 생긴 것이다.

유전자와 항상성의 힘은 막강하다

건강검진을 하면 정말 많은 항목에 대해 정상범위와 측정치를 비교

단맛

해 준다. 모든 수치가 정상범위에 들어가면 좋겠지만 나이가 들수록 점점 벗어나는 것이 많아진다. 정상범위를 유지하는 것이 저절로 이루어지는 것이 아니라 다양한 요인에 매우 동적으로 흔들리는 상태에서 되먹임 제어 등에 의해 능동적 항상성이 유지되는 것이다. 체온, 혈액의 pH 같이 어느 정도 일정한 범위를 유지하는 것도 있고 혈압, 혈당, 체중같이 나이가 들면서 조금씩 설정치가 높아지는 것도 있다. 혈압과 혈당은 약물로 어느 정도 대응이 가능하지만, 체중은 아직 효과적인 약물이 없다. 그만큼 더 복잡한 요소가 개입한 것인데, 우리는 체중만큼은 자신의 의지에 따라 조정할 수 있을 것으로 기대하고 시도와 좌절을 거듭하는 경우가 많다.

나는 여러 항상성 기작 중에서 콩팥의 조절 기능을 알아보면 우리 몸의 조절 시스템의 막강함과 한계를 이해하는 데 도움이 될 것으로 생각한다. 심장에서 뿜어져 나온 혈액의 20%가 콩팥으로 가는데, 사구체의 미세한 홈을 통해 작은 크기의 분자는 전부 배출된다. 적혈구나 단백질 같은 큰 물질 말고는 포도당, 나트륨과 미네랄, 비타민 등의 작은 물질은 전부 방출되는 것이다. 흔히 콩팥으로 노폐물을 걸러낸다고 말하지만, 카페인이든, 약이든, 독이든 전부 배출된 후 정해진 몇 가지 꼭 필요한 성분만 재흡수하는 식으로 작동한다. 노폐물을 따로 골라 버리는 것이 아니라 작은 분자는 일단 전부 버리고 필요한 것만 재흡수하는 것이다. 혈액의 성분이 생각보다 단순하다는 것은 투석할 때 사용하는 투석액의 성분이 단순한 것으로도 알 수 있다. 이것은 세포가 필요한 것은 스스로 만든다는 가장 명확한 증거이기도 하다. 세포마다 모든 유전자를 다 가지고 있는데, 이론적으로는 못 만들 것이 없다.

유전자의 힘은 생각보다 강하다. 비만도 대표적 예로 개인의 노력 부족보다는 차라리 조상 탓이라고 하는 것이 훨씬 맞는 말이다. 그 간단한 증거가 어렸을 때 다른 가족에 입양된 일란성 쌍둥이 2,000쌍을 대상으로 한 조사 연구다. 각자 다른 가정환경 즉 식습관이 다른 환경에서 자랐지만, 그 차이가 미치는 영향은 10%에 불과하고 타고난 체질이 훨씬 큰 역할을 했다는 것이다. 아프리카에서 노예로 끌려온 흑인이나 남태평양 폴리네시안은 유난히 비만율이 높았다. 선조가 수천 km를 항해하면서 태반이 굶어 죽는 고난을 견디고 살아남은 절약 유전자를 가진 사람이기에 먹거리가 넘치는 현대에 들어서 비만해지기 훨씬 쉬운 것이다.

체중은 내 몸 안의 설정치가 훨씬 중요한데 이런 세팅을 망가뜨려 비만해지기는 쉬워도 세팅을 극복하여 적은 체중을 유지하기는 정말 어렵다. 모든 다이어트의 효과가 일시적인 것은 우리 몸이 조절하는 부분이 훨씬 많아서 우리 몸의 항상성이 작용하기 시작하면, 그 효과가 끝나기 때문이다. 현재 다이어트에 대한 결론은 다이어트를 많이 할수록 비만이 더 늘어났다는 것이다. 모든 다이어트는 95%가 요요로 끝나므로 비만의 해결책이 아니라, 비만이 증가하는 주요 원인의 하나다. 우리 몸의 조절 능력은 그만큼 뛰어나다.

미토콘드리아, 내 몸안의 원자력발전소

: 포도당 + O_2 = CO_2 + H_2O + ATP :

크레브스 회로와 미토콘드리아

모두 산소가 없으면 죽는다는 것은 알아도 정작 왜 산소가 필요한 지는 잘 모른다. 알고 보면 산소만큼 기능이 단순한 것도 없는데 그렇다. 산소는 수소이온과 결합하여 물이 되는 것만 알면 된다. 문제는 이것의 의미를 알려면 크레브스 회로를 알아야 한다는 점이다.

크레브스 회로는 모든 생화학 교과서에 등장하는 기본 회로인데 학생 때 시험을 위해 공부했을지는 몰라도 두고두고 그 의미를 새겨볼 기회가 없는 것 같다. 생각해 보면, 크레브스 회로의 의미를 이해하는 것이 식품의 역할을 이해하는 시작이자 완성일지 모르는데도 그렇다.

사실 나부터 그랬다. 식품에 대한 오해를 풀기 위해 다시 식품 공부를 시작하면서 항산화제의 기능을 검색하다가 닉 레인의『미토콘드리아』를 보게 되었다. 생물과 진화에 대해 단편적으로 알았던 것이 그렇게 정교하게 연결될지 몰랐다. 닉 레인은『트렌스포머』를 통해서는 에너지대사의 과정으로 이해하는 것은 크레브스 회로의 의미를 절반도 설명하지 못한다고 말한다. 크레브스 회로는 반대 방향으로도 작동하여 유기물과 생명체를 만들어 내는 물질대사의 핵심으로도 설명된다.

여기에서 설명하고 싶은 것은 크레브스 회로의 절반의 기능인 에너지대사의 관점이다. 호흡을 가장 간략하게 표시하면 아래의 방정식과 같다. 6탄당인 포도당 1개 분자가 연소하면 6개의 이산화탄소가

$$C_6H_{12}O_6 + 6O_2 \longrightarrow 6CO_2 + 6H_2O + 30ATP$$

	포도당	산소	이산화탄소	물	
분자량	180	6개 x32	6개 x44	6개x18	32개 x507
비율	180	192	264	108	16,224
하루(g)	600g	640g	880g	360g	57,600g
연간 219kg	478(리터)		448(리터)		체내 보관량 60g
음식 730kg			112(4V콜라)		1분 사용량 35g
(70% 수분)					60분 사용량 2.1kg
					하루 사용량 51kg

• 에너지 대사의 물질과 ATP 생산량 •

된다. 여기에 6개 분자의 산소가 참여하여 6개 분자의 물이 만들어지면서 30~32개의 ATP가 생성된다. 이것을 양으로 환산하면 포도당 600g이 소비되면 이산화탄소 880g과 물 360g이 만들어지고 640g의 산소가 소비된다. 이때 만들어지는 ATP는 51kg 정도이다. 이것을 중심으로 생각하면 생로병사의 의미가 전혀 달라진다.

"독과 약은 하나다. 양이 결정한다. 아무리 좋은 것도 과하면 독이 되는데 물질에 따라 독이 되는 양만 다르다."라는 말에 동의하는 사람은 많을 것이다. 문제는 적당한 양은 얼마이고 독이 되는 양이 얼마인지를 찾으려는 노력은 별로 없다는 것이다. 지난 70년 동안 양적 기준을 마련하는 데 노력하지 않았기에 건강 정보는 과거의 단계에서 전혀 발전이 없는 것이다.

산소와 에너지 효율, 활성산소가 노화 질병의 피할 수 없는 원인이다

포도당은 해당과정(解糖過程, Glycolysis)을 통해 2개의 피루브산이 되는데 이 과정에는 산소가 필요 없이 2개의 ATP가 만들어진다. 효모는 피루브산을 에탄올로 전환하여 마무리하고, 우리 몸의 근육이나 유산균 등은 피루브산을 젖산으로 전환하여 마무리하는 것을 발효라고 한다. 진핵세포는 피루브산을 이산화탄소로 완전히 분해하면서

30~38 ATP를 만든다. 이 과정에 산소가 필요하며 이것을 우리는 호흡이라고 한다. 미토콘드리아에서는 ATP합성효소는 양성자(H^+) 농도 차이로 작동한다. TCA 회로를 통해 미토콘드리아의 외막과 내막 사이에 높은 수소이온의 농도가 형성되고, 그것이 세포 안으로 들어오면서 ATP 합성효소가 1회전을 할 때 3개의 ATP가 합성되는 것이다.

미토콘드리아의 pH는 8.0이다. 우리 몸에서 수소이온(H^+)을 압도적으로 많이 만드는 곳이 미토콘드리아다. 그만큼 pH가 낮아야 할 텐데 오히려 다른 부위보다 pH가 높다. ATP합성효소를 회전시키면서 미토콘드리아 안으로 들어오는 즉시 수소이온은 산소와 결합하여 물로 만들어 완벽하게 제거하는 것이다. 산소가 미토콘드리아 안으로 들어온 수소이온과 결합하여 물이 되는 과정의 첫 단계에서는 산소 분자(O=O)의 이중결합이 풀려 초과산화이온(O^{2-})이 된다. 그리고 이 분자는 구리, 망간, 아연 등의 금속이온을 포함한 SOD(Superoxide dismutase)에 의해 수소이온과 결합하여 과산화수소(H_2O_2)가 된다. 과산화수소를 안전하게 물로 분해하는 효소인 카탈라아제(catalase)가 내 몸안에 있다. 과산화수소가 이 효소와 만나면 수산화라디칼을 만들지 않는다. 카탈라아제와 마찬가지로 몸안에 있는 글루타티온과산화효소 역시 글루타치온을 이용하여 과산화수소를 물로 분해한다. 이 효소에는 셀레늄(Se)이 포함되어 있다. 과량이면 독성이 강하지만, 극미량은 우리 몸에 도움이 된다.

활성산소는 세포에 손상을 입히는 모든 변형된 산소로 과산화수

단맛

소(H_2O_2), 초과산화 이온(superoxide, O_2^{2-}), 수산화 라디칼(hydroxyl radical, OH)이 대표적이다. 활성산소를 '자유라디칼'이라고도 하는데, 자유라디칼이란 안정적으로 쌍을 이루지 못한 전자를 포함하는 분자로 다른 분자들과 반응하려는 경향이 크다. 불안정하고 수명이 짧지만, 주변의 분자를 공격한다. 산소 덕분에 같은 음식으로 훨씬 많은 에너지를 생산할 수 있게 되면서, 생명체는 거대한 몸집을 가진 동물도 생겨나고 다양해졌지만, 산소를 이용하는 과정에서 만들어진 활성산소 같은 큰 짐도 떠안게 되었다.

산소의 반응성과 반응물이 부담스러운 것은 암세포를 봐도 알 수 있

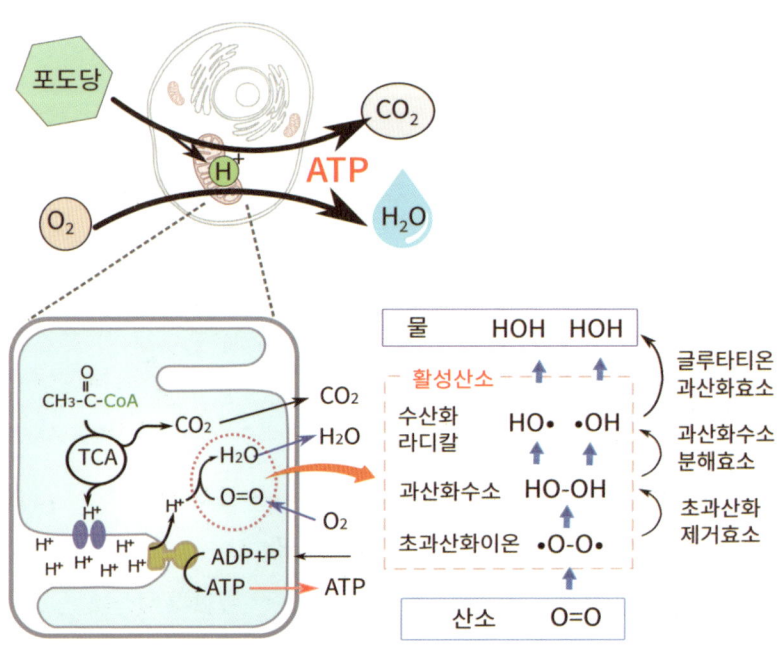

• 미토콘드리아에서 ATP 생성과 활성산소 •

다. 암세포는 에너지대사를 산소가 필요 없는 젖산 생성 단계에서 멈춘다. 바보 같은 전략 같지만 같은 ATP를 얻기 위해서는 15배의 포도당이 필요하다는 것 말고는 나쁘지 않다. 젖산까지의 분해는 쉽고 빠르므로 포도당만 충분하면 산소도 필요 없고 활성산소도 생기지 않아 암세포 자신에게는 유리한 전략이다. 포도당 고갈과 젖산 과잉으로 주변의 세포에 피해를 줄 뿐이다. 이와 비슷한 것이 술을 만드는 효모다. 효모도 진핵세포라 산소를 이용하여 대량의 에너지를 만들 수 있지만 알코올로 분해하는 것에 만족한다. 알코올로 다른 미생물의 생존을 방해하면서 식량 자원을 독점하는 것이다.

이것은 마치 새가 날고 싶어 하지 않는 것과 비슷하다. 과거 인류는

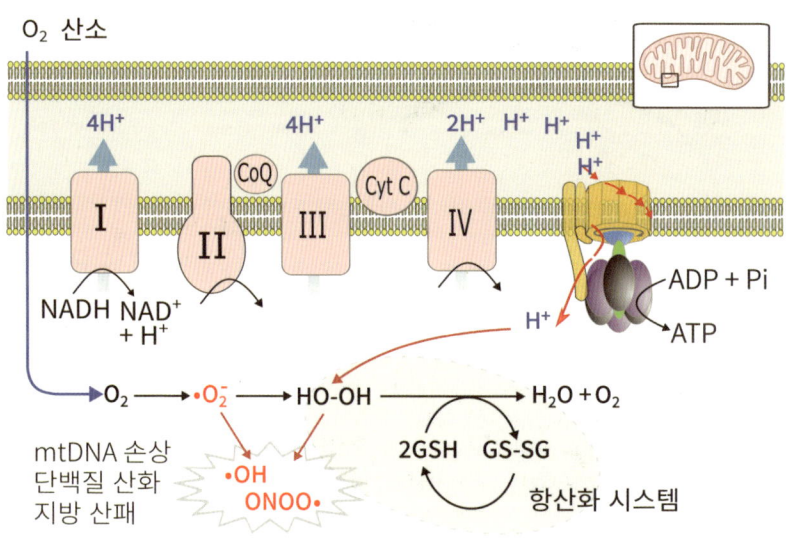

• 산화 항산화 시스템 •

단맛

새가 하늘을 자유롭게 나는 것을 정말 부러워했는데, 정작 천적이 사라진 섬에 사는 새는 금방 나는 능력을 포기하고 걸어 다닌다. 날 수 있는 몸을 유지하기 위해서는 뼈의 구조, 수분 관리, 체지방 분포 등 몸무게의 관리 부담이 엄청난데, 천적도 없고 굳이 날지 않고도 먹이를 충분히 구할 수 있다면 나는 것을 포기하고 걷는 것을 선택한다. 산소를 이용하여 고연비를 얻는 것은 그만큼 부담해야 하는 짐도 많은 것이다.

지금도 우리는 산소 때문에 늙고 병이 든다. 많은 산소를 꾸준히 공급해야 하는 만큼 혈액 순환도 쉬지 않고 왕성히 일어나야 한다. 과다 출혈이 일어나면 순식간에 사망하는 것은 비축한 산소가 없기 때문이다. 심장은 강한 압력으로 꾸준히 혈액을 혈관에 밀어 넣어야 한다. 그만큼 혈관에 상처가 나기 쉬운데, 나이가 들어 혈관이 탄력을 잃을수록 혈압은 더 상승하고, 상처로 인해 플라크가 형성되어 동맥경화로 이어지기 쉬워진다. 혈액에 혈당이 많아지면 점도가 높아져 미세혈관일수록 순환이 안 되고 망가지기 쉬워진다. 산소는 우리 몸속에서 미토콘드리아로 들어가 '활성산소(자유라디칼)'로 바뀌는데, 대부분의 자유라디칼은 제거되지만, 일부가 미토콘드리아를 빠져나가 DNA나 단백질을 망가뜨린다. 이것은 방사선에 피폭되는 것과 같은 기작이다. 방사선도 물 분자의 일부를 자유라디칼의 형태로 쪼개지면서 만들어진 독성이기 때문이다. 산소 호흡과 방사선 피폭은 본질적으로 같은 기작이고, 음식물로 만들어지는 활성산소에 매일 꾸준히 소량씩 노출되는 것이 만성중독이라면, 방사선은 핵 사고나 방사선 치료 등의 급성중독이며, 이에 노출될 수 있다는 것이다. 같은 원리 같은 기작의 독성인데, 과식으로 인한 만성중독에는 무심하고, 이보다 훨씬 적은 극미량의 방사능에는 유난을 떠는 경우가 많다.

산화와 항산화제

활성산소의 독성을 알게 되자 항산화제라는 미신도 만들기 시작했다. 온갖 컬러푸드에는 항암성분이 있다는 식이다. 모든 천연 색소는 공액결합이 있고, 산화하기 좋은 분자라 항산화제인 것은 맞지만 고작 그 정도의 양이 우리 몸에서 탁월한 기능을 할 것이라는 기대 자체가 넌센스다.

식품 중에 지방(특히 불포화지방)은 보관 중에 산화가 되지만 아주 천천히 조금씩 일어난다. 그러니 음식에 존재하는 적은 양의 항산화제로도 어느 정도 보호가 가능하다. 그런데 음식물이 우리 몸에 들어오면 몇 시간 안에 완전히 산화(소화)된다. 그만큼 엄청난 활성산소가 만들어진다. 우리가 하루에 1.5kg 이상의 음식을 먹고 그 안의 유기물 대부분을 산화시켜 에너지로 만드는데, 그렇게 많은 산화물을 음식물에 존재하는 미량의 항산화제가 어떻게 감당할 수 있겠는가? 그것은 내 몸 안의 항산화 시스템이 하는 일이다. 알파−토코페롤은 분자량이

430.71g/mol이다. 그렇게 큰 분자에서 제공할 수 있는 수소(H)는 고작 1개이다. 만약 토코페롤이 한 번 쓰고 마는 일회용이라면 무슨 역할을 하겠는가? 항산화 시스템에 의해 단계별로 계속 재생되기에 그 역할을 하는 것이다. 우리 몸 안에 항산화제도 재생 시스템에 의해 그 많은 양의 활성산소에 대응한다.

1994년, 항산화제가 몸의 산화를 막아 건강하게 해 줄 것이라는 가정으로 핀란드 남성 흡연자 약 2만 9,000명을 대상으로 연구했다. 그런데 적황색 색소이자 항산화제이며 프로비타민 A인 베타카로틴 보충제를 먹은 집단에서 오히려 폐암 발생률이 18% 높았다. 1996년 미국인 1만 8,000명을 대상으로 한 임상시험에서도 베타카로틴 보충제를 먹은 집단에서 폐암 발생률이 약 28% 높게 나와 조기에 연구를 종

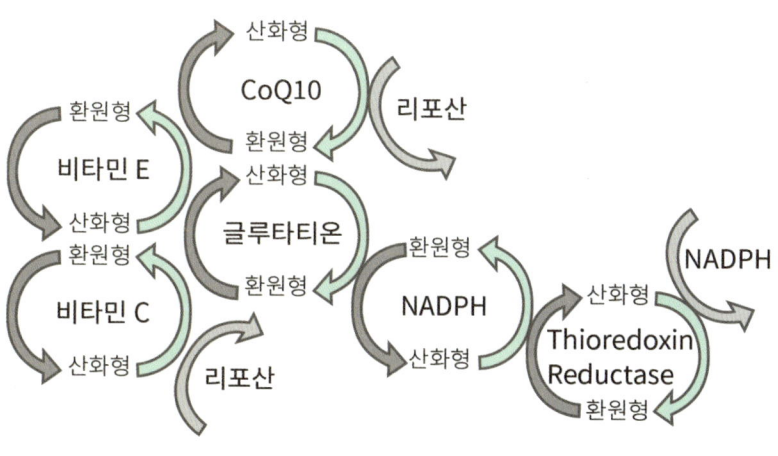

• 우리 몸의 항산화 시스템 •

료했다. 항산화물질 섭취가 과도하면 항산화물질과 쌍둥이 관계인 산화 촉진 물질(pro-oxidant)의 균형이 깨지면서 건강을 해칠 수 있다. 항산화제 자체도 과량이면 독으로 작용할 수 있는 것이다.

지구상 모든 생물의 생명현상은 산화·환원 반응, 즉 전자의 이동(수소이온의 흐름)이다. 수많은 효소 중에서 가장 근본적이고 중요한 것이 산화환원효소다. 광합성은 엽록소를 이용해 이산화탄소에 에너지를 비축하는 산화·환원 과정이며, 호흡은 유기화합물에서 전자를 떼어내서 산소로 전달하는 과정이다. 유기물의 뼈대를 이루는 분자가 탄소화합물(유기화합물)이며, 이것도 산화·환원 반응으로 만들어진다. 살아간다는 것 자체가 죽음을 향하여 도도히 흘러가는 강과 같은데 고작 물 한 바가지 퍼내거나 퍼붓는 정도의 일에 너무 신경을 쓰는 것은 슬기롭지 못한 시간 낭비일 뿐이다.

비타민 C는 유난히 불안정하고 난폭한 분자다

비타민은 지용성인 A, D, E, K가 있고 수용성인 B군과 C가 있다. 여기에서 비타민 C의 기능이 무엇일까? 많은 사람이 막연히 몸에 좋다고 믿거나, 메가도스를 주장하는 사람은 면역력이 증진되어 감기 같은 병이나 암에 안 걸린다고 말한다. 그런데 비타민 C($C_6H_8O_6$)란 분자 자체는 산화 형태로 바뀌면서 2개의 전자와 수소이온을 제공한다는 것 말고는 다른 어떠한 기능도 없다. 포도당($C_6H_{12}O_6$)에서 간단히 합성되며 그 과정 중에 수소를 4개나 잃은 상태다. 그런데 왜 비타민 C는 항산화 기능을 하고 수소가 더 많은 포도당은 하지 못할까? 이런 간단한 질문에는 대답하지 못하면서 막연히 비타민 C를 숭배한다. 비타민 C의 가장 중요한 기능은 내 몸이 콜라겐 합성 과정에서 조효소로 쓰일 때다. 콜라겐 합성에 필요한 효소는 정말 많은데, 그 효소의 역할을 보조하는 아주 미약한(?) 일을 할 뿐이다. 흔히 말하는 비타민 C의 기능은 사실 콜라겐의 기능인 것이다.

비타민 C의 항산화 기능도 내 몸의 항산화 시스템의 일부로 참여할 때 의미가 있지, 만약 단독으로 작동하여 재생이 안 되면 하루에 1.6kg의 음식물을 이산화탄소로 산화해야 하는 상황에서 하루에 고작 100mg도 안 되는 비타민 C는 별 의미가 없다. 무작정 비타민 C를 많이 먹으면 부작용이 더 많다. 그나마 수용성이라 쉽게 배설되기 때문에 부작용이 잘 드러나지 않을 뿐이다.

그러면 비타민 C의 특별함은 무엇일까? 모든 항산화제가 산화하기 쉬운 불안정한 분자지만, 비타민 C는 유난히 불안정하고 반응성이 있는 분자라는 것이다. 다른 엉뚱한 분자와 반응하거나 분해 과정에 옥살산으로 변해 독으로 작용할 수 있다. 비타민 C가 가열이나 보관 중에 쉽게 손실되는 것은 분자 자체의 유별난 불안정성 때문인데, 마치 다른 모든 비타민의 고유한 속성처럼 말하면서 가공식품을 비난하는 근거가 되기도 했다. 열을 처리하거나 가공하는 과정에서 정말 소중한 영양분인 비타민이 몽땅 손실된다는 거짓말 말이다. 비타민 C만 성격이 유난히 난폭한 것인데 너무나 섬세하고 가련한 분자로 둔갑된 것이다.

사실 지금의 수많은 영양과 건강 정보의 미신들은 1910년대부터 벌어지기 시작한 비타민의 우상화에서 시작된 것이라고 할 수도 있다.

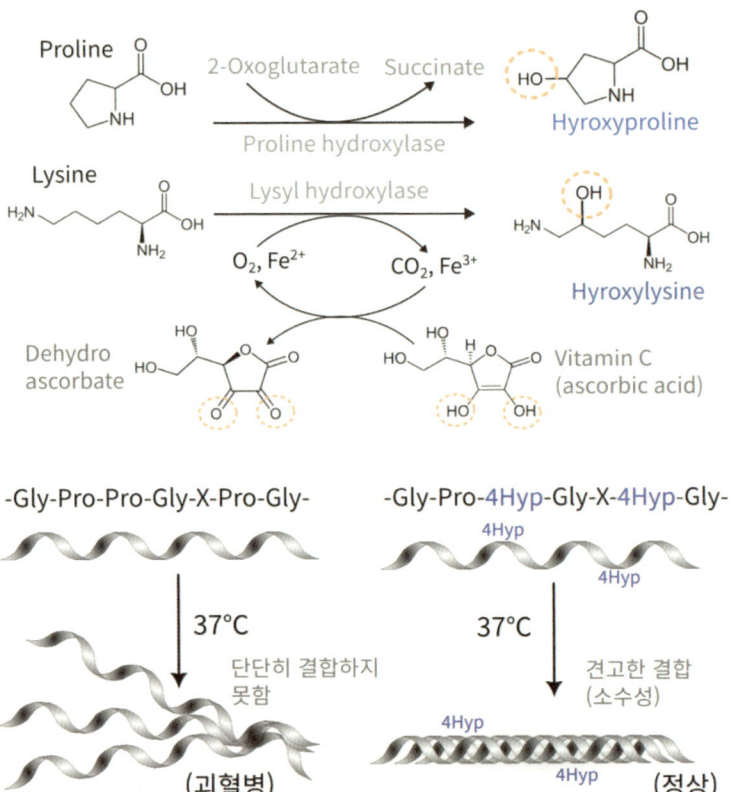

• 비타민 C의 기능, 콜라겐 합성에 참여 •

단맛

비타민 C는 인간을 포함한 극소수의 동물만 합성하지 못하고, 다른 모든 동식물은 얼마든지 합성한다. 그 덕에 더 건강하다는 말을 들어 보지 못했다. 비타민의 기능은 우리 몸의 다른 분자에 비해 전혀 특별하지 않은데, 단지 합성하지 못한다는 이유로 그렇게 숭배를 하는 것은 우리가 얼마나 분자적 특성은 모르고 과도한 의미를 투사하는지를 보여 준다.

비타민을
따로 챙길 필요가 없는 확실한 이유

에너지대사와 관련된 비타민 B군

비타민 B군에는 B1, B2, B3, B5, B6, B7, B9, B12가 있다. 이 중에서 가장 중요한 비타민이 무엇일까? 비타민 B5(판토텐산)가 무슨 일을 하는지만 잘 살펴봐도 비타민에 관한 환상에서 벗어날 수 있을 것 같다. 비타민 B군을 조효소라고 하는데 효소의 기능을 도와주는 성분이란 뜻이다. 그러면 우리 몸에 효소가 중요할까? 조효소가 중요할까? 비타민 B5는 조효소 A(Coenzyme A, 이하 CoA)의 일부이므로 B5의 기능을 알려면 먼저 CoA부터 알아볼 필요가 있다. CoA는 1946년 프리츠 앨버트 리프만이 돼지의 간에서 분리 및 정제하여 구조가 밝혀졌다. 그는 이 인자가 콜린의 아세틸화에 필요한 조효소와 관련이 있음을 발견한 후 "아세트산(Acetate)의 활성화"를 위한 조효소 A로 명명하였고, 이 발견의 공로로 노벨상을 받았다.

CoA의 기능은 실로 막대하다. 지방산이 합성될 때도 분해될 때도 아세틸-CoA 형태로 이루어지고, TCA 회로는 포도당에서 분해된 피루브산이 아세틸-CoA로 전환되면서 시작된다. 산소가 없으면 3분 안에 생명이 위험해지는 것은 ATP를 만드는 TCA 회로가 멈추기 때

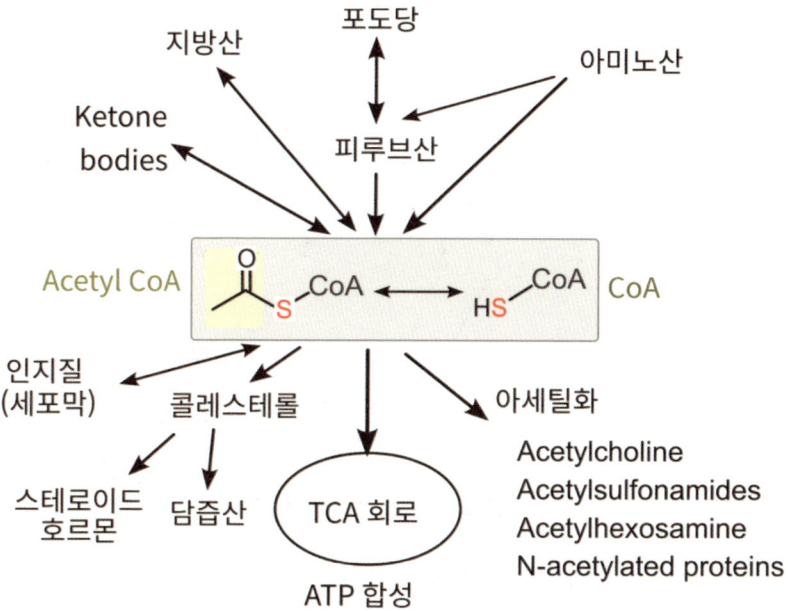

• 아세틸 CoA의 주요 기능 •

문인데, CoA가 없어도 마찬가지다. 심지어 세포에 존재하는 효소들의 약 4%가 CoA(또는 티오에스터)를 기질로 사용할 정도다. CoA가 없으면 세포막의 형성에 필요한 지방산도 만들 수 없고, 지방이나 아미노산을 분해하여 에너지원으로 사용하는 기능도 하지 못한다. 콜레스테롤을 합성할 수 없으므로 호르몬과 비타민 D의 전구체, 담즙산 등도 만들 수 없다. CoA는 세포 단백질 표면의 시스테인에 있는 티올기의 비가역적 산화를 방지하고, 산화 스트레스나 대사 스트레스에 직접적으로 반응하는 효소의 활성을 조절한다. 우리 몸안의 생리작용에서 아세틸-CoA가 가장 중추적인 역할을 하는 셈이다.

• 코엔자임 A의 분자 구조: 시스테인 + 판토텐산 + ATP •

이렇게 중요한 CoA를 만들 때 필요한 분자가 시스테인, 판토텐산 (비타민 B5), 아데노신삼인산(ATP)이다. 우리 몸은 시스테인과 ATP를 만들지만, 판토텐산은 만들지 못한다. 판토텐산은 음식을 통해 섭취해야 한다. 그래서 비타민이라고 한다. 하지만 판토텐산이 실제 하는 일은 없다. CoA에서 아세틸기를 붙잡거나 내어 주는 역할은 시스테인에서 유래한 SH기가 한다. 판토텐산은 CoA 분자의 중간에 위치해 아무 일도 하지 않고 가만히 있는다. 이것이 세간에 식품에 관한 평가를 믿지 않는 이유이다. 실제 그 분자가 어떤 일을 하고 얼마나 중요한지 따지지 않고 앵무새처럼 세간의 소문을 퍼 나르기 때문이다.

내가 비타민을 챙겨 먹을 필요가 없다고 생각하는 이유는 역설적으로 비타민 B가 에너지 대사에 관여하기 때문이다. 판토텐산이 일을 하든 말든 판토텐산이 없으면 CoA를 만들 수 없고 CoA의 고갈은 산소의 고갈과 똑같다. 우리 몸의 에너지대사와 핵심적인 물질대사가 멈추어 즉시 사망한다. 비타민 C가 고갈된다고 바로 사망하지 않지만 에너지대사에 관련된 것은 하나하나가 워낙 치명적이라 그 즉시 부작용이 나타날 수밖에 없다.

"산소가 없다. 숨을 쉬지 못한다. 심장이 뛰지 않는다. 과도한 출혈로 피가 없다. 포도당이 없다. 미토콘드리아가 없다." 등 ATP 생성과 관련된 요소는 하나하나가 모두 치명적이다. 그런데 왜 지금까지 판토텐산의 고갈로 심각한 질병에 빠진 사례는 찾기 힘들까? 소모성의 분자가 아니고 워낙 소량만 필요하고, 우리가 먹는 음식에 포함된 양으로 충분하기 때문일 것이다.

정말 다양한 사람이 살고 그만큼 사람의 체질이 달라 잘 설계된 의약품에도 온갖 부작용 사례가 있다. 판토텐산(비타민 B5)의 부족은 즉시 사망에 이를 정도로 치명적인데 아직 결핍으로 인한 부작용 사례가 보고되지 않은 것은 정말 놀라운 일이다. 나는 이것이 역설적으로 비타민을 굳이 챙겨먹어야할 필요가 없다는 결정적 증거라고 생각한다. 부족하면 그 즉시 심각한 증세가 나타나야 하는데, 부족증 사례가 발견되지 않은 것은 그만큼 굳이 챙겨먹어야할 필요가 없다는 것 말고 무슨 의미이겠는가?

FAD의 일부인 비타민 B2와 NAD나 NADP의 일부인 비타민 B3도 마찬가지다. 이들이 없으면 TCA가 즉시 멈추고 금방 사망에 이르게 되는데, 이들이 하는 일은 수소이온을 '붙잡았다 놔줬다'를 반복하는 기능만 한다. 그런 기능의 의미도 모른 채 효소는커녕 조효소의 일부일 뿐인 비타민만 찬양하는 것은 이치에 맞지 않다. 비타민은 내 몸이 합성하지 않아 부족할 가능성이 있다는 것인데, 내 몸이 합성을 하는 것도 얼마든지 부족할 수 있다. 대표적인 것이 물이다. 우리 몸은 매일 300g 이상의 물을 합성하지만, 그걸로는 턱도 없이 부족해서 2리터 이상을 음식이나 마실 것으로 보충해야 한다. 포도당도 내 몸이 다른 열량소를 바탕으로 재생할 수 있지만 소모성이고 워낙 많이 사용해서 항상 부족하므로 식사로 보충하는 것이다. 비타민은 이들에 비해 기능에 특별함이 없고, 워낙 작은 양만 필요해서 부족할 가능성도 별로 없는데 무작정 예찬하고 많을수록 좋을 것이라고 기대하는 것은 넌센스 그 자체다.

미국은 벌써 1940년대부터 많은 비타민을 챙겨 먹었고 지금도 전 세계 비타민의 39%를 소비한다. 압도적으로 많은 양이다. 그래서 미국인의 건강이 향상되었다는 증거는 없다. 비타민에 대한 과도한 의미 부여가 얼마나 쓸모없는 것인지 알 수 있다. 조효소 즉 효소를 보조하는 일부 성분으로 작용하는 비타민이 본체인 효소보다 중요할 수는 없다. 단지 우리 몸이 합성하지 않는다는 사실이 밝혀졌을 뿐이다.

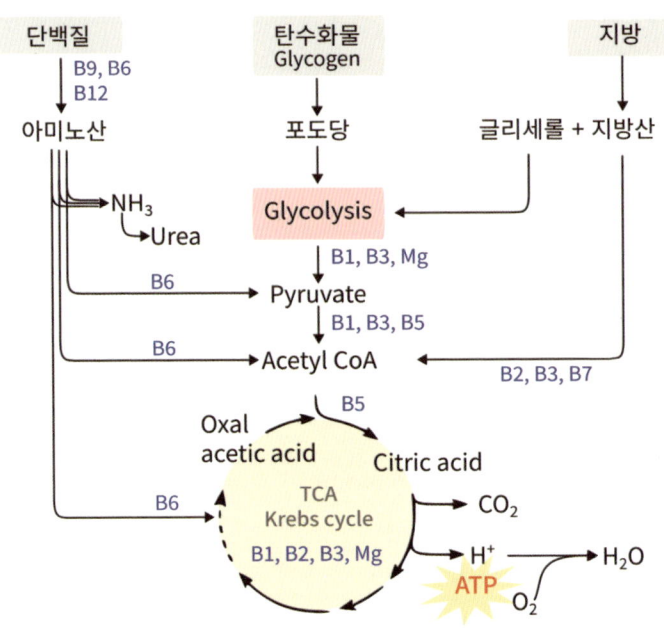

비타민 B군	B1 티아민	B2 리보플래빈		B3 나이아신		B5 판토텐산	B6 피리독신	B7 바이오틴	B9 엽산	B12 코발아민
조효소	TPP	FAD	FMN	NAD	NADP	CoA	PLP	Biotin	TMP	B12
기능	FAD	H	H	H	H	Acyl			CH3	
단백질대사	FMN			●			●		●	●
탄수↔단백	NAD						●			●
탄수화물		●	●	●		●				●
단백↔지방	CoA				●			●		
지방대사		●	●			●				●

• 비타민 B군을 포함하는 조효소와 물질대사 •

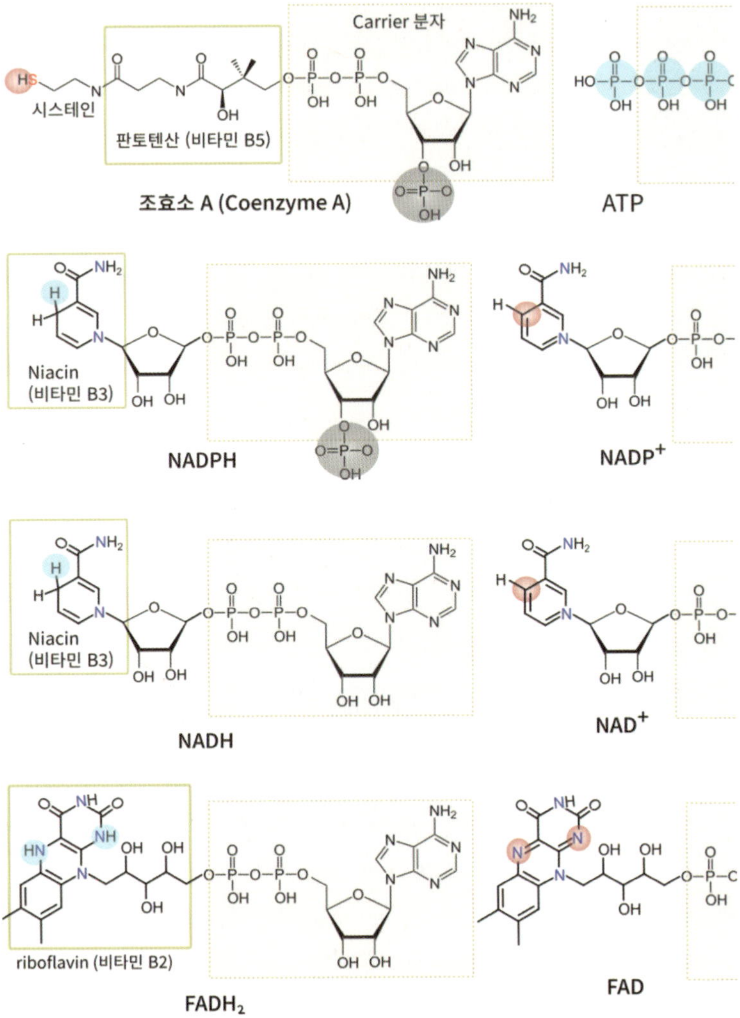

Carrier 분자

시스테인
판토텐산 (비타민 B5)

조효소 A (Coenzyme A)

ATP

Niacin
(비타민 B3)

NADPH

NADP⁺

Niacin
(비타민 B3)

NADH

NAD⁺

riboflavin (비타민 B2)

FADH₂

FAD

PART II

감미료의
종류와 특징

4장

우리는 어떻게 단맛을 느낄까?

1

단맛을 느끼는 원리와
특징

단맛을 느끼는 기작은 포도당이나 설탕 같은 분자가 단맛을 감각하는 수용체와 결합하는 것에서 시작한다. 혀에는 맛꼭지(유두)가 있고 맛꼭지에 1~250개의 맛봉오리가 있다. 그리고 맛봉오리에 미각세포가 모여 있는데 미각세포의 섬모에 존재하는 수용체가 맛 물질과 결합할 수 있다. 단맛을 감각하는 미각세포에는 단맛 수용체가 있고 감칠맛을 감각하는 미각세포에는 감칠맛 수용체가 있다. 이런 수용체에서 맛이 시작된다.

후각 수용체는 전부 G 단백질 결합 수용체(G protein coupled

receptor, GPCR)다. GPCR은 시각, 미각, 후각, 신경전달, 호르몬 반응과 같은 다양한 세포 반응을 매개하는 단백질이다. GPCR은 특정 자극(리간드)에 의해 활성화되면, G-단백질과 결합하여 신호 전달을 시작한다. GPCR은 A, B, C타입으로 분류되며, 후각 수용체는 A타입으로 형태가 단순하다. 단맛 수용체와 감칠맛 수용체는 GPCR 중 C타입에 속한다. C타입은 GPCR의 가장 흔한 유형인 A타입보다 4배 더 크고 복잡한 구조를 가진다. 쓴맛은 후각과 같은 A타입이고, 매운 맛은 미각이 아니라 TRP형의 온도 수용체에 의한 감각이다. 신맛과 짠맛은 이온채널형이다. 이런 수용체의 연구를 통해 맛의 비밀이 풀리기도 한다.

고양이 간식계의 마약이라고도 불리는 츄르는 제품의 88%가 수분이고, 9%가 단백질이다. 그런데 고양잇과 동물은 이것을 왜 그리 좋아할까? 그 이유가 수용체의 연구를 통해 밝혀졌다. 2023년 풍미 과학자 스콧 맥그레인(Scott McGrane)이 감칠맛 수용체의 변형 때문이라고 밝혔다. 인간은 글루탐산과 핵산이 같이 있을 때 강력한 상승효과가 있는데, 고양이는 글루탐산에는 별 반응이 없고, 핵산이 먼저 수용체를 활성화하고 히스티딘이 그 반응을 증폭하는 식으로 작용했다. 핵산(이노신산)과 동시에 히스티딘이 유난히 많은 것이 참치라 고양잇과 동물이 그렇게 좋아한다는 것이다. 만약에 이런 수용체를 발현하여 반응 정도를 측정하는 기술이 없었다면 그 이유를 명확히 밝히기는 힘들었을 것이다. 이런 수용체의 연구를 통해 왜 팬더는 대나무만

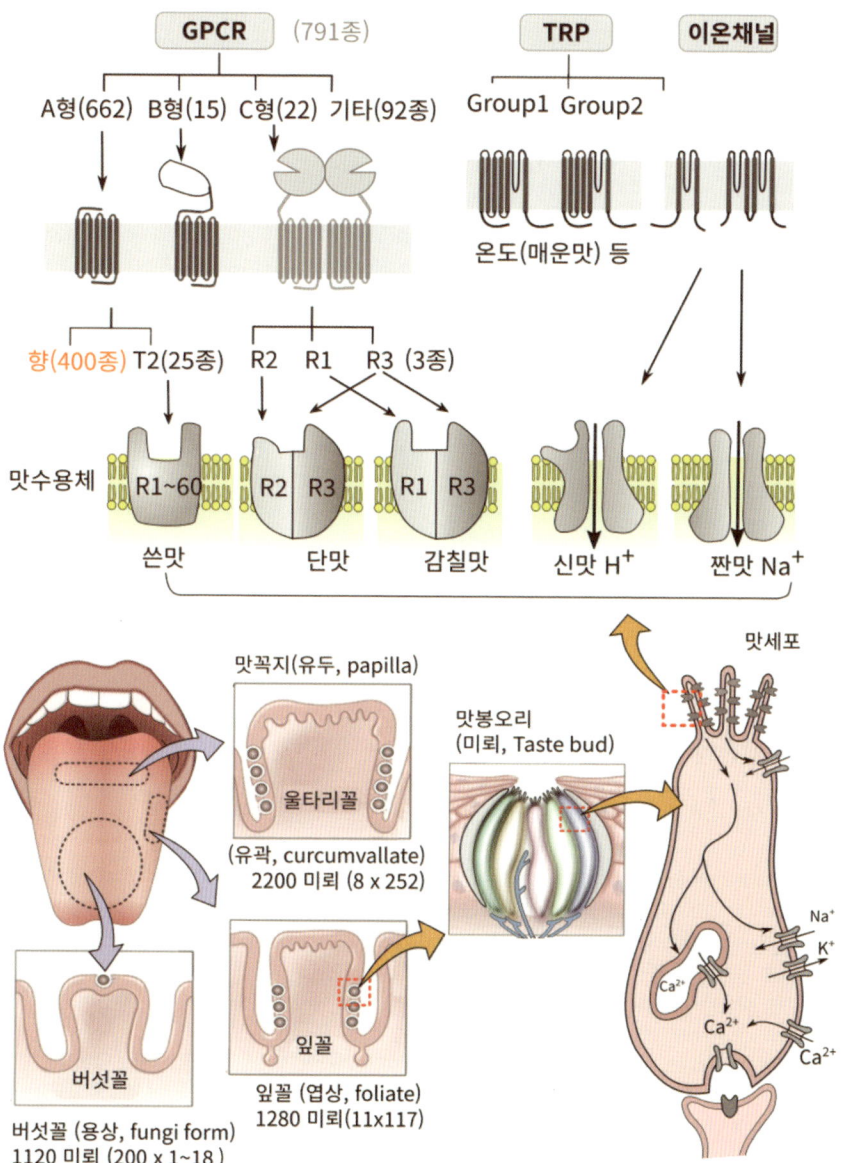

먹는지, 벌새는 단것을 왜 그렇게 좋아하는지 그 이유도 밝혀졌다.

사람이 단것을 좋아한다고 하지만 벌새에 비하면 몇 수 아래다. 벌새는 하루에도 자기 체중 절반만큼의 단물을 먹고 산다. 새는 원래 공룡의 후손이고, 육식이나 잡식에 더 어울리는 종이다. 그러니 벌새가 단것에 집착하는 것은 이례적인 현상이다. 미각수용체를 조사했더니 단맛 수용체는 없고 감칠맛 수용체만 있었다. 그런데도 단것을 좋아하는 것이 의아해서 좀 더 조사한 결과, 벌새의 감칠맛 수용체는 글루탐산(고기맛)에 반응하지 않고 단맛 물질에 반응하는 것을 발견했다. 감칠맛 수용체가 단맛을 느끼는 형태로 변형된 것이다.

단맛 물질이 다양한 이유

단맛은 기본적으로 포도당, 과당, 설탕 같은 당류 즉 당질계 감미료에서 느껴지는 맛이다. 이런 물질들이 단맛 수용체에 어떻게 결합하는지에 관한 가장 유명한 이론이 샬렌버거(Shallenberger) 연구팀이 주장하는 AH−B 학설이다. 단맛 성분에 0.26~3nm(10^{-8}m) 거리에서 작용기가 미각 수용체와 수소결합을 한다는 것이다. 이런 설명은 당류와 아미노산이나 디펩티드 중에서 단맛을 가진 성분들에 잘 적용된다.

그러다 최근(2025년 7월) 컬럼비아 대학교의 주커(Charles S. Zuker)교수 연구진에 의해 인간의 단맛 수용체와 단맛 물질이 결합하는 3차원 구조가 좀 더 정확히 밝혀졌다. 주커 연구팀은 이미 혀의 5가지 유형의 미각 수용체에서 뇌의 미각 중추로 연결되는 신경 경로를 밝혀냈고, 2013년에는 고농도의 짠 음식에 대해 거부감을 유발하는 신경 체계를 밝혔고, 2015년에는 뇌의 갈증 스위치의 기본적인 구조를 설명했다. 단맛 수용체는 TAS1R2와 TAS1R3의 두 개의 서브 유닛이 결합한 클래스 C형의 GPCR 수용체로 감칠맛을 감각하는 대사성 글루타메이트 수용체(mGluR), 칼슘 감지 수용체(CaSR)와 유사한 형태이다. 연구팀은 냉동전자현미경(cryo-EM)을 이용해 수크랄로스와 아스파탐이 결합했을 때의 입체적 구조를 밝혔다. 이들 감미료는 TAS1R2의 VFT(Venus flytrap, 파리지옥) 도메인의 같은 부위에 결합했다. 그러면 VFT 도메인이 감미료 분자를 감싸는 형태로 닫히고, cysteine-rich domain(CR)에서 독특한 구조 변화가 일어나 신호가 만들어졌다. 다른 클래스 C형의 수용체는 나노~ 마이크로몰의 저농도에서도 반응했지만, 단맛 수용체는 밀리몰 수준의 상대적으로 높은 농도에서 활성화되었다. 그만큼 둔감한 것이다. 이런 단맛 수용체의 3차원 구조의 이해는 유전자의 차이에 따른 개인별 단맛 민감도 차이 또는 종간의 단맛 감각의 차이를 설명할 근거가 될 수 있고, 새로운 감미료나 단맛 조절제(taste modulator) 개발에 활용될 수도 있을 것이다.

단맛 수용체는 감칠맛 수용체와 유사하게 상단에 거대한 구조가 있고, 우연히 당류가 결합할 자리 말고도 다양한 결합을 할 수 있다. 그래서 당류와 전혀 무관한 구조의 분자도 단맛 수용체와 결합할 수 있

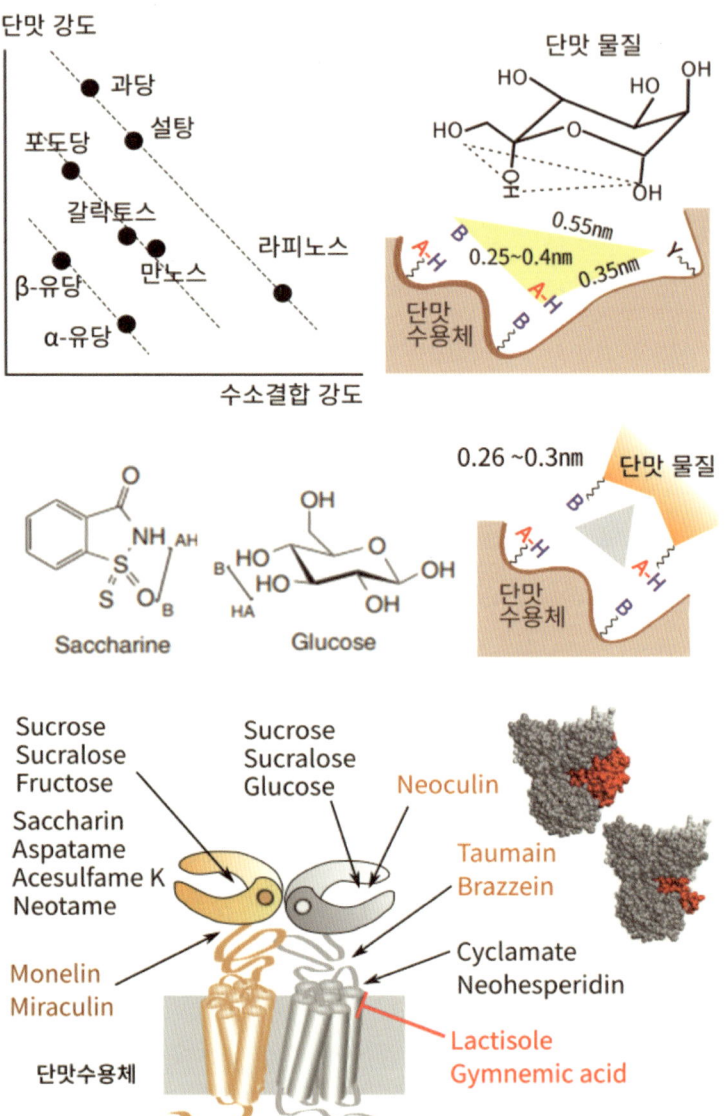

단맛 강도

단맛 물질

과당

설탕

포도당

갈락토스

라피노스

만노스

β-유당

α-유당

수소결합 강도

0.55㎚

0.25~0.4㎚

0.35㎚

단맛
수용체

0.26~0.3㎚

단맛 물질

단맛
수용체

Saccharine

Glucose

Sucrose
Sucralose
Fructose

Sucrose
Sucralose
Glucose

Neoculin

Saccharin
Aspatame
Acesulfame K
Neotame

Taumain
Brazzein

Cyclamate
Neohesperidin

Monelin
Miraculin

Lactisole
Gymnemic acid

단맛수용체

단맛

다. 이들 물질을 나열하다 보면 아무 물질이나 마구 결합할 수 있을 것처럼 느껴질 수 있다. 하지만 자연에 1억 종의 화합 물질이 있다는 것을 생각해 보면 단맛 수용체는 충분히 까다롭다는 것도 알 수 있다.

- 당류 : 포도당 과당, 설탕, 맥아당, 젖당 등
- 당알코올 : 솔비톨, 만니톨, 자일리톨 등
- 아미노산: 글리신, 류신, 프롤린 등
- 디펩타이드 : 아스파탐, 알리탐
- 단백질 : 소마틴, 모넬린, 등
- 질소화합물 : 베타인, TMAO, 테아닌
- 배당체 : 글리시리진, 스테비오사이드 등
- 플라본 : 네오히스퍼리딘 DC, 필로둘신
- 설폰아미드 : 사카린, 아세설팜 K, 사이클라메이트

단맛의 가장 큰 특징은 후각에 비해 압도적으로 둔감하고, 다른 미각보다 둔감하다는 것이다. 이것은 우리가 가장 많은 양을 섭취해야 하는 것이 당류이기 때문이다. 설탕 같은 당류는 단맛 수용체에 약하게 결합하고 떨어져 나가기에 인간은 계속해서 달콤한 음식을 섭취할 수 있다. 만약 포도를 먹었는데 그 단맛이 입안에 계속 남는다면 우리는 포도 한 송이를 다 먹을 수 없을 것이다.

고감미제는 설탕보다 수백 배 달기 때문에 화학적이라 그렇게 단것이라고 착각하기 쉽다. 하지만 천연물 중에도 수백~수천 배 단것도

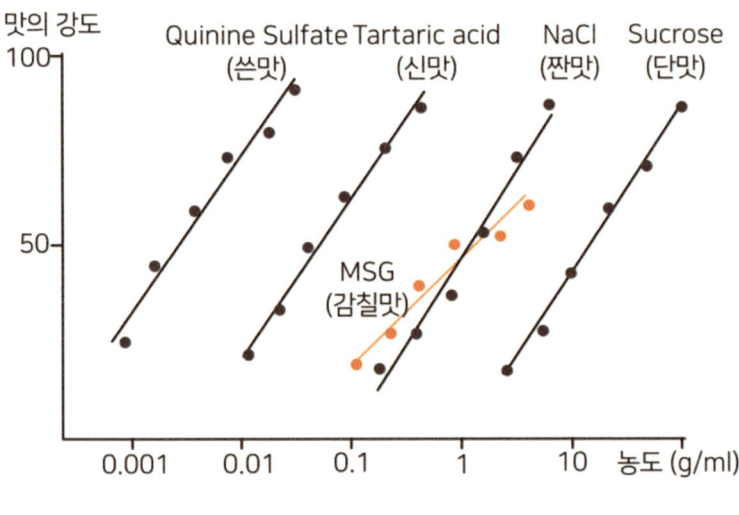

• 오미 성분의 농도에 따른 맛의 강도의 변화 •

있다. 고감미료의 경우 우연히 혀의 단맛 수용체에 당류보다 훨씬 더 단단히 결합하여 쉽게 떨어지지 않아서 소량으로도 많은 전기적인 신호를 뇌에 전달할 뿐이다.

단맛의 품질은 다양하다

단맛의 품질은 단맛이 느껴지는 패턴과 뒷맛에 쓴맛이 남는지 등에 따라 달라진다. 설탕이 사랑받는 이유는 단맛 품질이 훌륭하기 때문이다. 단맛이 느껴지기 시작하는 속도와 입안에서 사라지는 속도를 단맛 곡선으로 표현할 수 있는데, 사람들이 원하는 것은 결국 맛, 향, 식감의 조화이다. 예를 들어 사과를 먹을 때 사과의 단맛과 신맛 그리고 향이 동시에 느껴지지 않고 따로따로 느껴지면 어떨까? 사과를 씹는데 신맛이 한참 뒤에 느껴지고, 다음으로 향이 느껴진 후, 단맛이 느껴지면 자연스러운 사과의 맛이라고 느끼기 힘들 것이다. 사과의 식감과 단맛, 신맛, 향이 동시에 어울려져 조화롭게 느껴져 그 전체가 사과의 맛으로 느껴져야 한다.

사과의 단맛 성분이 감초의 단맛처럼 너무 늦게 느껴지기 시작한 후 삼킨 다음에도 한참 남는다면 별로겠지만 한약에서 감초처럼 여러 쓴맛이 난 뒤에 여운으로 살짝 단맛이 남으면 바람직한 단맛이 된다.

단맛 성분은 보통 분자가 작으면 빠르게 느껴지다 빠르게 사라지고, 크면 느리게 느껴지다 느리게 사라진다. 아세설팜 K, 에리스리톨, 사카린 등이 빨리 느껴지는 편이고, 스테비아나 글리시리진은 느리게 느껴지는 편이다. 제품의 맛의 패턴에 맞는 감미료를 사용하고, 필요 시 혼합하여 사용하면 좋다.

당류 계통의 감미료는 물에 잘 녹고, 분자 구조에 소수성 부위가 없어서 쓴맛이 없지만, 고감미제는 단맛 수용체에 결합하는 부위 외에 소수성의 부위가 있어서 쓴맛도 함께 느껴지는 경우가 있다. 이 경우 단맛 물질을 한 가지만 사용하기보다는 몇 가지를 혼합하여 사용하면 단점 일부를 보완할 수 있다. 이런 목적으로 많이 활용되는 것이 에리스리톨이다.

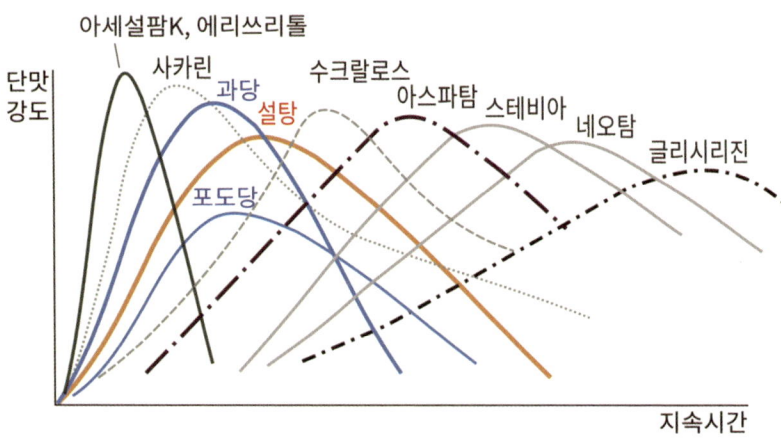

• 다양한 단맛 물질의 감미 곡선 •

단맛

감미료의 정보에서 가장 기본이 되는 것이 설탕에 비해 얼마나 단 것인지를 나타내는 감미도인데, 자료마다 조금씩 수치가 다르다. 맛이나 향의 강도는 역치를 기준으로 하는데, 역치는 느낄 수 있는 최소 농도이다. 역치가 낮을수록 단맛이 강하다. 역치를 객관적으로 측정

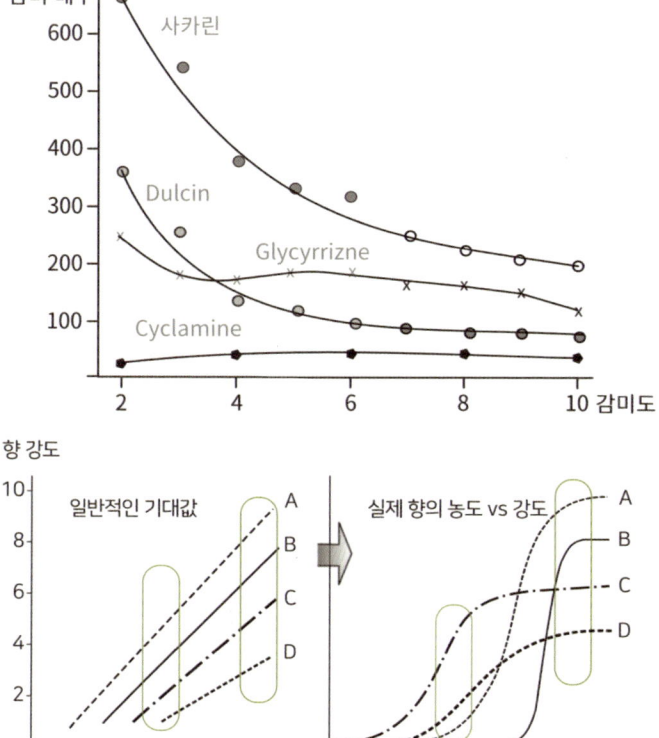

하기는 쉽지 않다. 사람마다 감각의 예민도가 다르고, 같은 사람도 상황에 따라 느끼는 정도가 다르기 때문이다. 그나마 당류의 감미도는 편차가 작지만, 고감미제의 경우 역치값이 조금만 달라도 감미도 값이 크게 변하기 때문에 자료마다 편차가 크다.

이런 것은 향기 물질의 경우를 보면 잘 알 수 있다. 농도의 증가에 따른 강도의 변화는 S자형이다. 처음에는 농도에 따라 강도가 증가하지만, 점점 농도에 따른 강도 효과가 낮아지고 결국에는 더 이상 강해지지 않는 포화도에 도달한다. 단맛도 고감미료인 사카린은 저농도에서는 600배의 단맛을 주지만, 설탕 10%에 해당하는 단맛을 내려면 설탕의 250배 단맛으로 계산해야 한다.

고감미제의 쓴맛 원인과 마스킹
그리고 단맛의 상승작용

아세설팜 K의 맛을 보면 어떤 사람은 단맛과 함께 쓴맛도 느낀다. 단맛 수용체는 한 가지뿐이지만 쓴맛 수용체는 25종이나 되고 개인차이가 매우 심하다. 어떤 사람은 아스파탐이 단맛 수용체와 함께 쓴맛 수용체인 TAS2R9와 TAS2R31을 자극하여 쓴맛도 함께 느낀다. 쓴맛 수용체가 25개나 되기 때문에 쓴맛을 피하기 힘들고, 개인에 따라 어떤 수용체는 많이 발현되고, 어떤 수용체는 발현이 안 되어 사람마다 느끼는 쓴맛이 달라진다. 어떤 사람은 자몽의 쓴맛에 민감하고, 어떤 사람은 맥주의 쓴맛에 민감하다.

내가 경험한 가장 흥미로운 쓴맛의 개인 차이는 알코올에 대한 것이었다. 알코올은 단맛 수용체, 온도 수용체(TRPV1, 42도 이상) 그리고 38

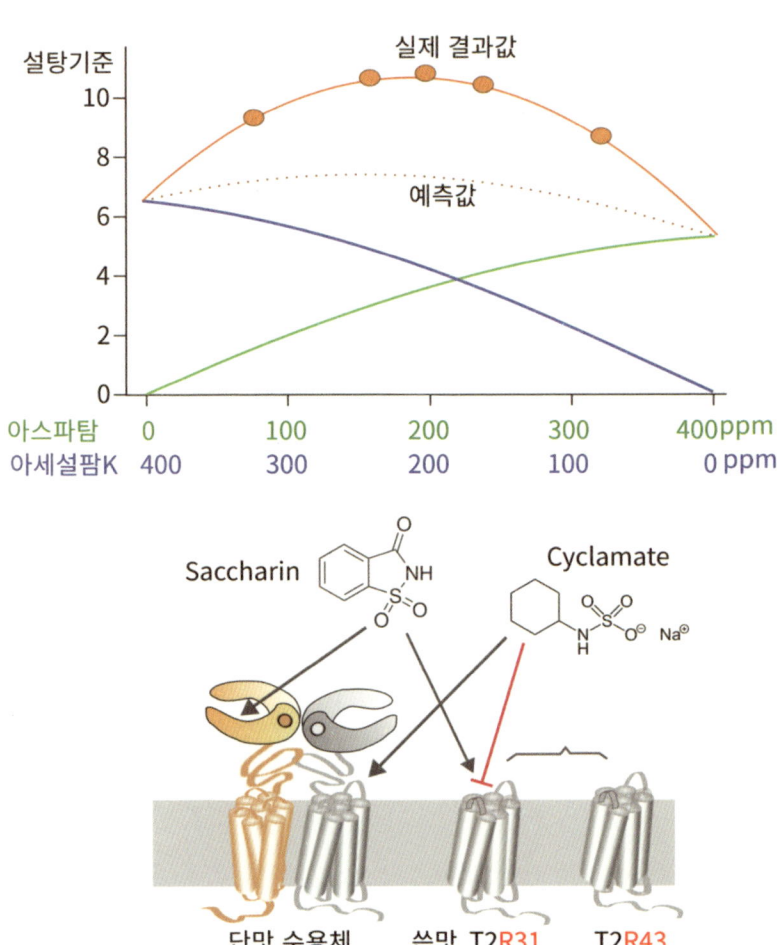

번 쓴맛 수용체(T2R38)를 자극한다. 그런데 38번 수용체가 잘 발달하지 않은 사람은 술의 쓴맛을 느끼지 못한다. 그래서 도수가 너무 높은 술은 너무 달기만 하고 맛이 이상해서 전혀 흥미롭지 않다고도 한다. 주변에 술의 쓴맛을 느끼지 못하는 사람은 생각보다 흔했다.

단맛 수용체는 형태와 작동의 패턴이 감칠맛 수용체와 매우 비슷하다. 감칠맛 수용체에는 아미노산 계통과 핵산 계통이 만나면 강력한 감칠맛 상승 현상이 있는데, 단맛도 이런 상승작용이 있을까? 감칠맛처럼 강력하지는 않지만 단맛에도 일정 부분 상승작용이 있고 쓴맛을 억제하는 효과를 보이기도 한다.

이런 단맛의 상승작용(시너지 현상)은 단맛 수용체가 발견되기 50년 전에 사카린과 사이클라메이트의 혼합물에서 발견되었다(Vincent et al., 1955). 이후 Behrens 등(2017)이 그 기작을 밝히기도 했다. 두 물질 모두 단맛 수용체를 활성화하는데 사카린은 쓴맛 수용체(TAS2) 31과 43에도 작용하여 쓴맛이 난다. 이와 비슷한 분자 구조의 사이클라메이트는 쓴맛 수용체와 결합은 하지만, 활성화하지는 못해서 쓴맛이 나지 않는다. 그래서 평소에는 쓴맛이 없는 수준에서 그치지만 사카린과 함께 존재할 때는 쓴맛을 억제하는 작용도 하는 것이다. 이렇게 사이클라메이트가 인공감미료의 쓴맛을 억제하는 효과를 설명할 수 있다.

단맛의 상승효과는 어떻게 일어나는 것일까? 감칠맛 수용체의 경우 글루탐산과 핵산은 결합 위치가 달라 각각 결합하는 것보다 혼합해

단맛

사용하면 최대 7~30배의 강력하게 결합해 많은 전기 신호를 만드는데 이들도 이렇게 작용하는 것일까? 하지만 이들에게는 이런 작용은 없다고 한다. 식품에 흔한 현상이 쓴맛 물질이 있는 음식에 단맛 물질을 넣으면 쓴맛이 줄어드는 것처럼 느껴지고, 반대로 쓴맛이 줄면 단맛이 늘어난 것처럼 느껴진다. 이는 감각적인 효과가 아니라 지각적인 효과라 상승효과가 최대 2배에 그치는 것이다. 오미는 개별적인 감각이지만 최종 목적은 그 음식이 먹을 만한 가치가 있는 것인지 판단하는 것이다. 그래서 단맛(설탕)이나 짠맛(소금)을 조금 넣으면 나쁜 냄새나 쓴맛 같은 부정적인 느낌은 줄고, 향 같은 긍정적인 요소는 늘려서 그 음식을 적극적으로 먹게 하는 동력을 부여하는 것이 뇌가 미각을 조정하는 기본 모드이다. 고감미제를 사용할 때는 이처럼 상승효과가 있고, 쓴맛을 마스킹하고, 단맛 느낌을 설탕처럼 느끼게 하는 효과가 있어서 단독으로 쓰지 않고 혼합하여 쓰는 것이 일반적이다.

사람들이 가장 선호하는 것은 설탕의 단맛이고, 개별적 감미료는 설탕과 같은 느낌을 주는 것이 없으니 아스파탐이나 1:10 사카린/사이클라메이트 혼합물, 아세설팜-K/아스파탐 혼합물, 아세설팜/아스파탐/사카린/사이클라메이트 혼합물(2:2:1:10)처럼 혼합하여 사용한다.

맛있으면 달게 느껴지는 이유

달면 맛있게 느껴지는 이유

"달면 삼키고 쓰면 뱉어라!"가 생존을 위한 맛의 제1 법칙이라고 할 수 있을 정도로 단맛은 생존에 필수적 감각이다. 단맛은 단순히 음식을 달콤하게 하는 것이 아니라 긍정적 요소는 더 끌어올리고 부정적 요소는 덜 드러나게 하여 음식을 맛있게 한다. 단맛과는 상관이 없는 찌개, 카레, 간장 등에도 설탕을 한 숟가락씩 넣어 보면 감칠맛과 더불어 매운맛은 부드럽게 해 주고 텁텁한 맛은 낮추면서 상대적으로 부드러운 맛을 제공한다. 심지어 나쁜 냄새도 사라지는 마법을 부리기도 한다. 설탕이 단순히 단맛만 부여하는 물질이라면 설탕을 줄이는 것은 별로 어렵지 않을 텐데, 맛을 조화롭게 만들어 장점은 살리고 단점을 가려 주는 역할도 하기 때문에 줄이기가 쉽지 않다. 이것은 단맛만의 특징이 아니라 짠맛, 감칠맛에도 적용된다. 단맛에 약간의 짠맛이 더해지면 단맛은 더욱 풍부해지고 달게 느껴진다. 팥죽에 설탕을 넣은 쪽과 소금을 넣는 쪽이 나뉘는 것은 둘 다 비슷한 효과가 있기 때문이다. 팥빙수의 팥 시럽을 만들 때 설탕과 함께 소금을 넣으면 상승효과가 있다. 단맛과 쓴맛이 혼합된 상태에 소금을 넣으면, 쓴맛은 상쇄되고 단맛은 증가한다.

이런 현상을 포괄적으로 이해하려면 맛의 목적을 생각해 봐야 한다. 감각은 행동을 위한 것이고, 맛은 먹을지 말지를 단호하게 결정하기 위한 것이지 음식에 점수를 매기기 위한 것이 아니다. 행동은 할지/말지처럼 O/X적이다. '맛있다 = 먹는다', '맛없다 = 먹지 않는다'를 결정하기 위한 것이지 객관적 맛을 평가하기 위한 것이 아니다. 그런 단호한 결정을 위해서 때로는 사소한 차이를 커다란 차이처럼 증폭하고, 때로는 상당한 차이를 완전히 무시한다. 이런 방식이 아니었다면 곤란한 경우가 너무 많았을 것이다. 과거에 음식은 먹으면 생존에 도움이 될지, 아니면 독이 될지 애매한 상태의 것이 많았는데 그럴 때도 먹을지 말지를 단호히 결정해야지 그 음식을 한없이 바라보며 궁리만 해서는 남들에게 빼앗기거나 굶어 죽기 딱 좋다. 설탕(단맛)은 그 음식이 먹을 만한 것인지를 판단하는 가장 결정적 신호이다. 그러니 단맛이 맛에 미치는 역할이 그만큼 강력하다. 그래서 단맛은 낯선 음식을 친숙하게 해 주는 역할도 한다. 커피가 우리나라에 처음 소개될 때는 쓰고 낯선 음식이었는데, 설탕의 달콤함이 커피의 대중화를 앞당겼고, 커피가 익숙해짐에 따라 점점 아메리카노와 같이 단맛이 없는 커피도 즐기게 되었다. 이것은 향에서도 마찬가지다. 향기 물질의 종류는 수천 종류가 넘고 그 느낌은 천차만별인데 일단 달콤한 느낌이 나면 그것이 뭔지 모르더라도 왠지 친숙하고 좋게 느낀다.

맛있으면 쓴 커피도 달게 느껴진다

어린이에게 커피를 건네면, 그들은 마시지 않거나 한 모금만 마셔도 얼굴을 찡그리며 이내 손사래를 칠 것이다. 하지만 어른이 된 우리는 쓰디쓴 커피를 마시며 쓴맛을 받아들이는 법을 안다. 심지어 그 쓴맛을 즐겨 마시고, 그 속에서 즐거움을 찾는다. 쓴맛은 오미 중에서도 특별한 위치를 차지한다. 단맛, 짠맛, 감칠맛은 우리 몸에 필요한 칼로리나 미네랄과 같은 영양분이 존재한다는 신호로 판단해 주기적으로 추구하는 맛이지만, 쓴맛은 원래 독이 있을 수 있는 위험성을 알리는 신호로 피하는 맛이다. 더구나 이 쓴맛 수용체들은 매우 민감하여 아주 적은 양도 감지할 수 있다. 단맛 물질은 10% 정도 되어야 적당하다고 느낄 정도로 둔감한 데 비해 쓴맛 물질은 0.1%보다 훨씬 적은 양에도 먹기를 거부할 정도로 예민하다.

단맛

맛의 최종 판단은 뇌에서 이루어진다. 커피를 마실수록 뇌는 점차 그것이 독이 아님을 확신하게 되고, 카페인이 주는 효능 덕분에 뇌는 커피를 좋아하게 된다. 좋아하게 되면 좋아할 명분이 있어야 한다. 이때 가장 쉽게 동원되는 것이 단맛이다. 물이 좋으면 달다고 느끼고, 소금도 좋으면 달다고 느끼고, 회도 맛있으면 달다고 느낀다. 모두 실제로 당분은 전혀 없는데 그렇다. 사람들이 달면 맛있다고 느끼는 것은 알지만 "맛있으면 달다"라고 느끼는 것은 모르는 경우가 많다. 감각의 90%는 뇌에서 온다. 뇌는 필요하면 얼마든지 느낌을 만들 수 있다.

달아서 싫다고요?

앞서 맛있으면 달게 느낄 정도로 단맛은 맛의 주도적인 역할을 한다고 설명했는데 여기에도 과도함에 대한 거부감이 있다. 커피의 맛을 평가할 때 맛있는 커피를 표현할 때 가장 자주 등장하는 단어가 "단맛(Sweetness)이 좋다"라는 표현이다. 그렇다면 단맛이 부족해 맛이 떨어지는 커피에 설탕을 추가하면 단맛이 좋아져서 훨씬 맛있는 커피가 될까? 대부분 사람은 싫다고 한다. 그 이유를 물어보면 "커피 본연의 맛이 좋다.", "설탕을 넣으면 입안에서 느껴지는 바디가 나빠진다." 등의 다양한 답변이 있다. 커피에는 쓴맛만 있고, 본연의 맛이라고 하는 것이 사실 향인데, 향은 단맛이 있을 때 더 잘 느껴지는데 본연의 맛이 사라진다는 표현은 뭔가 설득력이 부족하다. 설탕의 10%를 넣는다고 점도가 크게 달라지지 않고 보통은 바디감이 높아져 좋아졌다고 느끼는 경우가 많은데 바디감이 나빠진다는 표현도 뭔가 설득력이 부족하다.

그래서 나는 "한마디로 설탕의 역설이다. 설탕은 힘이 강하고, 강함이 '아아'의 매력을 단순화해 버린다."라고 설명하곤 한다. '아아'에 넣은 설탕은 커피 특유의 자연스러운 단맛과는 다르다. 커피 맛의 균형에서 생기는 단맛이 아니다. '아아'에 설탕을 넣는 것이 밥에 설탕을 넣는 것만큼 어색하게 느끼는 사람이 많다. 커피의 매력은 쓴맛을 바탕으로 신맛과 다채로운 향기 물질들이 경합하여 마실 때마다 느낌이 미묘하게 달라지는, 쉽게 판단하기 힘든 다층적 구조에 있는데, 여기에 힘이 센 설탕이 투입되면 뇌는 '이것은 먹을 만하군.' 하고 쉽게 판단하고 관심과 흥미를 잃어버린다. 맛의 섬세함이나 긴장감이 사라지고 그저 단맛이 나는 음료 중의 하나가 되어 버리는 것이다. 많은 요리에서 설탕을 넣으면 나쁜 냄새가 사라지고 맛이 정돈되는 효과가 강한데, 이 정돈하는 힘이 지나치면 맛을 지루하게 만들어 버리는 역할도 하는 것이다.

당류의 특성 및 역할

| 부형제(Bulking agent) |

감미도가 낮은 당류는 고형분 중에 맛이 중립적이라 다른 맛에 영향이 적고, 물에 잘 녹고, 가격도 가장 저렴한 편이다. 이런 특성은 부형제로 적합하다. 예를 들어 알약을 만드는데 1회 복용량이 0.001g이라면 이것을 상품화하는 데 무엇이 필요할까? 약리 성분 0.001g에 기타 필요 성분과 부형제 합해서 0.199g을 추가하면 0.2g의 알약으로 만들어 취급하기 무난하다. 이럴 때 부형제로 포도당, 덱스트린 같은 것이 사용된다. 이처럼 분말 제품 고형분의 양을 맞추는 데는 당류만 한 것이 별로 없다.

빙과를 만들 때 감미도는 15이고 총고형분의 양을 25로 맞추려는

데 설탕만 사용하면 감미도 15, 총고형분이 15가 된다. 이때 설탕의 일부를 단맛이 1/5인 물엿으로 바꾸면 원하는 고형분을 맞출 수 있다. 초콜릿 100g을 만들 때 코코아 분말 10%와 코코아버터(지방) 35% 정도가 적당하다면 나머지를 채우는 데 좋은 원료가 설탕이다. 설탕 55%가 너무 달면 비율을 줄이고 대신 단맛이 1/5인 유당을 보충하면 된다. 이처럼 당류는 고형분의 함량을 맞추는 데도 유용하다. 아무런 작용을 하지 않고 볼륨을 채우는 것만으로도 큰 역할을 하지만 물과의 상호작용에서는 더 중요한 역할을 한다.

| 점도 부여, 수분의 비율을 낮추고 수분을 붙잡는다 |

당류가 물에 녹는다는 것은 그만큼 물을 붙잡는 것이다. 음료는 보통 10%의 당분이 들어 있다. 그래도 외관상 맹물과 별 차이가 없어 보인다. 그런데 채소가 90~95%가 물이고, 고기도 70% 정도가 물인 것에 비하면 아무런 점도가 없는 것은 매우 독특한 현상이라는 것을 잘 생각하지 않는다. 그래서 음료를 맹물처럼 생각하면서 마시는 경우가 있다. 밥은 수분이 적어 100g에 150Cal이고, 콜라는 물이 많아 38Cal 정도이니까 콜라 500ml를 마시면 그 양의 1/4인 125g의 밥을 먹은 셈이다. 실제로 영양성분의 효과는 그렇다. 점도 같은 물성이 없어서 너무 쉽게 생각하는 것이다. 하지만 당류의 점도도 수분이 적으면 강력하게 작용한다.

식품에서 수분이 줄면 점도가 점점 높아진다. 특히 자유수가 없어지고 결합수가 남는 상황이 되면 점도가 급격히 증가한다. 간단한 사례가 설탕 용액이다. 20% 설탕 용액은 물에 비해 점도가 크게 높지 않다. 40%가 되면 우유의 2배 정도가 된다. 60%가 되면 상온의 물에 비해 57배나 점도가 높아진다. 그러다 80%가 되면 점도가 40,000으로

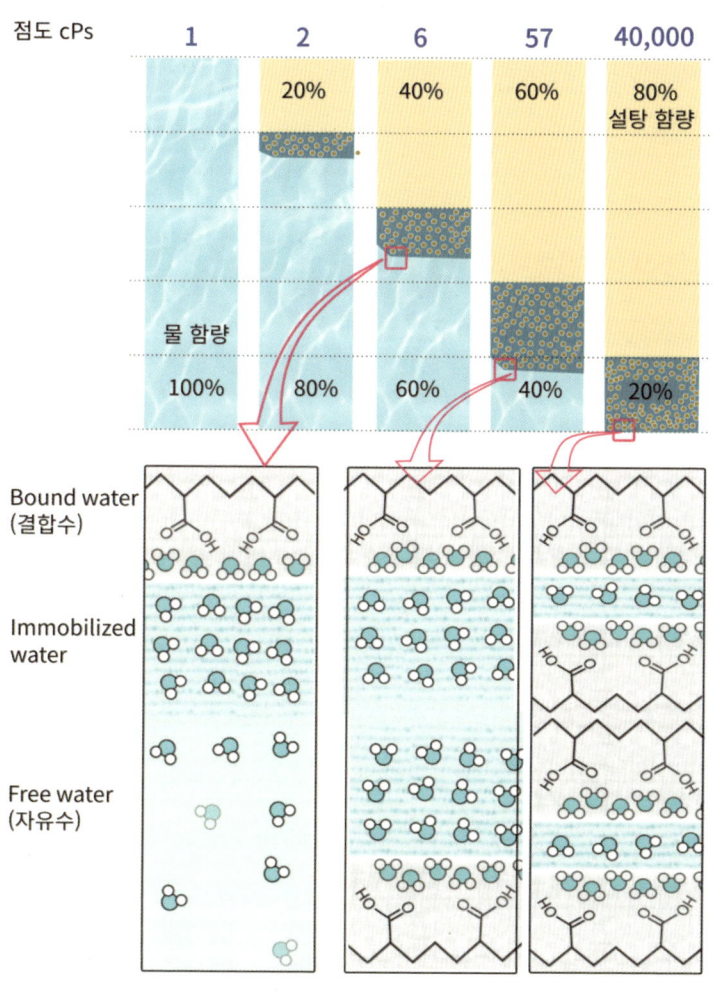

꿀보다 4배 끈적이게 된다. 설탕이 60%, 70%, 80%로 증가하는 것은 언뜻 설탕이 10%씩 증가하는 사소한 변화 같지만, 실제 물에 대한 설탕의 양은 6:4, 7:3, 8:2로 변한다. 더구나 점점 물이 설탕에 강력하게 붙잡힌 결합수 형태가 되므로 점점 점도는 급격하게 증가하게 된다. 설탕이 끈적인다는 것은 음료 또는 설탕물에 젖으면 처음에는 느끼기 힘들지만 마르면 매우 불쾌하게 끈적이는 것에서 알 수 있다. 혈액 속에 당이 증가하면(당뇨병) 혈액이 끈적끈적해서 혈액순환이 힘들어진다.

| 용해도 : 재결정과 석출 |

당류를 사용할 때 용해도를 알아야 한다. 당류는 대부분 물에 아주 잘 녹아 문제가 없지만, 워낙 대량으로 사용하는 경우가 많아 용해도가 문제가 되는 경우가 있다. 배합할 때는 고온이라 녹지만 상온이나 저온에 보관하면 이들이 결정화되어 석출되기 때문이다. 예를 들어 고급 아이스크림을 만들 때 수분의 양이 60% 정도이고 고형분이 40%이면 배합할 때는 전혀 문제가 없지만 냉동 보관하는 과정에서 유당이 석출될 수 있다. 유당은 당류 중에 용해도가 낮아서 녹아 있던 유당이 재결정되어서 모래 씹는 느낌을 준다. 그래서 우유 맛이 풍부한 고급 아이스크림을 만들 때는 유지방의 비율을 높이고 탈지분유(유당과 유단백)의 비율을 낮추어야 한다.

설탕은 물에 잘 녹지만 사탕처럼 설탕이 많은 경우에는 문제가 된다. 물에 설탕을 녹인 후 끓여서 농축하면 점점 진해지는데 끓인 시럽을 방치하면 설탕이 재결정이 될 수 있다. 결정화 속도가 느릴수록 커다란 결정이 생기고, 빠르면 작은 결정이 생긴다. 시럽을 휘저으면서 식혀도 미세한 결정이 생긴다. 설탕을 150℃ 이상 가열하면 분자 간

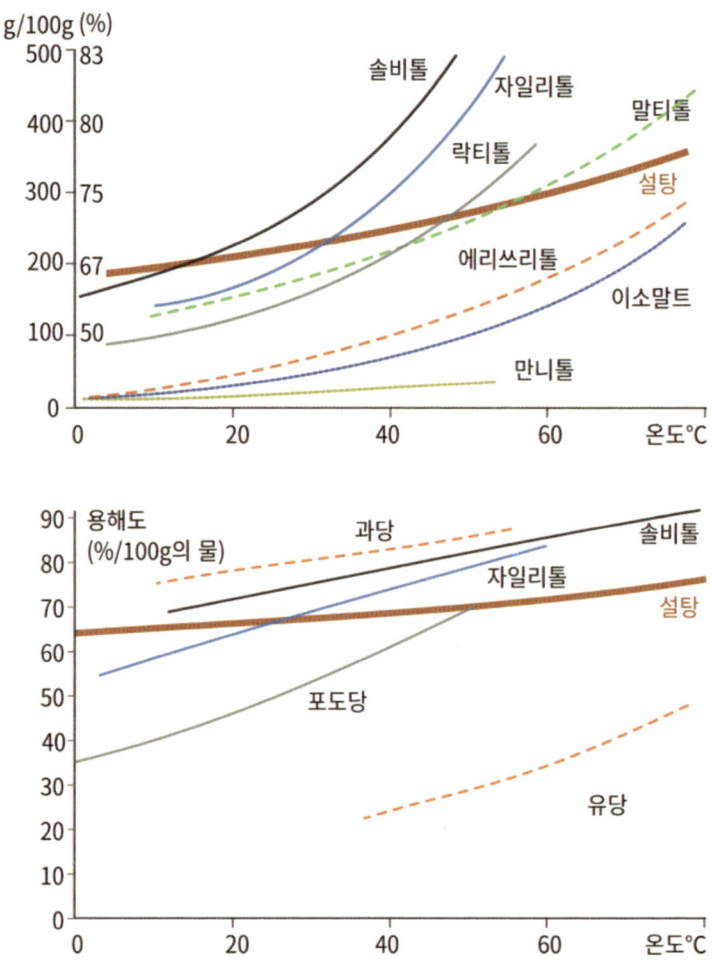

축합이 일어나 식히면 유리와 같은 단단함과 광택을 가진다. 이런 성질을 이용하여 설탕 공예 등을 하는 데 수분이 2%도 안 되는 작은 양이라 늘리고 부풀리고 하는 과정에서 갑자기 하얀 결정이 석출될 수 있다. 물엿을 사용하면 이런 재결정현상을 억제할 수 있다. 대부분 사탕은 보관 중에 재결정을 막기 위해 물엿이 소량 포함되어 있다. 요즘 설탕을 대체당으로 대신하려는 경우가 있는데 에리스리톨, 만니톨 등은 용해도가 낮아 재결정을 형성할 가능성이 있어 조심해야 한다,

| 발효균의 영양원 |

발효는 효모, 박테리아 등의 미생물이 포도당을 이용해 에탄올 등 유용한 물질을 만드는 과정이다. 발효의 대표적 유형에는 알코올 발효, 젖산 발효, 아세트산 발효가 있다. 알코올 발효는 포도당을 두 분자의 피루브산으로 분해하고 해당과정을 통해 두 분자의 ATP를 생성 후 피루브산 분자는 에탄올과 이산화탄소로 전환된다. 이러한 유형의 알코올발효는 와인이나 맥주 제조에서 쉽게 찾아볼 수 있다. 또한 알코올 발효는 빵을 만들 때 반죽을 부풀게 만드는 역할도 한다.

젖산발효는 처음에는 알코올 발효와 유사한 경로를 따르지만, 에탄올을 생성하는 대신 피루브산을 젖산으로 전환한다. 요구르트 및 기타 발효 유제품 생산에서 많이 활용한다. *Lactobacillus, Streptococcus*와 같은 젖산균은 유당을 젖산으로 전환하는 데 중요한 역할을 한다. 아세트산(초산)발효는 당류가 에탄올로 바뀐 후 세균의 작용으로 에탄올

단맛

을 아세트산으로 전환하는 것이다. 식초를 만들 때 초산발효는 바람직하고, 술을 만들 때 초산발효는 억제되어야 한다.

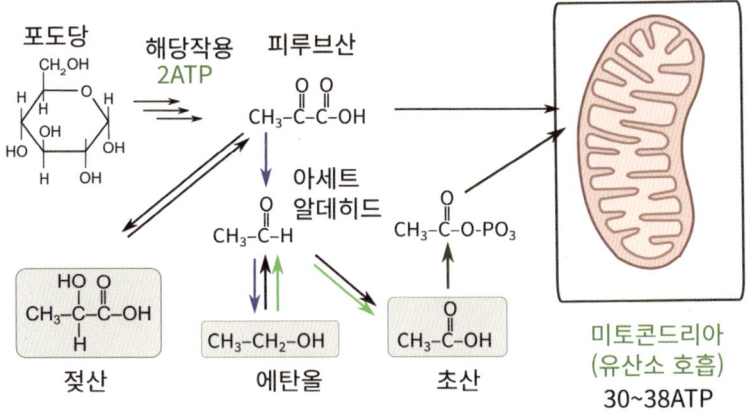

| 강도 부여 |

설탕을 물에 녹여서 가열하면 110℃를 넘어가면서 점점 분자의 축합이 일어난다. 설탕을 150℃ 정도 가열하면 수분이 거의 없어 휘젓기가 힘들 정도로 점도가 생기고 식히면 돌처럼 단단해지고 유리 같은 광택을 가진다.

| 거품 안정성 향상 |

머랭을 만들 때 달걀 흰자만큼 중요한 역할을 하는 재료가 '설탕'이다. 머랭을 칠 때 일어나는 거품은 불안정하다. 설탕을 넣으면 거품층의 점성이 증가하여 기포가 안정화된다.

| 환원당과 반응성 |

단당류는 알데히드 또는 케톤기를 가져서 조건에 따라 자신은 산화되면서 다른 분자를 환원시키는 능력이 있다. 이당류나 다당류가 될 때는 이 환원기가 사라지면서 반응성이 낮아진다. 한편 이 환원당의 카보닐기는 음식을 조리할 때 발생하는 메일라드 반응에서 아미노산의 아미노기와 결합하여 분해 반응을 촉진한다.

| 보습성, 전분의 노화 방지, 유화 효과 |

당류에 붙잡힌 결합수는 사실상 물이 아닌 기름과 물 사이의 중간적 성격을 가지게 된다. 예를 들어 증점다당류를 물에 넣으면 금방 물을 흡수하여 피막을 형성, 덩어리짐(lumping)이 생긴다. 이들을 물에 덩어리짐이 없이 완전히 분산시키려면 설탕 포화액, 고과당 같은 시럽에 미리 섞어서 사용하면 된다. 증점다당류가 마치 기름에 푼 것처럼 물을 흡수하지 못하고 고르게 퍼지게 되고, 그 상태로 물에 넣게 되면 덩어리짐 없이 개별적으로 완전히 녹는다. 설탕은 물을 붙잡아 유화 상태를 유지하는 데 도움을 주고, 전분을 붙잡아 노화를 지연시키는 역할 등을 한다.

| 보존성 : 삼투압과 Aw(수분활성도) |

보통의 물은 자유수(free water)로 용매로 작용하며 미생물도 이런 수분을 이용해서 살아간다. 당분은 주변의 물과 결합하여 결합수

(bound water)의 상태로 만든다. 당분은 미생물이 살아가는 데 유용한 에너지원이라 어느 정도 당분까지는 미생물의 생육을 촉진한다. 하지만 전부 결합수가 될 정도로 당분이 많으면 미생물이 이용할 수 있는 물이 사라지며, 높은 삼투압으로 미생물이 보유한 물마저 빼앗기게 되어 사멸한다. 염장은 고농도의 소금을 이용한 보존법이고, 당침은 높은 당도를 이용한 보존법이다. 과거부터 꿀이 인기였던 이유가 높은 당도로 오래 보관해도 변질이 되지 않기 때문이고, 많은 시럽과 잼이 높은 당도를 이용해 보존성을 부여했다. 매실청의 제조가 이런 원리라 설탕이 부족하면 변질된다.

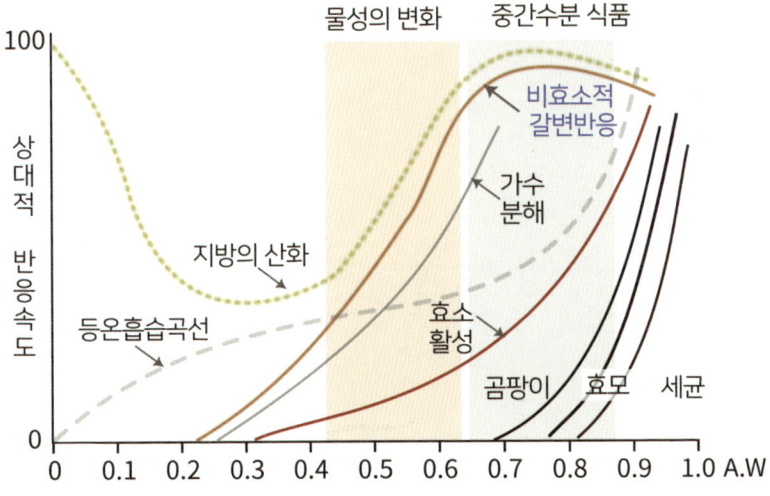

• 수분활성도가 식품의 여러 반응에 미치는 영향 •

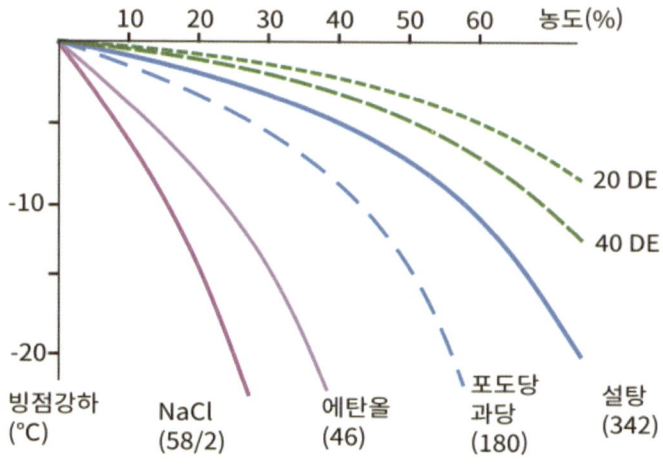

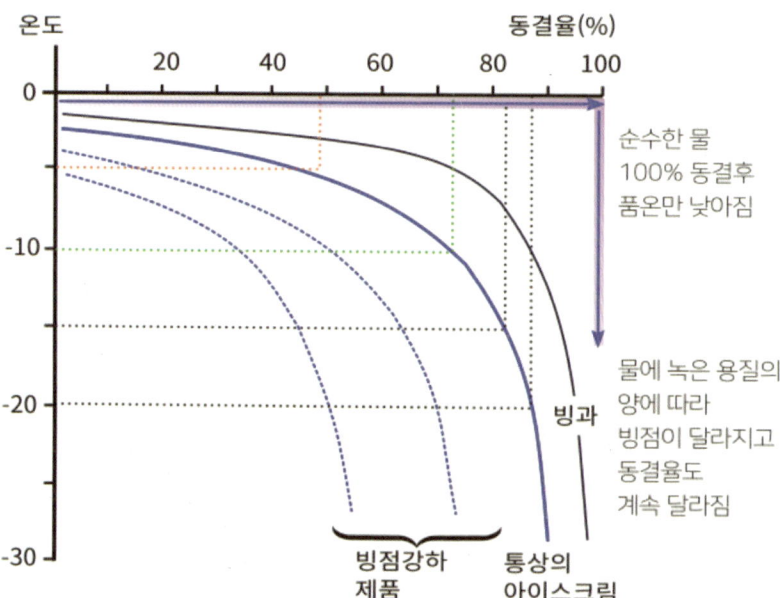

| 물성 : 빙점 강하와 부드러움 |

순수한 물이라면 0℃에서 얼지만, 물에 용질이 녹으면 물이 얼기 시작하는 온도가 낮아진다. 이러한 현상을 '빙점 강하(어는점 내림)'라 하는데 물질의 종류에 무관하게 물에 녹은 분자의 숫자에 비례한다. 술이나 바닷물이 민물보다 잘 얼지 않는 이유가 빙점 강하 때문이다. 저 DE 물엿보다는 고DE 물엿이, 이당류보다는 단당류가 분자량이 작아서 같은 무게면 분자의 숫자가 그만큼 많아 효과적이다. 소금이 물에 녹으면 2개로 이온화되므로 2배 효과적이다.

아이스크림은 여러 물질이 녹아 있어 보통 -2.5℃ 전후에서 얼기 시작한다. 중요한 것은 처음 어는 온도보다 얼면서 계속 낮아지는 빙점의 변화이다. 순수한 물만 얼고 용질은 아직 얼지 않는 부분에 농축되므로 빙점은 점점 낮아진다. 이런 원리로 아이스크림은 -2.5℃의 빙점 강하가 일어나면 -2.5℃ 이하에서 전부 어는 것이 아니라, 계속되는 빙점 강하로 -6℃에서는 50% 정도만 동결되어 소프트아이스크림 기계에서 짜낸 상태가 되고, -10℃로 동결하면 70% 정도만 동결되어 수저로 퍼먹기에 딱 좋은 상태가 된다. 그리고 -18℃가 되어도 80% 정도만 동결되어 아이스크림은 탄성이 있다. 만약 아이스크림을 -180℃ 액체 질소에 얼리면 대부분의 수분이 동결되어 아이스크림은 탄력을 잃고 만약에 바닥에 떨어뜨리면 유리가 깨어지듯이 산산이 부서진다. 아이스크림을 부드럽게 하려면 수분을 줄이고 물에 녹는 분자의 숫자를 늘리면 된다. 고형분의 함량을 조정하는 설탕, 액상과당,

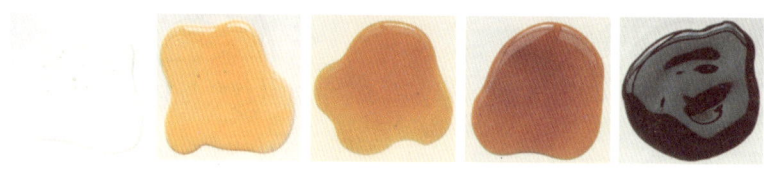

• 캐러멜 반응으로 만들어지는 색소 •

당류
친수성: 맛물질　　　　분자내 탈수 반응　　　소수성 : 향기물질
　　　　　　　　　　　　　　　　　　　　　　　　　　　　　　퓨란

다당류

Furans

Cyclopenten
-1-ones

포도당

중간 산물

Carbonyls

과당

HMF

H-COOH　　Acids

COOH

• 캐러멜 반응의 핵심 경로(출처: Yuan Zhao, 2018) •

저DE 물엿의 비율을 조절하는 것이 현실적으로 좋은 방법이다.

| 향과 색 : 캐러멜 반응(가열, 분자내 탈수) |

캐러멜 반응은 아미노산 없이 당류만을 가열했을 때 일어나는 화학 반응이다. 이 반응을 통해 무색무취의 당에서 놀랍도록 다양한 향이 만들어진다. 당을 가열하면 단맛은 줄어들고, 색깔은 짙어지며 향이 강해진다. 반응이 지나치면 탄화로 쓴맛이 강해진다. 캐러멜은 대개 설탕으로 만드는데, 설탕은 구성 성분인 포도당과 과당으로 분해된 후 새로운 분자들로 재결합된다. 과당을 '환원당'이라고도 하는데, 분자 내에 알데히드 구조가 있어 반응성이 크기 때문이다. 설탕의 캐러멜 반응이 일어나는 온도는 160℃로 과당의 110℃에 비해 훨씬 높은 이유이다.

캐러멜 반응은 설탕을 물과 섞어 갈색이 될 때까지 가열해 보면 쉽게 알 수 있다. 물은 설탕이 포도당과 과당으로 더 잘 전환되도록 해주고 타지 않게 한다. 설탕을 끓여 물이 적어지면 시럽 온도가 100℃ 이상으로 올라간다. 113℃가 되면 농도가 85%에 도달하고 퍼지를 만들 수 있다. 132℃에서는 당도가 90%가 되어 태피를 만들 수 있고, 149℃ 이상 가열하면 당도가 거의 100%이고, 식었을 때 바스러지는 하드캔디를 만들 수 있다.

캐러멜 반응으로 생기는 향에는 여러 향이 포함되어 있는데, 버터와 밀크 향, 과일 향, 꽃향기, 단내, 럼주 향, 구운 향 등이 대표적이다. 반응이 지나치면 단맛은 없고 신맛, 나아가 쓴맛과 거슬리는 태운 맛 등이 더 두드러지게 된다.

| 향과 색 : 메일라드 반응 |

메일라드 반응은 고온에서 당의 알데히드기가 그것과 친화력이 있

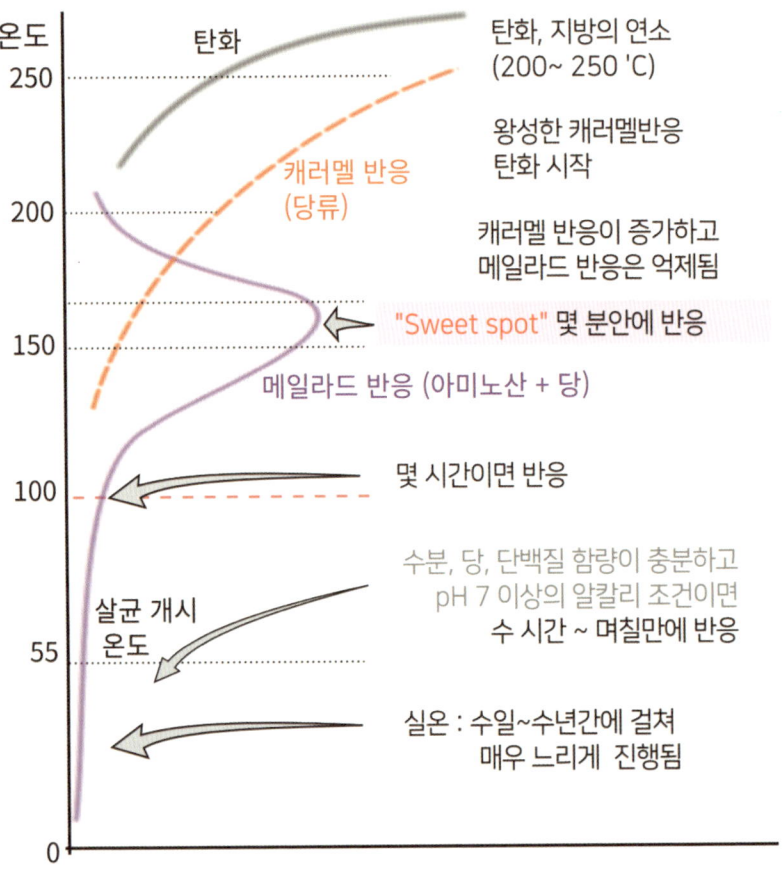

온도

- 탄화 — 탄화, 지방의 연소 (200~ 250 ℃)
- 250
- 왕성한 캐러멜반응 탄화 시작
- 캐러멜 반응 (당류)
- 200 — 캐러멜 반응이 증가하고 메일라드 반응은 억제됨
- 150 — ←"Sweet spot" 몇 분안에 반응
- 메일라드 반응 (아미노산 + 당)
- 100 — 몇 시간이면 반응
- 수분, 당, 단백질 함량이 충분하고 pH 7 이상의 알칼리 조건이면 수 시간 ~ 며칠만에 반응
- 살균 개시 온도
- 55
- 실온 : 수일~수년간에 걸쳐 매우 느리게 진행됨
- 0

• 온도에 따라 달라지는 가열 반응의 종류 •

단맛

는 아미노산의 아민과 결합하고 계속 이어지는 일련의 반응을 통해
다양한 맛, 향, 색소 분자가 만들어지는 과정이다. 반응의 시작은 포
도당과 같은 당류가 아미노산과 결합하는 것이고, 아미노산과 결합하

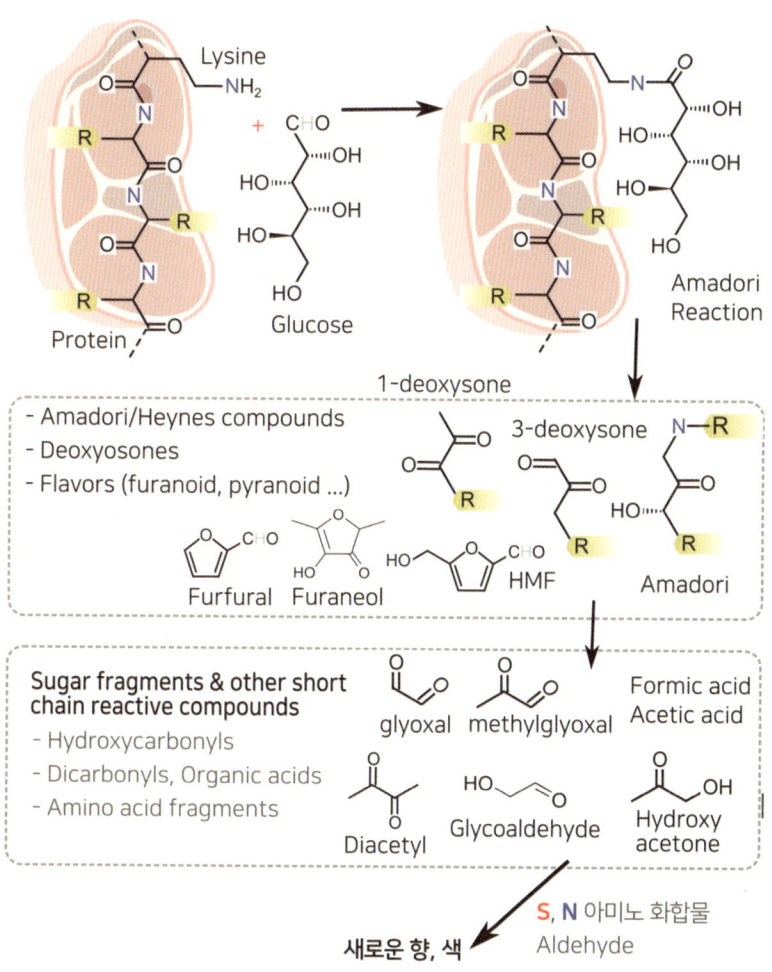

• 메일라드 반응의 개요 •

면 반응성이 훨씬 커져서 다양한 물질로 변환이 쉬워진다. 그래서 캐러멜 반응보다 낮은 온도에서도 일어난다. 여기에 아미노산에 유래한 질소와 황이 결합하면서 캐러멜 반응에 비해 훨씬 복잡한 향미 물질이 만들어진다. 질소화합물은 내열성이 있어서 축적이 되는 것이 있고, 황화합물은 역치가 낮아 소량으로도 강력한 향미 물질이 되기도 한다.

5장

당질계 감미료

1. 단당류 : 포도당, 과당, 갈락토스
2. 이당류 : 맥아당, 설탕, 유당
3. 당알코올 : 솔비톨, 만니톨,자일리톨, 에리스리톨,
이소말트, 락티톨과 말티톨
4. 올리고당과 전분당 : 물엿, 이성화당, 덱스트린
5. 다당류 : 셀룰로스와 식이섬유

1

단당류 :
포도당, 과당, 갈락토스

A) 포도당

포도당(葡萄糖, grape sugar)은 1747년에 건포도에서 처음 발견되면서 붙여진 이름이다. 글루코스(glucose) 또는 덱스트로스(dextrose)라고 하는데, 글루코스는 그리스어 달콤함(glykýs)에서 유래한 접두사에 당류를 의미하는 접미사 -ose를 결합한 것이고, 덱스트로스는 라틴어 오른쪽(dexter)에 -ose를 결합한 것이다. 혈액에 있어서 혈당(血糖, blood sugar)이라고도 한다.

혈당은 70~110㎎/dL (3.9~6.1mmol/L)를 유지하는 것이 중요하다. 혈당이 높으면 여러 합병증이 오지만 너무 낮으면 저혈당 쇼크가 올

수 있다. 포도당은 우리 몸에서 가장 기본이 되는 에너지원으로 특히 뇌에서 중요하다. 그래서 피곤할 때 포도당을 섭취하거나 포도당 주사를 맞으면 쉽게 기력을 차리고는 한다. 심지어 식물도 그렇다. 원예 시장에서 꽃꽂이가 오래가게 하거나 햇빛이 부족한 식물에 활력제로 사용할 정도이다. 식물이 생존을 위해 가장 기본으로 하는 것이 광합성으로 포도당을 만드는 것인데 식물도 공짜로 얻는 것은 좋아한다.

포도당의 분자 구조는 동적이며 안정적이다

포도당($C_6H_{12}O_6$)은 탄소 6개로 된 육탄당이다. 단맛이 있고 물에 잘 녹으며 환원성이 있다. 가열하면 알파형은 146℃에서 베타형은 150℃에서 액화되고, 188℃ 이상에서는 분해되기 시작한다. 포도당은 설탕의 75% 정도의 단맛을 가지는데, 2개 결합까지는 단맛이 강하나, 3개 이상 결합하면 점점 단맛이 약해진다. 그래서 포도당이 10개 정도 결합하면 단맛이 거의 없고, 그러니 녹말은 당연히 단맛이 없다. 녹말을 입에 넣고 단맛이 느껴진다면 그건 침에서 나온 아밀레이스의 작용으로 전분이 작은 당류로 분해되었기 때문이다.

우리는 포도당이란 말은 자주 들어도 그 구조를 이해하는 것은 정말 쉽지 않다. 포도당은 D형과 L형이 있는데, 자연에 존재하는 것은 주로 D형이고, 우리 몸도 D형 포도당만 대사에 사용한다. 포도당 분자

단맛

는 개방 사슬 (비고리형)과 고리형(고리형) 형태로 존재할 수 있다. 알코올과 알데히드 또는 케톤 작용기가 존재하기 때문에 직쇄를 갖는 형태는 탄수화물에서 일반적으로 발견되는 의자 모양의 헤미아세탈 고리 구조로 쉽게 전환될 수 있다. 1가지 분자가 왜 이렇게 다양한 모습

• 포도당을 표현하는 다양한 방법 •

을 가지는지 이해가 쉽지 않다. 식품을 공부하다 보면 평범한 물과 포도당이 다른 어떤 특별한 분자보다 어렵다는 것을 느끼게 된다.

포도당은 광합성의 시작이자 자연에 가장 풍부한 단당류이다. 그런데 왜 자연은 하필 포도당을 선택한 것일까? 이 분자의 형태에 어떤 특별함이 있어서 40억 년의 생명의 역사에서 그 자리를 지키고 있는 것일까? 이것에 대한 정답을 찾는 것이 불가능할지라도 우주의 시작에 관한 관심의 만분의 일만큼이라도 관심을 가지면 좋을 것 같다.

생명현상은 물에서 일어나므로 기본 물질은 친수성인 당류가 기본이 되어야 할 것이다. 분자가 너무 작으면 관리가 곤란하고, 너무 크면 다루기가 힘들 것이다. 너무 단단하면 다양한 상황에 맞춰 활용하기가 힘들 것이고, 너무 약하면 불안정해서 너무 쉽게 변형될 것이다. 반응성이 너무 작아도 곤란하고, 너무 커도 곤란하다. 이런 여러 측면을 만족한 골디락스 존의 물질이어야 할 것 같다.

범위를 좁혀서 당류만 생각해도 그 많은 단분자의 형태에서 왜 하필 포도당의 형태인지도 이해하기 쉽지 않다. 그 설명의 하나가 포도당이 다른 알도헥소스보다 단백질의 아민기와 비특이적 반응이 적어 당화 반응에 의한 단백질의 기능 손상이 적다는 점이 있을 것이다. 포도당과 아민기의 반응이 느린 것은 알도헥소스 중에 가장 안정적인 고리 형태를 가지고 있기 때문이다. 또 다른 가설은 포도당이 수평 방향에 5개의 하이드록시 치환기를 모두 β-d-포도당 형태로 갖는 유일한 d-알도헥소스 형태라는 점이다. 그래서 포도당이 에스터화 또는 아세탈 형성과 같은 화학반응이 쉽다는 것이다. 나도 이런 설명이 이해하기 힘들지만, 그래도 식품에서 분자 구조가 가장 이해하기 힘든 것이 포도당이라는 것은 알 수 있다. 하여간 d-포도당은 천연 다당류(글리칸)에서 매우 선호되는 형태이고 포도당만으로 구성된 다당류를 글루칸이라고 한다.

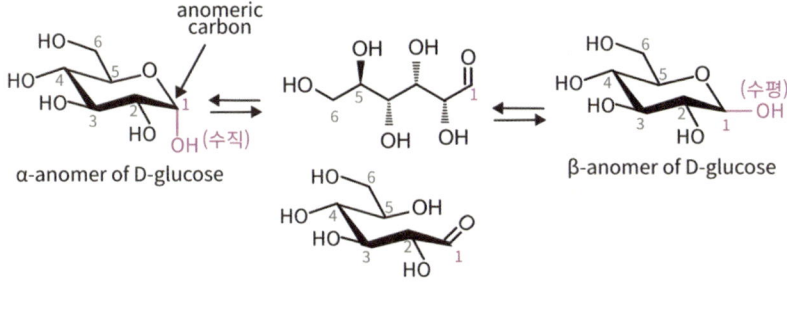

• 포도당의 형태 변환 •

| 제약 산업에서의 활용 |

포도당은 의약품 제조 및 치료 목적으로 다양한 형태로 활용된다.

① 정맥 수액 및 영양 공급

• 포도당 수액(Glucose IV solution): 병원에서는 환자의 빠른 에너지원 공급을 위해 포도당 수액을 사용한다.

• 경구용 포도당 제제: 저혈당 환자를 위한 응급 치료제로 사용된다.

② 약물 전달 보조제 : 포도당은 정제 및 캡슐 형태의 약물 제조 과

정에서 부형제로 사용되며, 약물의 안정성을 유지하는 역할을
한다.

③ 의료 검사 및 진단

- 포도당 부하 검사(OGTT, Oral Glucose Tolerance Test): 당뇨병 진단
  을 위해 포도당 음료를 마시고 혈당 변화를 측정하는 검사이다.
- FDG-PET(양전자 방출 단층 촬영): 방사성 동위원소로 표지된 포
  도당 유사체를 이용해 암 진단 및 뇌 기능 연구에 활용된다.

| 화장품 산업에서의 활용 |

포도당은 보습, 항산화, 피부 보호 기능 등 다양한 효과를 제공하며,
여러 화장품 성분으로 사용된다.

① 보습제 및 피부 보호제

- 포도당은 천연 보습 인자(Natural Moisturizing Factor, NMF)의 일부
  로 작용하여 피부 보습을 돕는다.
- 히알루론산과 결합하여 수분 유지 기능을 강화하는 역할을 한다.

② 항산화 기능 : 포도당 유도체인 글루코노락톤(Gluconolactone)은
  항산화 및 각질 제거 효과가 있어 클렌저, 스크럽, 크림 등에 포
  함된다.

③ 천연 계면활성제 : 포도당에서 유래한 알킬폴리글루코사이드
  (Alkyl Polyglucoside)는 친환경 계면활성제로 샴푸, 클렌징 제품
  등에 사용된다.

단맛

| 바이오 연료 산업에서의 활용 |

포도당은 바이오 연료의 주요 원료로 활용되며, 특히 바이오에탄올(Bioethanol) 생산에서 중요한 역할을 한다.

① 바이오에탄올 생산 : 포도당을 효모(예: 사카로미세스 세레비시아)로 발효시켜 에탄올(알코올)을 생산한다. 이는 화석 연료 대체 에너지원으로 사용되며, 탄소 배출 감소에 기여한다.

② 바이오디젤 생산 : 포도당을 이용하여 미세조류를 배양한 후, 이를 바이오디젤로 전환하는 연구가 진행 중이다.

③ 바이오 기반 화학물질 생산 : 포도당은 생분해성 플라스틱(예: 폴리유산, PLA), 바이오 기반 용매 등 다양한 친환경 화학제품을 생산하는 데 활용된다.

| 식품 산업에서의 활용 |

식품 산업에서는 감미료, 보존제, 발효 원료 등으로 광범위하게 사용된다.

① 감미료

• 액상포도당: 과자, 음료, 빙과 등에 사용되며, 설탕보다 흡수가 빠르다.

• 이성화당(High Fructose Corn Syrup): 포도당을 과당으로 변환하여 단맛을 강화한 감미료로, 탄산음료 등에 사용된다.

② 발효 원료 : 빵, 맥주 등의 발효 시 효모 발효의 기초 원료로 사용

된다.

③ 보존제 및 식품 안정제 : 포도당 유도체(글루콘산 등)는 식품의 산도 조절제 및 보존제로 활용된다.

| 섬유 및 제지 산업에서의 활용 |

① 섬유 산업 : 염색 보조제: 포도당 유도체는 직물의 염색 시 색상의 고착을 돕는 역할을 한다.

② 제지 산업 : 접착력 향상, 포도당 기반 고분자는 종이의 강도와 내구성을 높이는 데 사용된다.

| 미생물 배양 및 생명공학 산업에서의 활용 |

① 미생물 배양 배지 : 포도당 배지: 박테리아, 곰팡이 등의 배양에 필수적인 에너지원으로 사용된다.

② 단백질 및 항생제 생산: 재조합 단백질 생산: 포도당은 유전자 재조합 기술을 통해 인슐린, 항생제 등의 생산에 활용된다.

| 환경 및 폐수 처리 산업에서의 활용 |

① 미생물을 이용한 폐수 처리 : 포도당 공급: 미생물의 활성화를 위해 포도당을 공급하여 폐수 내 오염물질을 분해하는 데 사용된다.

② 생분해성 플라스틱 원료 : 폴리유산(PLA): 포도당을 원료로 한

PLA는 기존 플라스틱을 대체하는 친환경 소재로 주목받고 있다.

전분을 분해하면 포도당이 된다

포도당은 대부분 개별적으로 존재하지 않고 전분, 셀룰로스 같은 중합체로 존재한다. 그러니 포도당은 특정 식물에서 추출하는 것이 아니라 자연에 풍부하고 저렴한 전분을 분해하여 만든다. 미국과 일본에서는 옥수수 전분, 유럽에서는 감자와 밀 전분, 열대 지역에서는 타피오카 전분에서 사용한다. 그래서 만들어진 전분당은 특성도 좋고 저렴해서 감미료로 설탕 다음으로 많이 쓴다. 제조공정은 제어된 pH 에서 가압 증기를 통한 가수분해를 사용한 다음 추가적인 효소적 탈중합을 사용한다.

① 함수결정(含水結晶) 포도당: 수분함유량 0.8~10.0%, 포도당 이외의 덱스트린 성분 0.5~1.5% 이하(특급)로 순도가 높다. 결정조(結晶槽)에서 온도를 낮추어 50~200㎚의 입자 형태로 결정화시킨 다음 분밀(分蜜) 건조한다.

② 무수결정 포도당: 덱스트린 함유량은 함수결정 포도당과 같으나 수분함유량이 0.5% 이하이다. 설탕처럼 증발·농축시키면서 50~200㎚의 입자형태로 결정화하여 분밀·건조한다.

③ 정제 포도당: 덱스트린 함유량 3% 이하, 수분함유량 10% 이하

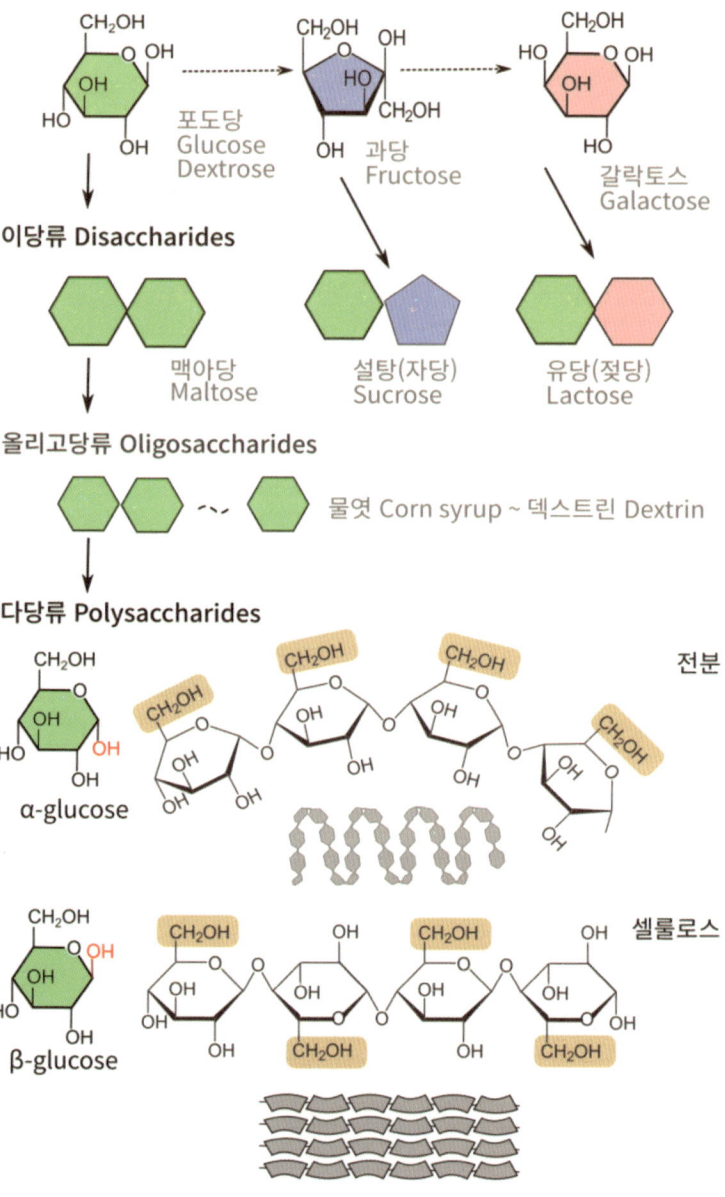

단당류 Monosaccharides

포도당
Glucose
Dextrose

과당
Fructose

갈락토스
Galactose

이당류 Disaccharides

맥아당
Maltose

설탕(자당)
Sucrose

유당(젖당)
Lactose

올리고당류 Oligosaccharides

물엿 Corn syrup ~ 덱스트린 Dextrin

다당류 Polysaccharides

α-glucose

전분

β-glucose

셀룰로스

• 당질계 감미료의 분자식 •

이다. 정제·농축한 포도당액을 작은 용기에 담아 굳히고 잘라서 가루로 만드는 방법, 분무 건조 등으로 급속 결정화하여 공 모양으로 조립하는 방법 등으로 제조한다.

B) 과당(fructose)과 액상과당

과당(Fructose, levulose)은 포도당과 분자식이 같고 단지 형태만 다르다. 과당은 과(果)일에 많이 포함되어 있어서 붙여진 이름이다. 1857년 라틴어로 과일을 의미하는 fructus와 당류를 의미하는 접미사 –ose로 만들어졌다. 과당 용액에 광선을 비추면 평면 편광광을 좌회전 (반시계 방향)으로 회전시킬 수 있어서 레불로스라고도 한다. 포도당과 함께 열매의 과육 속에 개별적으로 있거나 둘이 결합하여 설탕(sucrose) 형태로 존재한다. 과당은 꿀, 아가베 시럽에도 다량으로 존재한다.

과당은 단맛이 설탕의 1.3~1.8배로 당류 중에서 가장 강하고 상쾌하고 기분 좋은 단맛을 가져 설탕 다음으로 선호된다. 단맛 패턴은 자당이나 포도당보다 일찍 감지되어 빨리 최고점에 도달했다 설탕보다 빨리 감소한다. 포도당과 달리 섭취해도 인슐린 분비를 촉진하지 않았다. 그래서 GI 다이어트가 유행일 때는 다이어트에 좋은 감미료로 호평받았다. 과당은 흡수되면 일단 간에 저장된다. 그만큼 혈당지수

(GI: 19)가 낮고 혈당을 급격하게 올리지 않지만, 포만감을 주지 못해 과식을 유도할 수도 있다. 간에서 보관할 수 있는 용량을 초과한 과당 은 간세포가 직접 중성지방으로 전환한다. 그래서 간에 지방이 과잉 축적되면 지방간, 대사증후군을 유발할 가능성이 높아진다. 장기적인

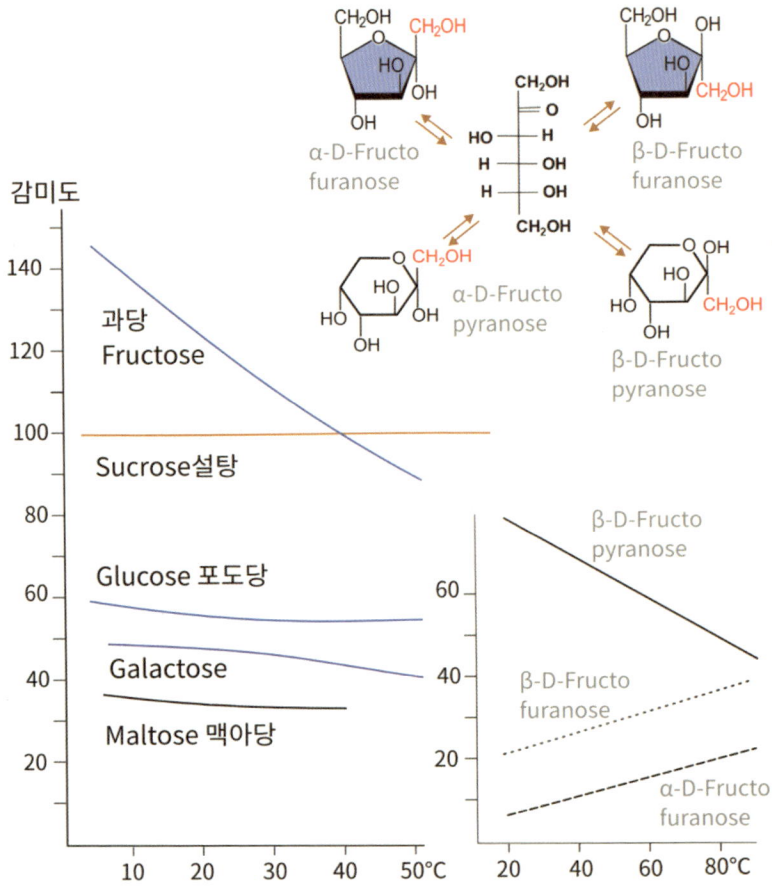

• 과당의 형태와 감미도(Shallenberger and Birch, 1975) •

과당 섭취는 결국 인슐린 저항성을 높일 가능성이 있다.

과당은 다른 당류보다 물에 잘 녹고, 결정화가 어렵고, 점성이 낮다. 과당은 단당류라서 같은 양일 때 이당류나 올리고당보다 분자의 숫자가 많아 어느 점 내림(빙점 강하)과 끓는 점 상승(비점 상승)의 효과가 크다. 빙점 강하 효과로 과일 세포벽에 얼음이 동결되면서 손상을 입는 것을 억제할 수 있다. 이점은 아이스크림을 제조할 때 부드러운 정도를 조절할 수 있다. 다른 당류보다 수분을 흡수하는 속도가 빠르고 환경으로 방출하는 속도가 느리다. 그만큼 우수한 보습제이며 보존성도 높인다.

과당은 단독으로 쓸 때보다 다른 감미료와 함께 사용하면 더 효과적이다. 설탕, 아스파탐 또는 사카린과 혼합된 과당의 상대적 단맛은 개별 성분에서 계산된 단맛보다 더 강하게 느껴진다.

과당은 아미노산과 함께 가열하면 메일라드 반응이 쉽게 일어난다. 과당은 포도당보다 개방 사슬 형태로 더 많이 존재하기 때문에 메일라드 반응의 초기 단계는 포도당보다 더 빨리 일어난다. 그만큼 낮은 온도로 가열하고도 효과를 볼 수 있어서, 유해 성분의 생성을 줄일 수 있다.

| 냉장고 과일이 더 맛있는 이유는? |

과당은 6탄당으로 결정형은 β−d−프럭토피라노스 형태인데 용액에서는 α형과 β형 그리고 피라노스형과 푸라노스형이 공존한다. 과당은 설탕보다 1.3~1.8배 달아서 당류 중 단맛이 가장 강하다고 하지만, 온도가 높아지면 단맛이 감소한다. 과일을 냉장고에 보관하였다가 차가워진 과일을 먹어보면 훨씬 더 달게 느껴지는데, 새로운 단맛 물질이 만들어지는 것이 아니라 과당이 단맛 수용체에 더 강하게 결합할 수 있는 입체이성체의 형태로 변하기 때문이다. 결합력이 강하면 그만큼 많은 전기적인 신호를 뇌로 보낼 수 있다. 가장 강한 단맛을 나타내는 모양은 저온에서 6각형 구조(피라노스)이다. 온도가 상승하면 설탕의 구조가 5각형 고리(푸라노스)로 전환되면서 단맛이 감소한다. 온도가 60℃에 도달하면 과당의 상대적 단맛이 거의 절반으로 줄어든다.

과당은 대부분 과일에 존재하며 과일을 차갑게 하면 더 달콤하게 느껴지고, 그만큼 향도 강하게 느껴진다. 이때 과당은 절반 양으로도 설탕과 같은 정도의 단맛을 낼 수 있어서 유리하다. 이것이 액상과당이 음료에 널리 사용되는 이유의 하나이다. 온도에 따른 단맛의 변화는 당에 따라 다른데 과당이 가장 변화가 크고 설탕이 가장 작은 편이다.

| 액상과당의 산업적 생산|

1960년대 들어 일본에서 개발한 효소 당화법으로 포도당을 저렴하게 대량 생산할 수 있게 되었다. 하지만 단맛이 설탕의 70% 정도였고, 단맛 품질도 설탕에 비해 떨어져 수요는 늘지 않았다. 반면에 과당은 설탕보다 단맛이 강하고 상쾌하여 음료업계 등에서 적극적으로 활용

단맛

하기 시작하였다. 일본에서 실용적인 내열성 포도당이성화효소가 개

발되어 이성화당 생산이 급속히 확대되었다.

[전분] → α-아밀레이스 → (β-아밀레이스, 글루코아밀레이스. 분

지절단효소) → [포도당] → 이성화효소 → [과당]

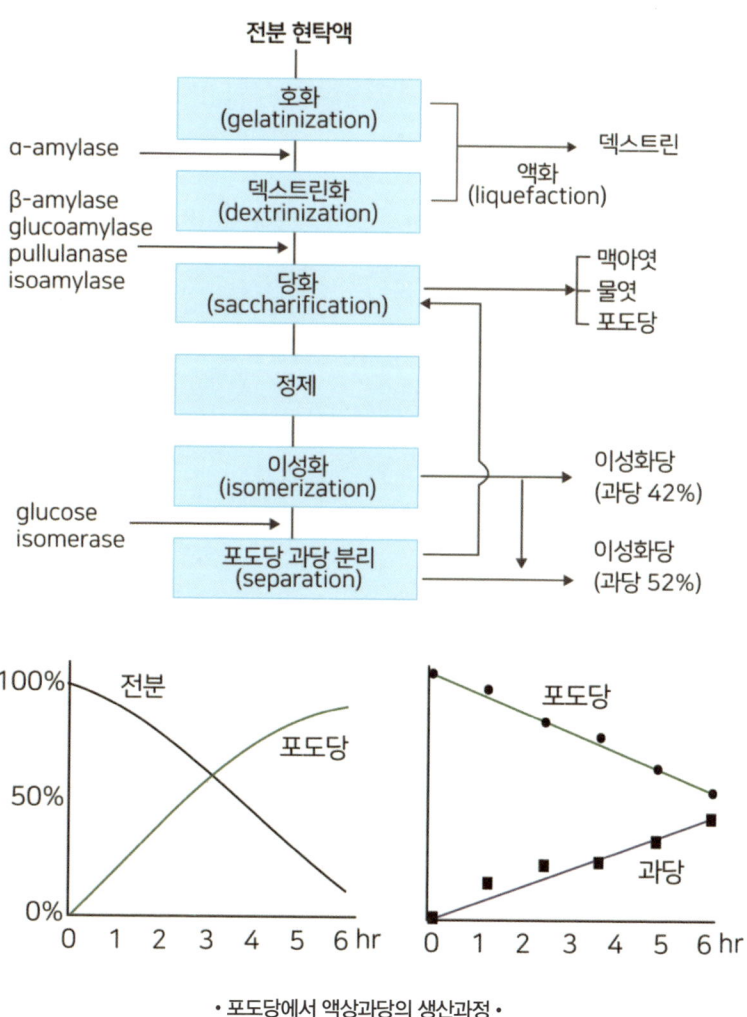

· 포도당에서 액상과당의 생산과정 ·

포도당은 산업적으로는 전분을 산이나 효소로 분해하여 생산할 수 있다. 지금은 90% 이상이 효소를 이용해 생산한다. 포도당은 연간 2,000만 톤(2011년 기준)을 생산한다. 아밀레이스는 대부분 바실러스(*Bacillus*)균에서 유래한 내열성이 있는 것을 사용한다. 1982년부터 *Aspergillus niger*의 풀룰레이스를 사용하여 포도당 시럽을 생산하여 아밀로펙틴을 전분(아밀로스)으로 전환하여 포도당 수율을 높였다. 반응은 pH는 4.6~5.2, 온도는 55~60℃에서 이루어진다.

포도당에서 과당의 전환은 100%가 아니라 절반 정도만 전환된 포도당과 과당의 혼합물이다. 여기에서 과당만 분리하면 가격이 크게 상승하므로 혼합물의 상태로 많이 쓴다. 이것을 액상과당(HFCS high fructose corn syrup)이라고 하지만 실제 내용물은 과당-포도당 혼합액이다. 연간 세계 생산량은 800만 톤이다(2011년 기준). 액상과당의 생산량이 많기에 식품에 사용하는 효소 중에서 가장 많이 사용되는 효소가 포도당이성화효소이다. 청량음료 등에 흔히 HFCS-55(건조 중량에서 과당 55%)를 사용하고, HFCS-42(과당 42%) 등 다양한 버전이 있다.

C) 갈락토스

갈락토스(galactose)는 galaktos(그리스어, 우유)와 -ose(당)를 합성한 단어다. 포도당, 과당과 함께 장에서 능동수송되는 3가지 기본당의 하나이다. 설탕의 30% 정도의 단맛이 있다. 갈락탄은 헤미셀룰로스에서 발견되는 갈락토스의 중합체이고, 가수분해로 갈락토스로 전환될 수 있다. 갈락토스는 유제품, 사탕무, 고무, 식물의 식이섬유에서 발견된다. 신체의 여러 조직에서 당지질과 당단백질을 만드는 과정에서도 합성한다.

　포도당과 결합하면 이당류인 유당(lactose, 젖당)이 된다. 갈락토스혈증(galactosemia)은 대사 경로의 효소 중 하나에서 발생한 유전적 돌연변이로 인해 갈락토스를 적절하게 분해하지 못해서 생기는 병으로 이들은 소량의 갈락토스 섭취도 위험할 수 있다. 유당은 치즈를 만들 때 생기는 부산물인 유청에서 증발, 결정화, 건조를 거쳐 만들어지고 사용되지만, 갈락토스는 특별한 장점이 없어서 업계에서 따로 사용하지 않는다.

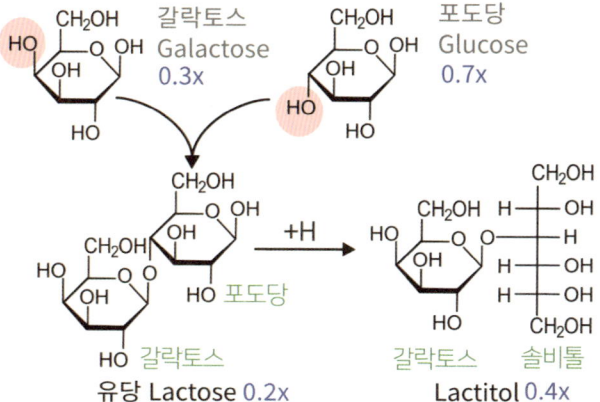

① 갈락토스와 포도당의 구조적 차이

- 갈락토스는 포도당과 분자식($C_6H_{12}O_6$)은 같지만, 구조적 차이(에피머)로 인해 기능과 성질이 다름.

- 포도당과 C4 위치가 다르다 → 4-에피머(4-epimer)

② D-갈락토스 vs. L-갈락토스 : 자연에는 주로 D-갈락토스 형태로 존재. L-갈락토스는 일부 박테리아와 식물에서 발견.

③ 개방형(선형)과 고리형 형태

- 갈락토스는 포도당과 마찬가지로 용액 내에서 알파(α)와 베타(β) 형태의 피라노스(6각 고리)와 푸라노스(5각 고리) 형태로 변환.

D) 자일로스 Xylose : 5탄당

자일로스(xylon, 그리스어 "나무")는 나무에서 처음 분리한 5탄당으로, 목당(wood sugar)이라고도 한다. 자이란(Xylan)은 헤미셀룰로스의 하나로 지구에서 셀룰로스, 키틴에 이어 3번째로 풍부한 다당류이고 자일로스가 주성분이다. 일부 식물(예: 자작나무)의 30% 정도를 차지한다. 자일로스는 헤파린 황산염 및 콘드로이틴 황산염과 같은 대부분 음이온성 다당류의 생합성 경로에서 첫 번째 당이다. 1g당 2.4칼로리를 함유하며, 촉매 수소화 반응을 통해 환원시키면 자일리톨이 만들어진다.

단맛

Xylan (헤미셀룰로스)

Xylan은 xylose 주성분의 헤미셀룰로스로
지구에서 셀룰로스, 키틴, 자일란 순으로 풍부함

자일로스 0.63x

+ H (환원) →

자일리톨
(E967) 1.0x

E) 알룰로스 Allulose (Psicose) : 과당 이성체

알룰로스(Allulose)는 과당과 유사한 분자 구조다. 1940년대에 처음
발견되었는데 무화과, 건포도, 키위, 잭 프루츠, 메이플 시럽 등에서
발견되었다. 천연 식물에서 발견되는 알룰로스는 양이 너무 적어서
대량 생산 방법이 밝혀지기 전까지 사용되지 않았다. 그러다 1994년
일본 카가와 대학의 이즈모리 켄이 과당을 알룰로스로 전환시키는 핵
심 효소인 D-tagatose 3-epimerase를 발견하면서 처음 대량 생산
의 길이 열렸다. 하지만 이 방법은 생산비용이 매우 높았다. 그래서인
지 상업적 생산이 미루어졌다. CJ제일제당이 2012년 미국 FDA로부

터 GRAS 승인을 받았다. 2014년에는 일본도 FDA로부터 GRAS 승인을 받았다. 삼양사(큐원)도 상업적 생산을 시작하였다. 알룰로스는 항비만 활성, 고지혈증 억제 효과, 항염증 효과 등이 있다고 알려졌다.

과당과 유사한 분자 구조를 가진 알룰로스는 설탕의 70% 정도의 단맛을 내고 다른 대체당 대비 쓴맛이 거의 없어 설탕과 유사한 맛을 낸다. 단맛을 설탕에 맞추기 위해 에리스리톨의 경우처럼 스테비오사이드를 소량 첨가해 단맛을 더 높여 주는 경우가 많다. 알룰로스는 사람에게 약 0kcal/g으로 인정받는다. 알룰로스는 거의 대사가 되지 않으며 배설된다. 알룰로스의 혈당지수는 매우 낮거나 무시할 만하다.

알룰로스는 효소 α−글루코시데이스, α−아밀레이스, 말테이스 및 수크레이스의 약한 억제제로 작용해서 장에서 전분과 이당류가 단당류로 대사되는 것을 억제할 수 있다. 또한 알룰로스는 장에서 수송체를 통해 포도당 흡수를 억제하기도 한다. 이런 원리로 인간의 식후 고혈당을 감소시키는 것으로 알려졌다.

알룰로스가 장에서 탄수화물을 불완전하게 흡수하게 해서 남은 탄수화물이 장내 미생물에 의해 발효되는 효과로 인해 헛배부름, 복부 불편감 및 설사와 같은 불쾌한 증상을 유발할 수 있다.

알룰로스는 85℃ 이상 가열하면 과당으로 변할 수 있다는 점도 주의해야 한다. 연구 자료에 따라 조금씩 다르지만 1시간 이상 가열했을 때 5% 정도 전환될 수 있다. 알룰로스는 사용 비용이 다른 대체당에 비해 높다는 것이 단점이다. 현재 알룰로스가 각광받는 부분은 제과

제빵이다. 베이킹의 과정에서 특유의 향미가 발현되어야 하는데 다른 대체 감미료는 쓴맛과 이질적 단맛에 거부감이 있는데 알룰로스가 가장 이런 문제가 적다고 한다.

Psicose(Allulose) 0.7X Fructose 1.7X

F) 만노스와 람노스

만노스(Mannose)와 만니톨의 어원은 성경에 등장하는 "만나(manna)"이다. 시나이반도를 지나는 동안 이스라엘 백성들에게 공급된 음식이라고 기록되어 있다. 이 만나의 실체는 정확히 알 수 없지만 물푸레나무의 친척인 만나물푸레나무(Fraxinus ornus, 만나나무)에서 만노스가 추출되었다.

포도당의 C−2 에피머로 만노스는 우리 몸에서 특정 단백질의 글리코실화에 중요하다. 만노스는 2~5kcal/g을 제공한다. 많은 다당류에 만노스가 많은데 이들을 분해하면 만노스가 되고, 이는 헥소키나아제에 의해 인산화되어 만노스−6−인산이 된다. 이는 이성화효소로 과당-6-인산으로 전환된 후 해당과정을 통해 에너지원으로 쓰이거나 간세포에서 포도당신생 경로에 의해 포도당으로 전환된다.

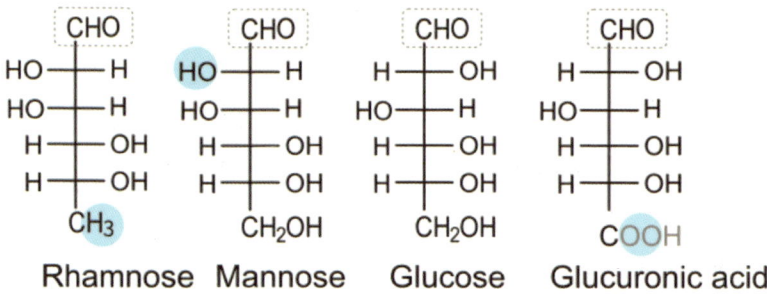

람노스(Rhamnose)는 가시나무(Rhamnus) 등에서 발견된 자연적으로 발생하는 데옥시당이다. 자연에서 주로 L-형으로 존재한다. 자연의 당이 대부분 D-형인데 이례적으로 L-형이다. L-푸코스, L-아라비노스 말고는 L-형이 별로 없다. 람노스도 만노스처럼 주로 다른 당과 결합한 다당류로 존재한다. 이들은 감미료로 사용되지 않지만 나에게 이들이 친숙한 것은 증점다당류에 많기 때문이다. 아이스크림에 사용하는 구아검과 로커스트콩검(LBG)과 타라검은 주사슬이 만노스로 되어있고, 갈락토스가 가지 구조를 형성하고 있다. 이 가지 구조의 빈도와 분포에 따라 특성이 달라진다.

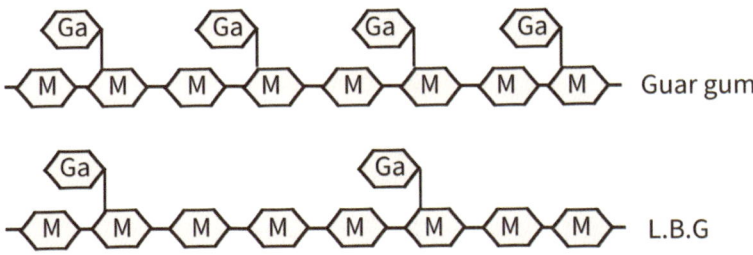

Guar gum

L.B.G

커피 생두에 가장 많은 성분도 만노스이다. 생두에 가장 많은 것이 세포벽인데 세포벽의 주성분이 갈락도만난으로 이것을 분해하면 만노스와 갈락토스가 된다.

성분	아라비카	로부스타
단당류	0.2~0.5	0.2~0.5
이당류(설탕)	6~9	3~7
다당류	43~45	46.9~48.3
아라비노스	3.4~4.0	3.8~4.1
만노스	**21.3~22.5**	**21.7~22.4**
포도당	6.7~7.8	7.8~8.7
갈락토스	10.4~11.9	12.4~14
람노스	0.3	0.3
자일로스	0~0.2	0~0.2

• 커피의 탄수화물 조성(Espresso coffee, illy, 2005) •

이당류 : 맥아당, 설탕, 유당

A) 맥아당 : 포도당 + 포도당

맥아당은 포도당 2개가 결합한 이당류이다. 맥아 중에 많아 맥아당 또는 엿기름당이라 한다. 조청은 쌀밥으로도 만들거나, 조, 수수, 옥수수 가루로 쑨 죽으로도 만들었다. 요즘은 녹말 또는 전분질 원료를 산이나 효소로 가수분해하여 엿기름물에 삭힌 다음 그 액을 졸여서 만든다. 분해 과정에서 단맛이 증가하여 당도가 높아지기 때문에 당화 과정이라고 한다. 당화물의 절반 정도가 포도당 두 개가 결합한 맥아당으로 구성되어 있다. 감미도는 설탕의 30~40% 수준이고 매우 온화한 단맛을 가졌다. 보통은 정제하지 않아서 특유의 향미가 있다.

우리 조상들은 음식의 단맛을 돋우기 위해 꿀과 조청을 사용하였는데 고급 음식에는 꿀을 사용하였고, 일반 음식이나 떡을 찍어 먹을 때 조청을 사용했다. 원리는 맥아의 효소를 사용하는 것이다. 쌀이나 현미를 쪄서 호화한 것에 엿기름(맥아)을 넣어 맥아에서 만들어진 아밀레이스로 전분을 분해하는 것이다. 이렇게 처음 만들어지는 것이 식혜이고, 식혜를 졸이고 농축해 점성이 있게 만들면 조청, 더 졸여서 수분을 완전히 날려 굳히면 엿이다. 조청을 만들려면 몇 시간 동안 불을 때면서 졸이는 과정이 필요하다. 과거에는 꾸준히 불을 땐다는 것도 만만치 않았고 졸이는 것도 많은 시간과 노력이 필요했다. 지금이라도 한번 식혜를 물엿 상태로 졸여보면 알 수 있다. 과거에는 단것이 그만큼 귀한 것이라, 많은 시간과 노력을 투자한 것이다.

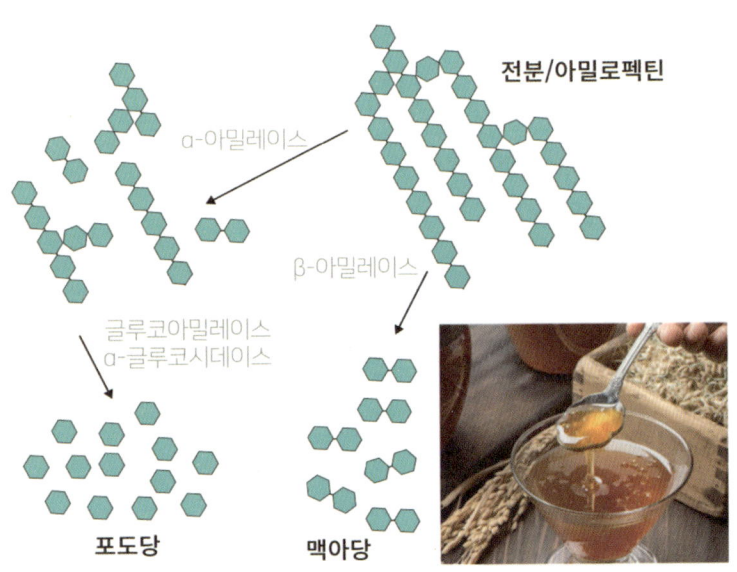

설탕(雪糖)은 눈처럼 흰 당이라는 뜻이고 자당(蔗糖)이라고 한다. 설탕(sucrose)은 1857년 영국의 화학자 윌리엄 앨런 밀러가 프랑스어 "sucre"(sugar)와 당의 접미사 "–ose"를 결합해서 만든 단어이다. 사카로스(saccharose)로도 불렸다. 설탕의 원료는 감로(사탕수수)와 사탕무이다. 사탕수수는 인도에서 기원전 2000년경 발견되었다고 하는데, 사탕무는 사탕수수에 비해 역사가 짧고, 유럽에서 사탕무가 보급된 것은 1806년 나폴레옹이 대륙봉쇄를 단행한 이후이다. 사탕무는 식물학적으로는 무가 아닌 근대에 가까워 석죽목 근대속에 속한다. 사탕무는 온대 중부에서 북부에 이르는 비교적 서늘한 지역에서 많이 재배된다. 캐나다 등에서는 단풍나무 수액으로 만든 메이플 슈가(maple sugar, 단풍당)의 주성분도 설탕이다.

| 사탕수수 설탕 : 자당(蔗糖; cane sugar) |

사탕수수의 당은 보통 생산지에서 원당(조당이라고도 함)의 형태로 만들어진다. 이것은 당도가 96~98 정도의 황갈색을 띤 설탕으로, 이것이 소비지로 운반되어 정제된다. 먼저 제당 공장에 반입된 원료 사탕수수 기계로 잘게 자르고, 이를 롤러식 압착기에 걸어 즙을 짜낸다. 짜낸 즙에는 상당한 불순물이 포함되어 있어서 석회를 넣고 가열하면 불순물 대부분이 흡착되어 침전되고, 이를 걸러내면 깨끗한 즙을 얻

을 수 있다. 이 정화액을 효용 증발통 안에서 진하게 끓인 뒤, 이것을

다시 내부를 진공상태로 만든 결정통 안에서 끓이면 당액은 곧 과포

화 상태가 되고, 여기에 분말 형태의 설탕을 소량 첨가하면 이것이 핵

이 되어 설탕의 결정이 만들어진다. 포함된 당분 중 대부분이 결정이

된 것을 원심분리기를 돌려 불순물을 포함한 당밀을 걸러내면 설탕의

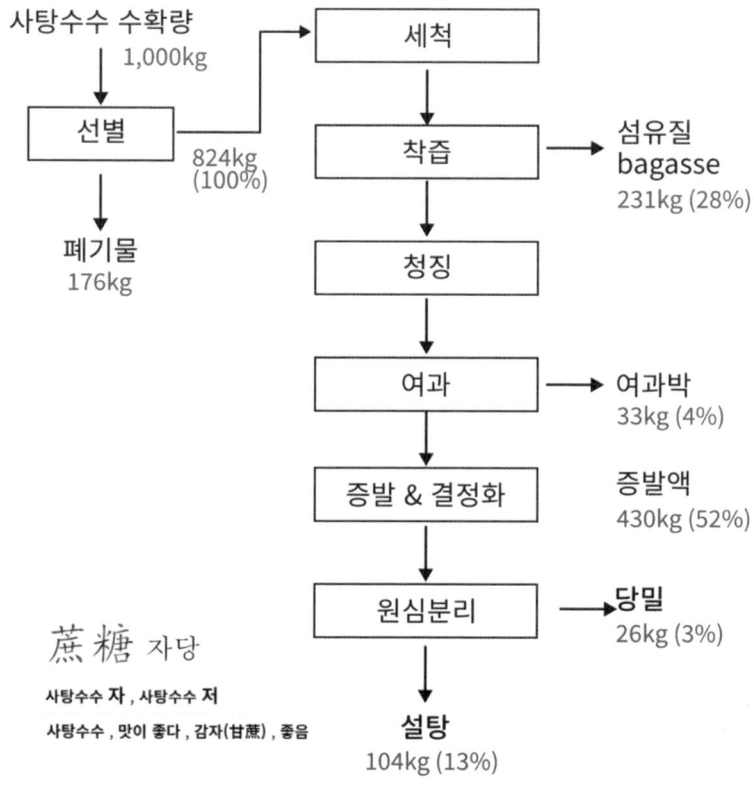

• 설탕의 제조공정과 수율 •

결정체만 분리된다. 이를 분밀당이라고 한다. 한편 원산지에서 재래식 방법으로 사탕수수를 짜낸 채로 끓여서 만드는 설탕도 있다. 흑설탕 등이 이에 해당한다.

원료당은 상당한 불순물을 포함하고 있어서 다시 한번 정제된다. 먼저 원료당에 당밀을 섞어 덩어리로 만들어 가열하여 결정 표면에 붙어 있는 불순물을 녹여 원심분리기로 분리한다. 그런 다음 원료 설탕을 다시 한번 끓는 물에 녹이고 석회를 넣고 탄산가스를 불어넣어 침전을 일으켜 불순물을 제거한다. 여기에 활성탄이나 골탄, 혹은 이온교환수지 등을 이용해 정제한다. 이 무색투명해진 당액을 원료당의 경우와 같은 절차로 끓여 결정을 생성시키고 원심분리기에 걸면 순도 높은 새하얀 설탕을 얻을 수 있다. 분리된 당밀에는 여전히 상당한 당분이 포함되어 있어서 다시 끓여 결정을 분리하는 과정을 반복한다. 횟수가 거듭될수록 다소 착색된 중백당이나 삼온당 등이 된다.

| 사탕무 설탕 : 첨채당(甛菜糖; beet sugar) |

사탕무와 근대는 생물학적으로 같은 종이며 영어에서 둘 다 beet(비트)라 부른다. 사탕수수와 더불어 중요한 설탕 생산원이다. 사탕수수에 비해 재배된 역사는 훨씬 짧다. 열대 지방에서 자라는 사탕수수에 비해서 동유럽이나 미국 북부 같은 냉대기후, 온대기후에서도 기를 수 있다는 장점이 있어 많이 길러졌다. 특히 뿌리에 당분이 많은 품종을 널리 재배하기 시작하면서 사탕무로 별도 품종으로 분류되기 시작했다.

1747년 프로이센 왕국의 화학자 마르크그라프(Andreas Sigismund Marggraf)가 현미경으로 사탕무 조각을 보던 중, 당 성분이 들어있다는 것을 발견하였다. 그의 제자인 아샤르(Franz Karl Achard)가 프리드리히 빌헬름 3세의 후원을 받아 1801년이 되어 마침내 설탕을 뽑아내는 데 성공했다. 사탕무를 활용한 제당 사업에 본격적으로 뛰어든 건 나폴레옹 보나파르트였다. 그동안 프랑스의 설탕 공급원이던 아이티가 떨어져 나갔고, 대륙봉쇄령으로 사탕수수 수입이 막히자, 사탕무 재배로 눈을 돌리게 되었다. 이후 사탕무가 전 세계 설탕 수요의 20% 이상을 충당하게 되었다. 특히 유럽 대륙에서 많이 생산한다. 국가별로 보면 러시아는 세계 최대의 사탕무 생산국이며, 미국에서는 아이다호주 등 북서부 내륙지방, 중국에서는 헤이룽장성 등 둥베이 지방이 주된 사탕무 재배지이다.

사탕무에서 설탕을 만들 때는 사탕무를 세척 후 잘게 부순 후, 사탕수수와 달리 따뜻한 물에 담가 당분을 녹여낸다. 이렇게 얻어진 당액을 세척 후 설탕을 결정화한다.

| 설탕의 종류 |

현재 시판되고 있는 설탕은 매우 다양하다. 설탕의 종류는 원료의 종류가 아니라 정제 정도와 형태에 따라 나뉜다. 일본에서는 설탕을 함밀당(흑설탕과 메이플당)과 분밀당으로 나누는데, 일반적으로 소비되는 것은 분밀당이다. 과립당은 이들 설탕에 비해 결정이 다소 작다. 차당은 결정이 미세하고 촉촉한 느낌의 설탕으로 순도에 따라 상백(上白), 중백(中白), 삼온(三溫)으로 나눈다. 상백은 이른바 일반 백설탕으로 잘 정제되어 순백색이지만 다소 촉촉한 느낌을 준다. 중백은 정제도가 상백보다 약간 낮고 엷게 착색되어 있으며 당도는 95도 정도이다. 삼온당은 정제도가 더 낮고 당도는 94~95도이고 갈색이다.

이 설탕을 추가로 가공한 몇 가지 종류가 있다. 각설탕은 알갱이 설탕을 원료로 하여 설탕액을 뿌려 굳힌 것이고, 빙설탕은 순도가 높은 설탕을 물에 다시 녹인 후 천천히 시간을 들여 큰 결정체로 키운 것이다. 가루설탕은 정제된 설탕을 갈아서 미분 형태로 만든 것이다. 굳는

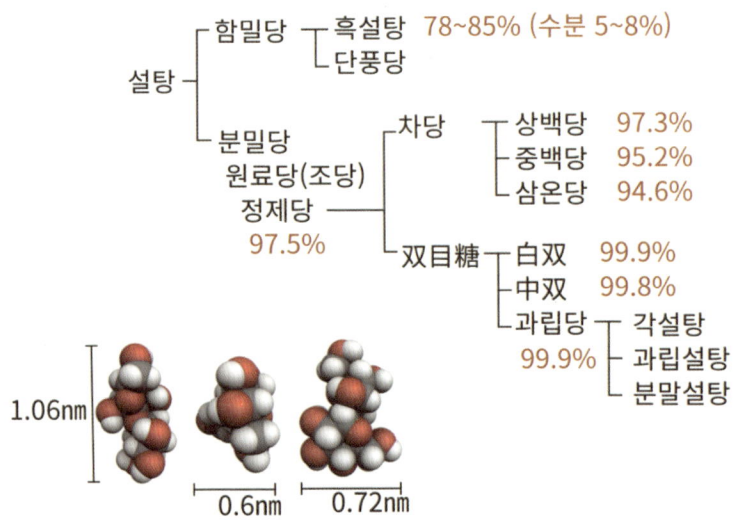

• 설탕의 정제 정도와 형태에 따른 분류. •

단맛

것을 방지하기 위해 약 3% 이하의 옥수수 전분을 섞어주기도 한다.

| 설탕의 변신 |

한동안 흑당음료의 인기가 대단했다. 그런데 흑당은 정제당(백설탕)과 영양 성분이 크게 다르지 않다. 정제당(과립당)은 수크로스 함량이 100%에 가깝지만, 흑설탕은 78~86%로 적다. 대신 수분이 많고, 다른 성분도 약간 있다. 하지만 워낙 적은 양이라 정제당과 건강상 효능의 차이는 없다. 실제 흑당과 백설탕이 확실히 다른 것은 색과 맛(향)인데 원래 향은 0.1%도 안 되는 미량 성분에 의한 것이고, 색도 0.1% 이하 색소 성분에 의한 것이라, 감각적 차이이지 영양적 차이가 아니다. 사탕수수 대신 천연 벌꿀이나 아가베 시럽을 택해도 성분에 별 차이가 없어서 그런 것으로 하루에 필요한 비타민이나 미네랄을 채우려면 Kg 단위로 먹어도 부족하다.

| 설탕의 역할은 단순하지 않다 |

식품에서 설탕은 결코 단순한 분자가 아니다. 음식의 거의 모든 것을 바꾼다. 지금까지 많은 대체당이 개발되었지만, 설탕의 단맛이 가장 뛰어날 뿐 아니라 식감, 물성 등 모든 것에 효과도 가장 좋은 편이라 대체가 힘들다.

설탕은 물에 매우 잘 녹는다. 그만큼 물과 결합력이 좋은데 소량이면 점도에 영향이 없지만 설탕의 비율이 일정 비율을 넘으면 점도가 높아져 매우 끈적거린다. 요리할 때 설탕의 물을 붙잡는 능력은 빵과 비스킷이 수분을 유지하고 부드러움을 유지하는 데 큰 도움이 된다. 설탕은 음식의 모든 재료에 접착 매트릭스 역할을 하며 음식을 윤기 있게 한다. 또한 부패균이 물을 이용하는 것을 막아 식품의 보존에 도움이 된다. 이런 설탕의 특성을 무시하고 레시피에서 설탕을 줄이면 예기치 못한 문제가 발생한다.

요즘 주목받는 마카롱도 설탕이 없으면 만들기 힘든 디저트이다. 설탕은 음료에 무게감을 높이고, 과일의 맛과 색을 강화하며, 아이스크림의 어는 온도를 낮추어 부드럽게 한다. 또한 향에도 영향을 준다. 단맛과 조화를 통해 향이 더 풍부하게 느껴지게 한다. 이런 향의 시너지효과를 넘어 자체가 향기 물질의 원천이 되기도 한다. 설탕을 높은 온도로 가열하면 '캐러멜 반응'이 일어나고 아미노산과 같이 있으면 '메일라드 반응'이 일어나 온갖 풍미 물질이 만들어진다. 이런 설탕의 향미 효과는 주로 간식이나 디저트에서 이야기되지만 한식에도 역할을 한다. 온갖 양념과 한식의 핵심인 고추장, 된장, 간장의 텁텁한 끝맛을 상쇄해 준다. 짠맛 감칠맛과 조화를 이루면 강렬한 냄새와 자극마저 완화하는 힘이 있다. 요리에 설탕을 대체하는 온갖 팁이 있지만 가장 중립적이고도 정확한 맛을 주는 감미료는 좋든 싫든 백설탕이다.

c) 유당 : 포도당 + 갈락토스

단맛 본능은 어디에서부터 출발할까? 아마도 엄마 뱃속에서 탯줄을 통해 공급받았던 태아 시절부터일 것이다. 영아는 단맛에 대한 선호와 쓴맛에 대한 혐오감을 가지고 태어나는데, 이는 특정 음식에 대한 안정성이나 위험을 감지하는 본능적인 반응이다. 엄마 뱃속에서 양수에 단맛 성분이 많으면 양수를 많이 먹고 쓴맛이 나면 양수를 적게 먹는다고 한다. 태아는 양수의 다른 맛을 감지하고 반응할 수 있으며 태아가 양수의 맛에 따라 양수를 조절하여 삼킬 수 있다. 누가 가르쳐 주지도 않았는데 말이다. 이는 미각이 태어나기 전부터 발달하며 미각이 개인의 선호도와 혐오감을 형성하는 데 중요한 역할을 할 수 있음을 시사한다. 신생아들에게 설탕물을 묻힌 장난감 젖꼭지를 빨게 해주면서 주사를 놓아줄 때는 떼를 쓰지 않지만 쓴맛이나 떫은맛을 묻힌 것을 제공하면 태어난 지 얼마 되지 않은 아이들조차 장난감도 거부하고 주사도 거부한다. 아이의 미각은 자궁 내에서 발달하기 시작하여 출생 후에도 계속 진화한다.

　어린 유아의 입안에는 혓바닥뿐만 아니라 입안의 모든 부분에 단맛을 감지하는 미각 수용체가 있어서 단맛이 아주 적은 유당(설탕의 20~25% 감미도)도 아기에게는 충분히 달게 느낀다. 유당은 단당류와

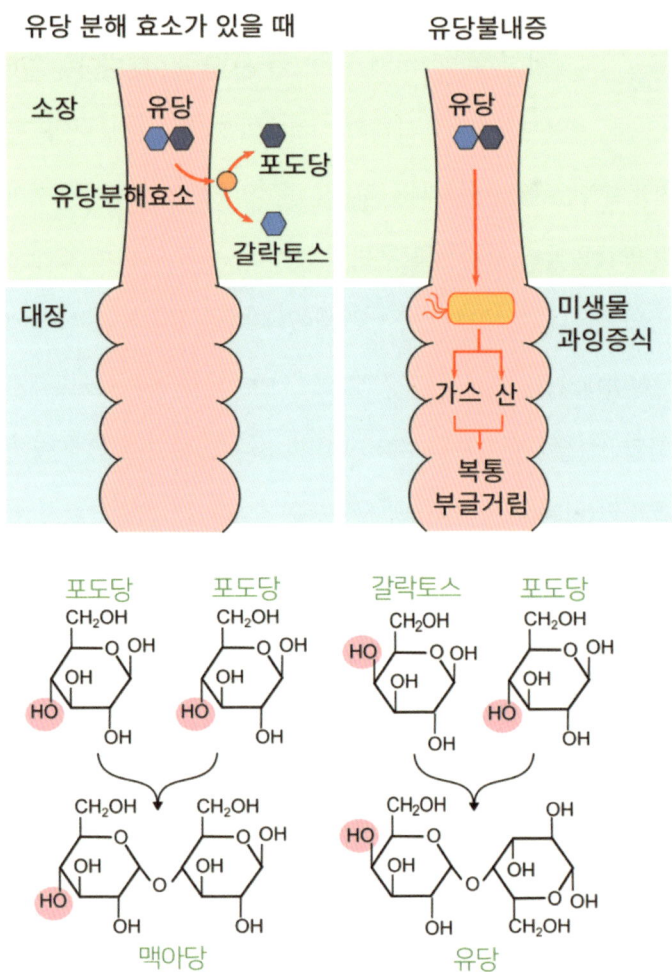

이당류 중에서 가장 단맛이 약하다. 단맛이 약해서 약을 지을 때 증량제로 이용된다. 이토록 단맛이 약한 유당이 엄마의 젖을 통해 아이에게 전달되어도 아기는 충분히 단맛을 느낀다. 아기가 성장하면서 점차 입안의 미각 수용체는 점차 퇴화하기 시작하고 더 강한 단맛을 찾게 된다. 그리고 맛에 대하여 더 세련되고 복잡한 판단기준을 마련하고, 다양한 맛을 선호하기 시작한다.

D) 트레할로스 Trehalose

1832년에 H.A.L Wiggers는 호밀의 맥각에서 트레할로스를 발견했고, 1859년에 프랑스의 화학자 Marcellin Berthelot는 바구미 벌레가 만든 Trehala manna에서 이것을 분리하여 트레할로스라고 명명했다. 트레할로스는 포도당 2분자가 α,α−1,1 결합한 비환원성 이당류이다. 트레할로스는 산성 조건과 고온에서 안정적이다. 비환원당을 닫힌 고리 형태로 유지하여 알데히드 또는 케톤 말단기가 단백질의 라이신 또는 아르기닌에 결합하지 않기 때문이다. αα, αβ, ββ의 3가지 이성질체 중에서 자연에는 αα형만 발견되었다. 해조류, 표고버섯, 효모 등에 존재한다. 트레할로스 추출은 어렵고 비용이 많이 드는 과정이었지만, 2000년경에 하야시바라에서 공업적 생산이 가능해지면서 용도가 늘고 있다. 전분에서 액화 아밀라아제, 이어서 이소아밀레이스 처리 후 정제하여 만든다.

트레할로스는 설탕의 45% 정도의 감미를 가지고, 산성 하에서도 분해가 잘되지 않으며, 착색도 잘되지 않는다. 메일라드 반응에 의한 갈변이 일어나지 않는다. 흡습성이 낮아 끈적임이 없다. 기타 기능으로는 저부식성, 전분의 노화 억제, 단백질의 변성 억제 효과가 나타나 쌀밥의 식감 개선에도 효과적이다. 유지의 산화 방지, 냉동저항성 향상, 건조저항성 부여 등의 유익한 작용이 인정되고 있다.

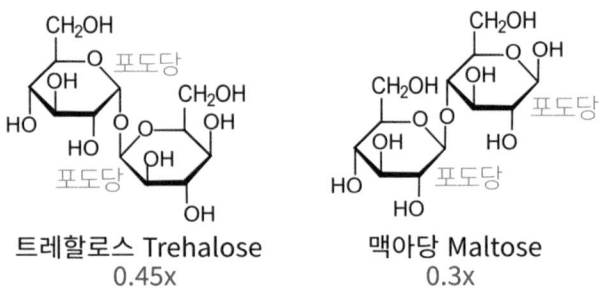

트레할로스 Trehalose
0.45x

맥아당 Maltose
0.3x

박테리아, 효모, 균류, 곤충, 무척추동물, 하등 및 고등 식물에 이르기까지 다양한 유기체는 트레할로스를 만들 수 있는 효소를 가지고 있다. 트레할로스는 잡식동물(인간 포함)과 초식동물의 장 점막의 융모에 존재하는 효소 트레할레이스에 의해 빠르게 포도당으로 분해된다. 효모는 비생물적 스트레스에 대응하여 트레할로스를 탄소원으로 사용한다. 트레할라아제 효소 결핍은 인간에게서는 드물지만, 그린란드

단맛

이누이트 족에서는 인구의 10~15%가 이 효소 결핍을 보인다. 척추동물은 트레할로스를 합성하거나 저장할 수 있는 능력이 없다. 트레할로스는 곤충이 비행할 때 사용하는 주요 탄수화물 에너지원이다. 트레할로스의 글리코시드 결합을 분해하면 2개의 포도당이 된다.

트레할레이스는 여러 식물에도 있는데 특히 사막이나 산악지대에서 자라는 셀라기넬라(Selaginella, 부활초)는 트레할로스의 작용으로 말라붙어 있다가도 비가 내리면 다시 녹색으로 변하고 살아난다. 세균 세포벽에서 트레할로스는 삼투압 차이 및 극한 온도와 같은 스트레스에 대한 적응 반응에서 구조적 역할을 한다. 무수물 형태의 트레할로스는 쉽게 수분을 흡수한다. 트레할로스 수용액은 농도에 따라 클러스트를 생성하는 경향을 보인다. 수소결합으로 물속에서 자체적으로 다양한 크기의 클러스터를 형성한다. 전체 원자 분자 동역학 시뮬레이션에 따르면 1.5~2.2몰 농도에서 트레할로스 분자 클러스터가 스며들어 크고 연속적인 응집체를 형성할 수 있다.

트레할로스는 22% 이상 농도에서 자당의 약 45% 정도의 단맛을 가지고 있지만 농도가 낮아지면 자당보다 단맛이 더 빨리 감소하여 2.3% 용액은 같은 농도의 설탕 용액보다 6.5배 덜 달콤하다. 아이스크림과 같은 가공된 냉동식품에 일반적으로 사용되는데, 이는 식품의 빙점을 낮추기 때문이다. 트레할로스는 건조증 치료에 사용되는 인공 눈물 성분으로 히알루론산과 함께 사용된다.

Isomaltulose는 포도당과 과당이 α−1,6 결합한 이당류로 자연에도 존재한다. 산업적으로는 일본에서 1985년부터 설탕을 효소의 작용으로 분자 구조를 재정렬하여 생산한다. 맛은 설탕과 비슷하지만, 단맛은 절반이고, 설탕보다 느리게 소화된다. 그래서 혈당을 천천히 그리고 덜 높인다. 여기에 수소를 첨가하여 당알코올로 전환하면 isomalt(palatinit)가 된다.

성분	탄소수	감미도	Kcal	단맛/Cal
Sucrose	12	1	3.9	1.0
Maltose	12	0.3	3.8	0.3
Lactose	12	0.2	3.8	0.2
Glucose	6	0.7	3.7	0.7
Fructose	6	1.7	3.8	1.7
Galactose	6	0.3	3.8	0.3
Tagatose	6	0.92		2.4
Psicose(allulose)	6	0.7		
Xylose	5	0.63		

당알콜

Maltitol	12	0.9	2.1	1.7
Lactitol	12	0.3~0.4	1.9	0.8
Isomalt	12	0.45~0.65	2	1.0
Sorbitol	6	0.5~0.7	2.7	0.9
Mannitol	6	0.5~0.7	1.6	1.2
Xylitol	5	1	2.4	1.6
Arabitol	5	0.7	0.2	13.7
Erythritol	4	0.6~0.8	0.2(2.4 Eu)	14.9
Glycerol	3	0.6	4.3	0.6

• 당류와 당알코올의 특성 •

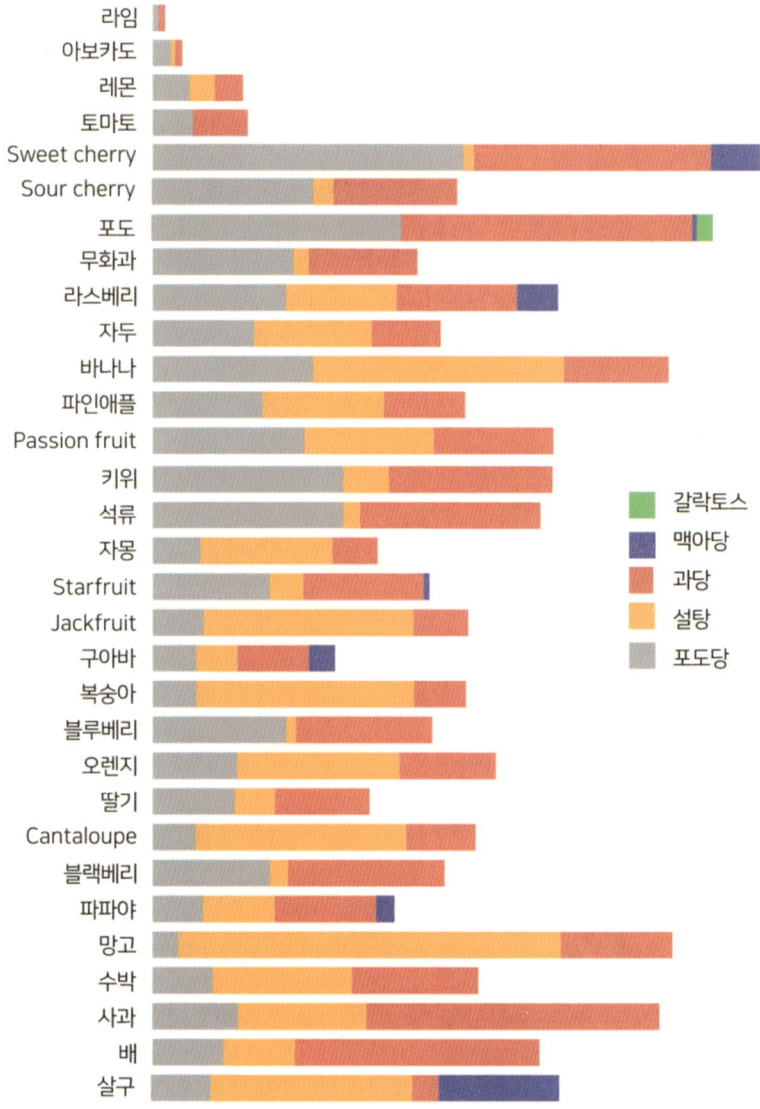

라임
아보카도
레몬
토마토
Sweet cherry
Sour cherry
포도
무화과
라스베리
자두
바나나
파인애플
Passion fruit
키위
석류
자몽
Starfruit
Jackfruit
구아바
복숭아
블루베리
오렌지
딸기
Cantaloupe
블랙베리
파파야
망고
수박
사과
배
살구

갈락토스
맥아당
과당
설탕
포도당

• 과일 종류에 따른 당류의 조성 •

당알코올 :
솔비톨, 만니톨, 자일리톨,
에리스리톨, 이소말트,
락티톨과 말티톨

당알코올(sugar alcohol)은 당의 알데히드기를 수소 첨가반응으로 환원하여 OH(하이드록실기)로 전환한 것으로 기존의 하이드록실기와 함께 여러 개가 있어서 다가알코올(polyhydric alcohol), 폴리알코올(poly-alcohol), 글리시톨(glycitol)이라고도 한다. 이름에 알코올이 들어있지만 에탄올과는 전혀 다른 분자이다. 솔비톨, 자일리톨, 만니톨, 에리스리톨, 락티톨 등이 있다. 과일과 채소 등에 천연으로 존재하나 양이 작아서 추출하는 것은 수익성이 없다. 적절한 환원당을 촉매를 사용하여 수소첨가 반응으로 생산한다. 예를 들어 자일로스에서 자일리톨로, 유당에서 락티톨로, 포도당에서 솔비톨을 생산한다.

이들은 열 안정성이 높고, 환원기가 치환되어 메일라드 반응이 일어나지 않고, 갈변하지 않으며, 일반 당류에 비해 물에 잘 녹고 결정화되기 어려운 등의 특징을 가지고 있다. 물에 녹을 때 흡열반응으로 먹을 때 청량감을 주는 것이 많다.

일반적으로 설탕보다 단맛이 덜하고 효소가 작용하기 힘들어 당류 형태일 때의 절반 이하의 더 적은 칼로리를 공급하고 혈당이 급격히 증가하지 않는다. 소화되지 않는 만큼 많이 섭취하면 장내에서 미생물의 과도한 증식을 유발하거나, 물을 끌어들이는 삼투압 작용으로 복부 팽만감과 설사를 유발할 수 있다.

단맛이 약해 고감미제와 함께 사용하여 설탕을 대체하기도 한다. 이때는 고감미료의 단점을 보완하는 역할을 한다. 여러 종류의 당류들을 단독보다는 혼합하여 사용하는 것이 맛뿐만 아니라 단맛의 지속시간이나 조직감과 같은 면에서 장점들만 드러나 바람직하다. 자일리톨과 솔비톨은 상업용으로 널리 사용되는 당알코올이다.

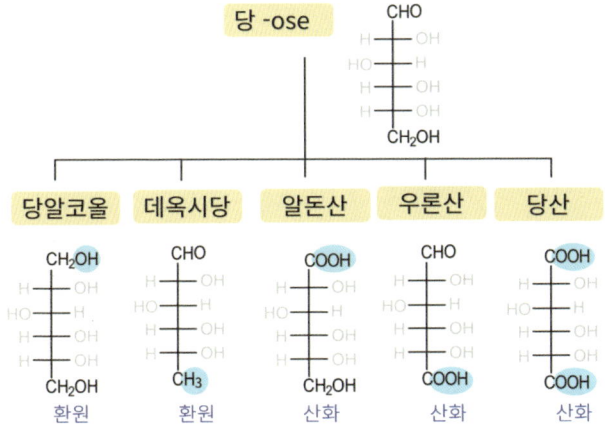

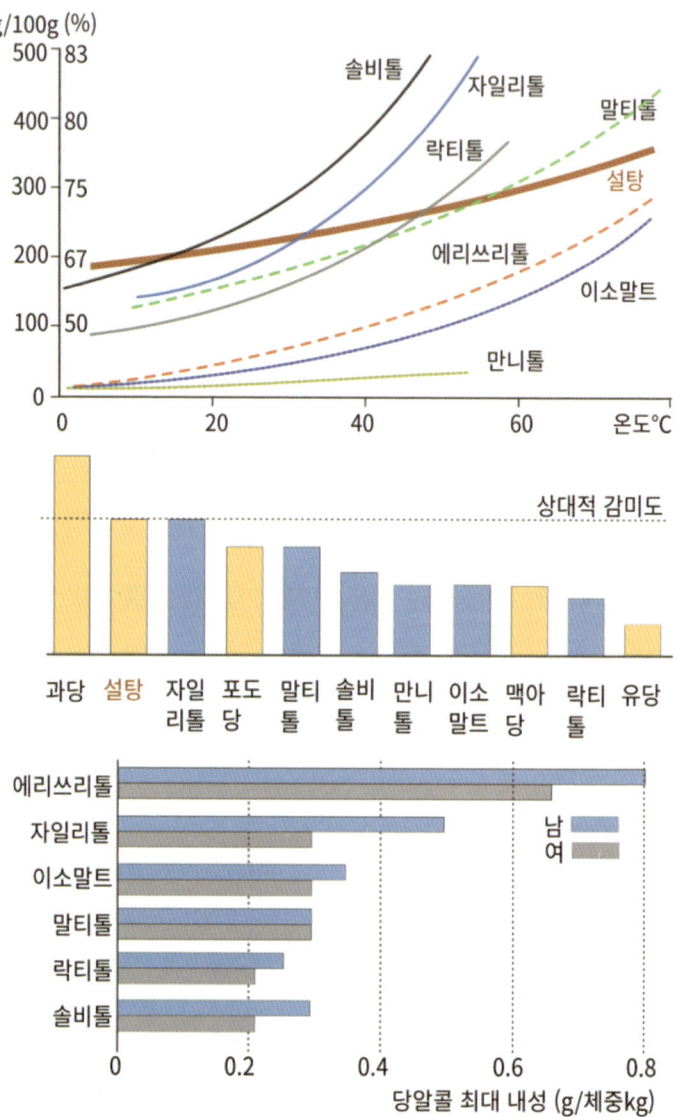

단맛

당알코올은 수분을 잡아 주는 역할을 해서 습윤조절제로 활용할 수 있다. 미생물들이 잘 자라기 어려운 수분활성도를 유도하여 음식이 상할 가능성을 줄이면서도, 수분을 적절하게 포함할 수 있어 퍽퍽하지 않고 부드럽게 먹을 수 있다.

탄수화물과 당분은 일반적으로 치아 법랑질에 달라붙어 충치균이 이를 먹고 빠르게 증식한다. 충치균은 설탕을 치아를 부식시키는 산으로 대사한다. 설탕 대체물은 설탕과 달리 치태의 미생물에 의해 발효되지 않으므로 치아를 침식하지 않는다. 치아 건강에 도움이 될 수 있는 감미료가 자일리톨인데, 이는 세균이 치아 표면에 달라붙는 것을 방지하여 플라크 형성과 결국 부패를 방지하는 역할도 한다.

종류	원료	탄소수	분자량	열량	감미도	융점	용해열 (J/g)	용해도 25℃
Sorbitol	포도당	6	182	2.6	60%	101	−111	235
Mannitol	만노스	6	182	1.6	50%	165	−121	22
Xylitol	자일로스	5	152	2.4	100%	94	−153	200
Erythritol	발효	4	122	0.2	70%	122	−180	47
Maltitol	말토스	12	344	3	90%	150	−78	175
Isomalt	설탕	12	344	2	40%	145	−39	39
Lactitol	유당	12	344	2	40%	122	−53	140
설탕(비교용)		12	342	4	100%	193	−23	185

솔비톨은 1872년 Boussingault가 Sorbus속의 핵과 열매에서 처음 발견했고 배, 복숭아, 사과, 살구, 포도 등에도 1~2% 함유되어 있다. 글루시톨로도 알려졌으며 포도당을 환원시켜 만드는데 알데히드기가 하이드록시기로 바뀐다. 결정성 분말은 용해도가 높고 26.5Cal/g의 흡열 반응을 하므로 시원하고 매우 좋은 단맛을 나타낸다. 솔비톨은 만니톨의 이성질체로 탄소 2번 위치에 있는 하이드록실기의 방향만 다르다. 그래도 녹는점 및 용도는 매우 다르다. 설탕의 60% 정도 단맛이 있다. 일부는 소장에서 흡수되어 체내에서 대사되고, 일부는 대장에서 발효되어 2.5~3.4 Kcal로 인정된다. 대부분의 박테리아는 솔비톨을 에너지원으로 사용할 수 없지만, 충치 유발균(*Streptococcus mutans*)은 천천히 사용할 수 있다.

솔비톨은 전 세계 생산량의 25%가 비타민 C 합성에 사용된다. 설탕보다 혈당 상승이 낮으며 포도당보다 흡수가 느려 혈당 조절이 필요한 사람들에게 유용하다. 비충치성으로 치아 건강을 보호하는 감미료로 승인되었으며 FDA 및 EU에서 충치를 유발하지 않는다는 문구 표기를 허용하고 있다. 그러나 50g 이상 섭취 시 삼투성 설사(Osmotic Diarrhea)를 유발할 가능성이 높아진다.

솔비톨은 알데히드기가 환원된 상태라 아미노산 등과 갈변현상(메일라드 반응)이 일어나지 않고 내열성, 내산성이 있다. 그래서 착색하면 곤란한 제품의 감미료로 적합하다. 단맛 부여 목적 외에 보습력을 활용하여 식품의 건조 방지, 습윤 조정제, 품질안정제로서 여러 식품에 널리 이용되고 있다.

솔비톨은 또한 단일 용량의 액체 의약품을 저장하기 위한 소프트젤 캡슐 제조에도 사용된다. 화장품에서 보습제 및 증점제로 사용된다. 구강 세정제와 치약에도 사용된다. 굴절률이 높아서 솔비톨만으로 투명한 젤을 만들 수 있다. 생선 연육을 만들 때 냉동 보호제 첨가제로 사용된다. 또한 일부 담배의 보습제로도 사용된다.

설탕을 줄인 식품의 설탕 대체제로 사용되는 것 외에도 솔비톨은 쿠키와 땅콩버터, 과일 보존 식품과 같은 저수분 식품의 보습제로도 사용된다. 베이킹할 때 가소제 역할을 하고 부패 과정을 늦추기 때문에 가치가 있다.

솔비톨은 대장에서 발효되어 단쇄지방산을 생성하는데, 단쇄지방

포도당 → 솔비톨(E420) 0.6x → 솔비탄 → 스판(SPANS) / 폴리솔베이트

산은 전반적인 대장 건강에 유익하다. 다른 당알코올의 경우와 마찬가지로 솔비톨이 함유된 식품도 위장 장애를 일으킬 수 있다. 솔비톨은 경구 복용 시 완하제로 사용하거나 관장제로 사용할 수 있다. 솔비톨은 대장으로 물을 끌어당겨 배변을 자극함으로써 완하제로 작용한다.

솔비톨은 병원성 대장균 O157:H7을 다른 대장균 계통과 구별하기 위해 세균 배양 배지에 사용되는데, 이는 대부분의 대장균과 달리 솔비톨을 발효할 수 없기 때문이다.

2) 만니톨

만니톨은 1880년대 Julije Domac에 의해 구조가 밝혀졌다. 설탕의 50~70% 단맛이다. 산업적으로는 과당의 수소화를 통해 생산된다. 과당을 니켈 촉매를 통해 수소화하면 이성질체인 소르비톨과 만니톨의 혼합물이 만들어진다.

만니톨은 박테리아, 효모, 균류, 조류, 이끼 및 많은 식물을 포함한 수많은 유기체에 의해 생성되는 자연에서 가장 풍부한 에너지 및 탄소 저장 분자 중 하나이다. 만니톨은 거의 모든 식물을 포함한 다양한 천연물에서 발견되고, 천연물에서 직접 추출할 수도 있다.

만니톨은 소장에서 25% 정도만 흡수되며 체내에서 대사되지 않는다. 혈당과 인슐린 지수 모두 0으로 만니톨은 고혈당증을 유발하지 않아 당뇨병 환자 및 저탄수화물 식단 이용에 적합하다. 비충치성 감미료로 미국 FDA 및 유럽위원회에서 충치를 유발하지 않는다는 건강관련 문구를 라벨에 표기할 수 있도록 하였다. 하루에 20g 이상 섭취 시 삼투성 설사 유발 가능성이 있다.

| 식품 산업에서의 활용 |

- 쿨링 효과(cooling effect), 쓴맛 마스킹 → 껌, 사탕, 초콜릿 코팅제
- 고온에서 안정적(165~169℃) → 베이킹, 초콜릿 코팅 등에 사용
- 흡습성이 낮음(non-hygroscopic) → 껌, 캔디 제조 시 분말 코팅제로 사용

- 이뇨제(osmotic diuretic) → 신장 기능 개선에 사용

- 항산화제(antioxidant) → 수산기 라디칼(hydroxyl radical) 제거 효과

- 대장암 예방 가능성, 천식 및 과도한 점액 분비 관련 질환 치료에 활용 가능성, 혈관 내 대동맥류 치료 시 신장 보호 역할 가능성 등을 연구 중이다.

3) 자일리톨 : 5탄당 알코올

1890년 독일의 화학자 Emil Fischer와 Rudolf Stahel은 너도밤나무에서 이 물질을 분리하여 Xylit(독일어로 자일리톨)이라 명명했다. 열량은 2.4kcal/g이고 혈당지수(GI)는 포도당의 7%로 혈당에 미치는 영향이 미미하다. 설탕과 유사한 단맛을 가지고 있고, 솔비톨이나 만니톨보다 더 달콤하다. 자일리톨은 입안에서 시원한 느낌을 준다. 베이킹에 사용할 수 있을 만큼 열에 안정적이고 캐러멜화되지는 않는다. 물에는 솔비톨 다음으로 잘 녹는다. 산업적 생산은 헤미셀룰로스의 일종인 자일란에서 출발한다. 산으로 가수분해하여 자일로스를 생산하고 니켈 촉매를 사용, 환원하여 자일리톨을 만든다.

자일리톨은 다양한 용도로 쓸 수 있는데 자일리톨 껌이 대표적이

다. 자일리톨은 입안의 병원성 연쇄상구균의 성장을 억제하여 충치와 치은염을 줄일 수 있다. 섭취한 자일리톨의 50%는 장에서 흡수되어 간에서 오탄당 경로를 통해 대사된다. 하루 50g 이상 섭취하면 설사, 과민성대장증후군을 포함한 위장 불편을 유발할 수 있다. 장에 흡수되지 않은 자일리톨은 세균에 의해 유기산과 가스로 발효되어 복부 팽창을 일으킬 수 있고, 남은 자일리톨은 배설된다.

자일리톨은 충치균(*Streptococcus mutans*) 및 치태 형성균(*Streptococcus sobrinus*)의 성장과 대사를 억제하여 충치를 예방한다. FDA 및 유럽위원회에서 충치를 유발하지 않는다는 문구를 라벨에 표기할 수 있도록 허용 하였다. 기타 건강효과로는 중이염 예방 효과가 있으며 폐렴구

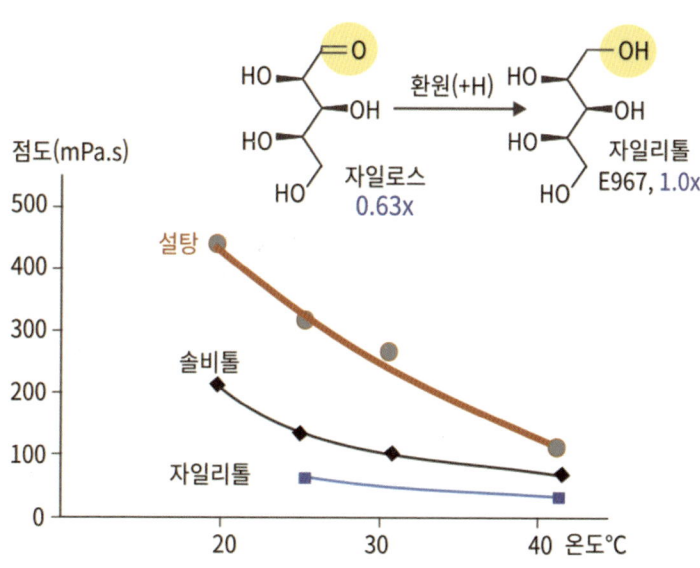

균 (*nasal colonization by pneumococcus*)에 항균 효과가 있다.

4) 에리스리톨 : 4탄당 알코올

에리스리톨은 1848년 스코틀랜드의 화학자 존 스텐하우스(John Stenhouse)가 발견했다. 4탄당 알코올로 에리스로스의 환원형으로 설탕의 60~70% 수준의 단맛이다. 에리스리톨은 체내에 10% 정도만 흡수되고 나머지는 체외로 배출되어 칼로리(0~0.4kcal)가 거의 없으며 혈당에 영향을 미치지 않고 충치를 유발하지 않는다. 일본, EU 등은 제로칼로리로 표시하고 미국은 0.2kcal로 표시한다. 1990년대 일본에서 당알코올로 상품화되었다. 에리스리톨은 버섯, 수박, 배, 포도 등에 존재하나 그 양이 적어 높은 당농도에서도 견디는 미생물을 이용, 발효로 생산된다.

Erythritol
(E968)
0.6~0.7x

에리스리톨은 혈당이나 인슐린 수치에 영향을 미치지 않으므로 당뇨환자에게 효과적인 설탕 대체물이 될 수 있다. 제로칼로리 음료 등에 활용되며 고감미제를 혼합하여 사용하면 고감미제의 쓴맛이나 뒷맛을 개선하여 훨씬 단맛이 부드러워진다. 에리스리톨은 입 안에서 녹으면 강력한 흡열반응으로 청량감을 준다. 자일리톨과 유사하며 모든 당알코올 중에서 가장 강력한 냉각 효과를 가진다.

에리스리톨의 90%는 혈액으로 빠르게 흡수되며, 2시간 안에 최대치에 도달한다. 그리고 대부분 24시간 이내에 소변으로 그대로 배설된다. 약 10%가 대장으로 가지만 에리스리톨은 장내세균에 의해 소화되지 않기 때문에 그대로 배설된다. 소량 섭취한 에리스리톨은 일반적으로 다른 당 알코올을 섭취한 후 흔히 발생하는 완하제 효과와 가스 또는 팽만감을 유발하지 않는다. 다량을 복용하면 메스꺼움, 묽은 변이 발생할 수 있다. 드물게 알레르기를 일으킬 수 있다. 에리스리톨은 치아 친화적이다. 구강 미생물이 활용할 수 없으므로 충치를 유발하지 않는다. 또한 자일리톨과 마찬가지로 에리스리톨은 연쇄상구균에 대한 항균 효과가 있고, 치태를 감소시키며, 충치를 예방할 수 있다.

에리스리톨은 장점이 많지만, 설탕이나 다른 당알코올과 비교할 때 결정화 경향이 매우 강하다는 문제가 있다. 에리스리톨은 물 2부분과 에리스리톨 1부분 정도까지는 결정화되지 않는다. 가열하여 졸이더라도 점성이 있는 시럽을 안정적으로 만들기 힘들고 단단한 결정 구조가 된다. 용해되지 않은 결정이나 떠도는 결정이 있으면 재결정화를 촉진하는 결정 핵(seed)으로 작용한다. 결국 에리스리톨은 흡습성이 없게 된다. 일정 농도 이상에서 에리스리톨은 수분을 놓아주고 에리스리톨끼리 결합하여 단단한 결정이 된다. 반면 알룰로스 같은 것은 흡습성이 강하고 시럽과 같은 농도를 만들기 쉽다.

유럽에서 제조되는 포도주 중 상당수가 국내에서 만드는 포도주보다 맛이 좋게 느껴지는 이유 중의 하나로 에리스티톨 같은 당알코올을 생성하는 효모를 꼽는다. 이들 효모는 포도주 발효 제조 과정에서 에리스리톨도 함께 만든다. 국내산 포도주에서 이런 효모가 포함되지 않아 포도주 속에는 에리스리톨이 없다. 에리스리톨은 미네랄 등과 어우러져 맛을 부드럽게 만들어주기 때문에 포도주 맛이 한결 좋아져 품질이 우수한 제품으로 평가받는다.

에리스리톨은 온도, 산성, 알칼리 환경에서 안정적이며 메일라드 반응을 하지 않는다. 비흡습성 물질로 습기를 잘 흡습하지 않는다. 식품에서는 부형제나 감미료로 많이 사용하고 있으며 구강 건강제품이나 껌, 캔디, 아이스크림, 저칼로리 음료 등에도 활용하고 있다. 비충치성 감미료로 충치균의 성장을 억제하고 자일리톨과 함께 사용하면 충치 예방 효과가 더욱 증가한다.

설탕의 70% 정도의 단맛을 지니고 있으며 아스파탐, 아세설팜 K와 혼합 시 단맛이 30% 정도 상승한다. 또한 스테비아, 자일리톨, 솔비톨 등과 혼합하면 설탕과 비슷한 맛이 난다.

에리스리톨은 고혈당 상태에서 내피세포를 보호하는 효과가 있다고 보고되었으며 in vitro 연구에서는 자유라디칼 제거 및 세포막 보호 기능이 있다고 한다. 또한 과당과 동량 섭취 시 과당 흡수를 저해하는 효과도 있다.

- 소장에서 60~90% 빠르게 흡수 후, 24시간 내 소변으로 배출됨
- 장내 발효가 거의 일어나지 않음 → 설사 유발 가능성이 낮음
- 설사 유발 효과가 다른 당알코올(Sorbitol, Mannitol)보다 낮음
- 여성이 남성보다 에리스리톨 과다 섭취 시 설사에 대한 저항성이 높음

5) 이소말트 Isomalt (이당류 당알코올)

이소말트는 1,6-GPS와 1,1-GPM이라는 두 개의 이당류 알코올의 혼합물이다. 설탕 대비 45~65% 단맛 수준을 지니고 있으며 설탕에 이소말툴로스 합성효소를 사용하여 이소말툴로스로 전환하고 니켈 촉매를 사용하여 수소화하면 1,1-GPM과 1,6-GPS가 만들어진다. 따라서 이소말트를 완전히 가수분해하면 포도당(50%), 소르비톨(25%), 만니톨(25%)이 생성된다.

설탕과 같은 물리적 특성이 있지만 혈당 수치에 거의 영향을 미치지 않으며 인슐린 분비를 자극하지 않는다. 충치를 유발하지 않는다. 열량은 2kcal로 설탕보다 달지 않다. 이소말트는 다른 당알코올처럼 소장에서 완전히 흡수되지 않아 장에서 문제를 일으킬 수 있다.

이소말트는 특히 무설탕 캔디에 널리 사용된다. 이소말트는 고온에서도 단맛 손실이 적어 높은 온도에서 가열되는 제품에 사용하기 적합하다. 설탕보다 결정화 속도가 느려서 설탕 공예 및 장식용 식품 만들기에 적합하다. 다른 당알코올과 달리 입 안에서 쿨링 효과는 없다.

다른 고감미 감미료와 함께 사용할 때 쓴맛을 줄이는 효과가 있고, 부형제(bulking agent), 고결방지제(anti-caking agent), 광택제(glazing agent) 로 사용된다. 충치를 유발하지 않으며 이소말트가 포함된 치약은 치아의 재미네랄화를 촉진하는 효과가 있다. 사용량에 제한은 없으나 다량 섭취 시 삼투성 설사 가능성이 있다.

락티톨은 젖당에 수소가 첨가된 당알코올로 칼로리가 낮아 다이어트용 초콜릿 제조에도 이용된다. 설탕의 30-40%의 단맛이며 흡수가 적어서 2~2.5 Cal/g이다. 락티톨은 비피더스균(*Bifidobacteria*) 및 락토바실러스(*Lactobacillus*)와 같은 유익균의 성장을 촉진하여 프리바이오틱스 역할도 한다. 부패성 세균(putrefactive bacteria)을 줄이고 장내 환경을 개선한다. 또한 암모니아(NH_3) 생성 및 흡수를 감소시킨다.

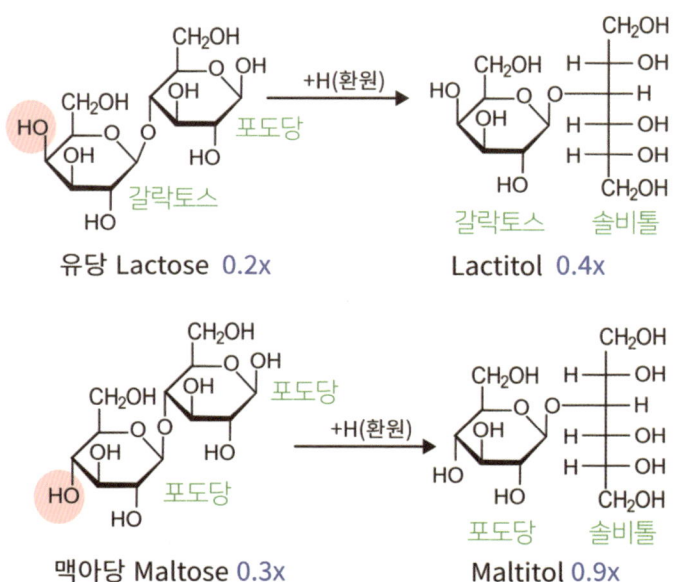

말티톨은 설탕과 매우 유사한 특성을 가진 당알코올로 단맛이 설탕의 90% 수준이다. 설탕과 물리적 특성이 유사하여 설탕 대체제로 널리 사용되고 있으며 카라멜 반응이나 메일라드 반응 같은 갈변반응을 하지 않는다. 말티톨은 포도당과 소르비톨로 분해되어 소장에서 천천히 소화되고 나머지는 대장으로 이동하여 장내 세균에 이용된다. 이때 단쇄 지방산(SCFA) 및 기타 대사산물이 생성된다. 말티톨은 크리미한 질감을 줄 수 있어 지방 대체제로 활용할 수 있고 베이킹 제품, 초콜릿 캔디, 아이스크림, 저칼로리 식품 등에 사용되고 있다.

4

올리고당과 다당류(전분)

1) 올리고당

단당류가 2~10개 정도 연결된 것을 올리고당(소당)이라고 하며, 올리고당은 어떤 식물에나 포함되어 있지만 그 양이 매우 적어서 이것을 추출해서 쓸 수 없고, 대부분 공업적으로 생산한다. 주로 액체 상태라 물엿과 외형이 비슷하고 단맛도 비슷하게 약하다. 갈락토올리고당(감미도 32), 프락토올리고당(감미도 60), 이소말토올리고당(감미도 50), 대두올리고당(감미도 50), 자일로 올리고당(감미도 40), 라피노스(감미도 40), 파라티노스(감미도 20) 등이다. 소량으로 단맛을 부여하는 목적으로는 부적합하고 물성이나 유산균의 증식을 돕는 목적으로 사용된다.

다당류라 소화하기 힘들어 장에 사는 유산균의 먹이로 활용되어 프리바이오틱스(prebiotics)로 작용하는 경우도 많다. 프리바이오틱스는 위와 소장에서 소화 효소로 분해되지 않는 저분자 섬유소이다. 장 내 유익한 박테리아의 생장을 돕는 난소화성 성분으로 장내 환경을 개선하는 데 도움을 주는 물질을 말한다.

커플링 슈가는 전분과 설탕의 혼합액에 효소(cyclodextrin glucano transferase)를 작용시켜 설탕의 포도당 잔기에 1~3개의 포도당을 α−1,4로 결합시켜 만든 감미료이다. 천연에서는 꿀과 인삼에 소량 존

Galacto올리고당

Isomalto올리고당

Fructo올리고당

전분 + 설탕

커플링슈가

재한다. 감미도는 설탕의 50% 정도이며 부드러운 맛을 가지고 있다.

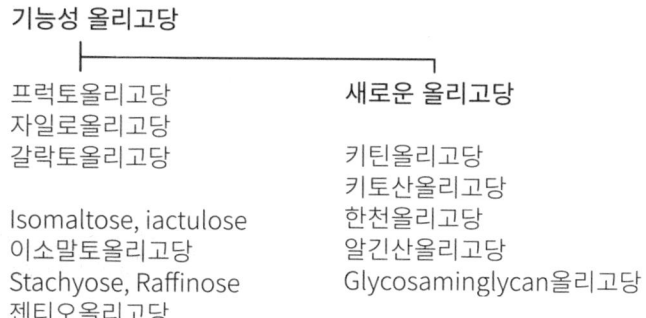

기능성 올리고당

프럭토올리고당
자일로올리고당
갈락토올리고당

Isomaltose, iactulose
이소말토올리고당
Stachyose, Raffinose
젠티오올리고당

새로운 올리고당

키틴올리고당
키토산올리고당
한천올리고당
알긴산올리고당
Glycosaminglycan올리고당

식물의 체관에 흐르는 당은 반응성이 없는 비환원당이다. 환원당(還元糖, reducing sugar)은 알데하이드 또는 케톤 작용기를 가지고 있어서 환원제로 작용할 수 있는 당으로, 모든 단당류와 일부 이당류, 일부 올리고당 등이 환원당이다. 식물의 체관에 이들을 보내기에는 반응성이 커서 부적절하다. 그래서 반응성이 적은 비환원성 당을 이용하는데 대부분 설탕이다.

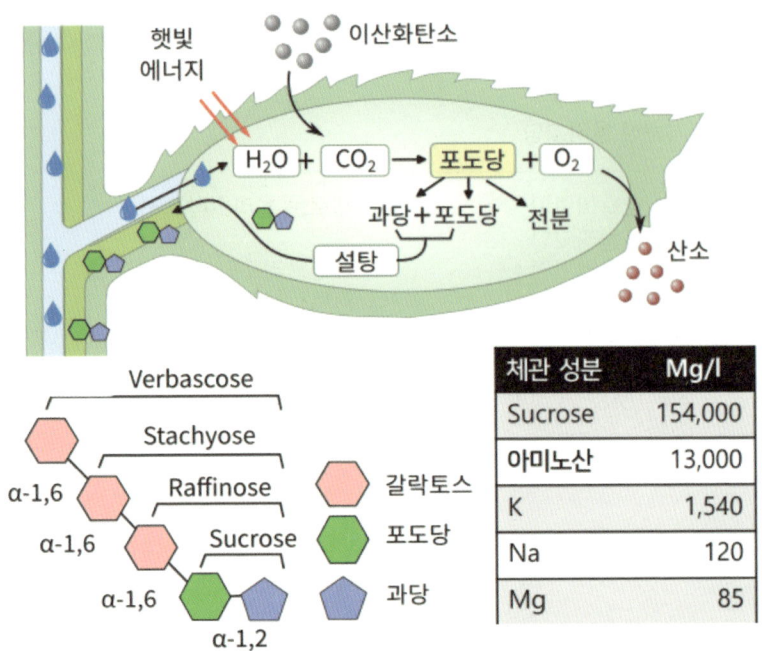

체관 성분	Mg/l
Sucrose	154,000
아미노산	13,000
K	1,540
Na	120
Mg	85

• 광합성을 통해 체관으로 전달되는 성분 •

2) 전분당 : 액상과당, 물엿, 덱스트린

전분은 자연계에 셀룰로스 다음으로 흔한 유기물이다. 식물이 포도당을 보관하는 대표적인 형태이기 때문이다. 포도당을 촘촘하게 결합한 전분의 형태로 보관하는 것이 적은 공간에 많은 양을 효율적으로 보관할 수 있다. 전분은 밀가루, 쌀가루 등에 많은 부분을 차지하기에 이들을 사용한 빵, 쿠키, 떡, 면 등에서 질감과 물성을 부여하는 중요한 역할을 하고, 우리가 섭취했을 때 가장 핵심적인 열량소가 된다.

포도당과 포도당을 연결하는 방법은 크게 두 가지이다. 1번 위치의 탄소와 다른 분자의 4번 탄소 사이를 잇는 방법과 6번 탄소를 잇는 방법이다. 1-4 결합은 직선으로 주욱 이어지는 것을 '아밀로스'라고 하고, 1-6 결합으로 가지 구조가 많은 것을 '아밀로펙틴'이라고 한다. 아밀로스는 포도당 6~8개 단위로 한번 회전하는 나선구조를 만든다. 아밀로펙틴은 포도당 24~30개가 이어질 때마다 다른 포도당 사슬이 가지처럼 연결되어 있다. 이 아밀로펙틴의 형태가 전분의 70~100%를 차지한다. 가지가 많으면 사이 공간이 많고, 공간이 많은 만큼 물이나 효소가 침투하여 분해가 쉬워진다. 아밀로스는 가지가 없어 구조가 촘촘하게 쌓이고 아밀로스끼리 결합하기 쉽다. 촘촘하고 단단하게 쌓이면 밀도가 높고 녹이기 힘들다. 가장 분해하기 쉬운 형태가 동물의 탄수화물 보관 형태인 글리코겐(glycogen)이다. 글리코겐은 아밀로펙틴보다 3배나 빈번하게 즉, 8~12개의 포도당이 연결될 때마다 곁가지가 연결되어 있고, 가지가 밖으로 잘 노출되어 가장 쉽고 빨리 분해할 수 있다.

식물의 종류에 따라 전분을 구성하는 아밀로스와 아밀로펙틴의 비율도 다르다. 전분립의 지름은 3~30㎛에 이를 정도로 거대한데, 포도당의 길이가 0.5nm이니, 지름이 5㎛인 전분립에는 1조 개의 포도당이 들어갈 엄청난 크기이다.

자연에는 전분의 형태로 존재하는 포도당이 많지, 개별로 존재하는 포도당은 작다. 말토덱스트린, 물엿처럼 포도당이 2~10개 결합한 형태는 전분을 분해하여 만든 것이다. 전분이 유기물 중에서 가장 저렴한 편이라 그것을 분해하여 다양한 형태로 활용한다.

전분을 산이나 효소로 가수분해하면 최종적으로 그 최소 구성단위인 포도당으로 분해되지만, 이 분해 정도에 따라 다양한 분해 혼합물을 얻을 수 있다. 덱스트린에서 포도당에 이르는 각종 중간 분해물의 혼합물을 총칭하여 전분당이라고 한다. 전분당은 가수분해 정도에 따라 단맛 외에 점도, 결정성, 흡습성 등 여러 가지 성질이 달라진다. 가수분해의 정도를 나타내기 위해 D.E.(dextrose equivalent)가 지표로 사용되며, D.E.는 다음 식으로 나타낸다.

D.E. = 포도당/고형분 X 100

전분은 DE값이 0이며 포도당으로 완전히 분해되면 100이다. 1/10 정도로 분해되면 포도당이 10개 정도 연결된 덱스트린이다. 이보다 더 분해되면 물엿이다. 저DE 물엿은 분해 정도가 낮아서 감미도가 낮은 덱스트린에 가까운 물엿이고, 고DE 물엿은 분해 정도가 높아서 포도당에 가까운 물엿이다. 결정 포도당은 거의 완전히 순수한 형태로 D.E 100에 가깝다. 이처럼 전분당의 성질은 D.E 값에 따라 일정한 방향으로 변화한다.

전분당을 사용할 때는 이러한 성질을 충분히 고려하여 어떤 종류의 것을 사용할지 결정해야 한다. D.E.20 이하는 단맛이 없어 무미에 가깝고, D.E. 35~50은 어느 정도 단맛이 있고, 결정 포도당에서는 단맛

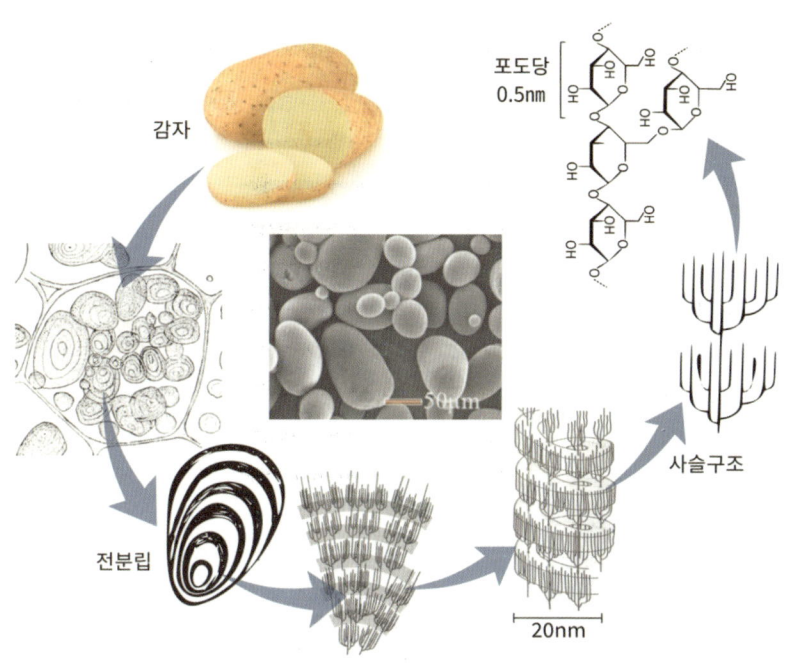

포도당
0.5nm

감자

사슬구조

전분립

20nm

전분종류	아밀로펙틴 (%)	아밀로스 (%)	호화온도	크기(μm)	점도	노화속도	투명도
쌀	80	20	75~80	3~8	중하	빠름	불투명
찹쌀	100	0	70~75	3~8	중	매우느림	투명
옥수수	72~79	21~28	70~75	10~15	중	빠름	불투명
찰옥수수	100	0	65~70	10~15	중상	매우느림	투명
밀	72	28	75~80	8~25	중하	빠름	불투명
감자	78	22	60~65	5~36	높음	중간	중간
고구마	80	20	65~70	5~19	높음	중간	중간
타피오카	83	17	60~65	15~20	높음	느림	중간

종류	전분	덱스트린	물엿	액상 포도당	결정 포도당
DE	0	10~40	35~50	60~97	99~100
평균 분자량	High	⬅			low
감미도 Sweetness	Low	➡			High
용해도 Solubility	Low	➡			High
점도, 접착력	High	⬅			Low
결정 방지력	High	⬅			Low
바디감	High	⬅			Low
갈변 Browning	Low	➡			High
빙점강하, 비점상승	Low	➡			High
수분활성도, 삼투압	Low	➡			High

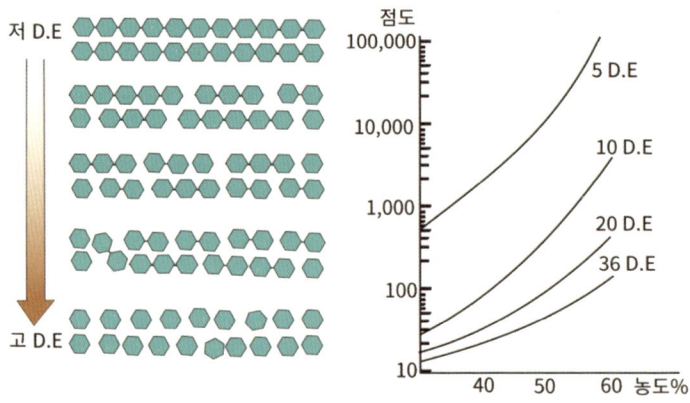

• 분해 정도(D.E)에 따른 영향 요소 •

이 최대가 된다. 또한 결정 포도당이 용해도, 삼투압, 어는 온도를 낮추는 효과나 끓는점을 높이는 효과가 큰 것은 당연한 일이다. 포도당이 여러 개 결합한 저DE 물엿은 분자의 길이가 길어서 점도가 높고,

단맛

점도가 높으니 결정이 석출하는 것을 막는 힘도 크고, 입안에서 바디 감도 크다. 이런 성질을 이해하면 훨씬 길이가 긴 다당류인 셀룰로스, 식이섬유, 전분의 특성을 이해하는 데 도움이 된다.

전분당의 감미료로서의 특징은 조미되는 것의 맛, 특히 색과 향을 매우 섬세하게 살리는 것이다. 식품을 가공할 때 그 외관, 유연성, 광택, 구운 색, 식감 등의 효과를 내기 위해 당류가 사용된다. 이때 식품의 풍미, 기호성 등을 고려하여 감미료를 사용하여 충분히 단맛을 내는 경우와 단맛은 적당히 억제하는 경우가 있다. 그래서 설탕 단품이 아닌 전분당류를 적절히 배합하여 사용함으로써 적당한 단맛과 적당한 농도감을 부여할 수 있다.

| 군고구마의 단맛 |

고구마는 일본에는 '군고구마 장인'이 따로 있을 정도로 익히는 기술에 따라 맛이 달라진다. 핵심 기술이 고구마에 함유된 β−아밀레이스(amylase)를 활용하여 단맛을 높이는 것이다. 고구마에 함유된 β−아밀레이스는 고구마의 주성분인 녹말을 맥아당이나 포도당으로 분해할 수 있다. 감자에는 이 효소가 없거나 매우 소량이라 생감자를 어떻게 굽든 고구마만큼 단맛을 제공하지는 못한다. 이 효소의 활성을 최대화하려면 온도를 서서히 높여야 한다. 온도가 10℃ 올라갈 때마다 몇 배씩 속도가 높아진다. 효소들은 자신들이 잘 활동할 수 있는 적정 온도가 있다. β−아밀레이스 효소가 가장 활성화될 수 있는 온도는

50~60℃이다. 만일 그 온도보다 낮으면 활동을 개시하지 않거나 미약한 편이다. 온도가 점차 올라가면서 적정 온도에 도달하면 효소의 활동은 놀랍도록 빠르게 진행된다. 그러나 온도를 계속 올릴 수 없는 이유는 효소가 단백질이라, 온도가 지나치게 오르면 단백질이 변성되어 효소의 기능을 잃는다. 따라서 적당한 온도에서 효소의 활동을 최대로 높이는 것이 중요하다. 군고구마를 구울 때 무조건 센 불에 직화로 구우면 되면 효소들이 제 역할을 하기도 전에 변성되어 달달한 맛을 내지 못한다. 서서히 온도를 올려 나가는 것이 중요하다.

고구마 온도를 60℃ 정도에 맞추어 30분 정도만 두면, 효소들이 탄수화물을 활발히 분해하여 포도당의 함량이 생고구마보다 6~8배나 증가하게 된다. 그래서 훨씬 달콤한 고구마가 된다. 군고구마를 구을 때 직화보다는 둥그런 터널과 같은 통 자루에 넣어 화덕에서 굽거나 뜨거운 돌에 의해 간접적으로 가열하는 방식을 선택하여 굽는 게 좋다. 고구마처럼 녹말이 많은 식품은 높은 온도로 급하게 구워내면 고구마의 내부까지 온도가 오르기도 전에 표면 쪽은 타버리고 속은 안익은 상태가 된다. 그래서 사람들은 고구마를 구울 때 자연스럽게 뜨거워진 돌이나 재 속에 오랫동안 묻어 두면서 익히는 방법을 선택한다. 굽는 동안 고구마의 속과 겉의 온도 차이를 줄이며 천천히 가열하는 것이 바람직하다. 군고구마가 더 맛있게 느껴지는 것은 효소 활동이 활발하게 일어날 수 있는 여건 외에도 굽는 과정에서 약간 탄 듯한 과정을 거치며 구수한 향기를 지닌 갈변화된 물질들을 만들어 내기에

단맛

더욱 맛이 있게 느껴진다. 갈변물질들은 색이 변하는 것도 있지만 맛과 향도 좋아진다.

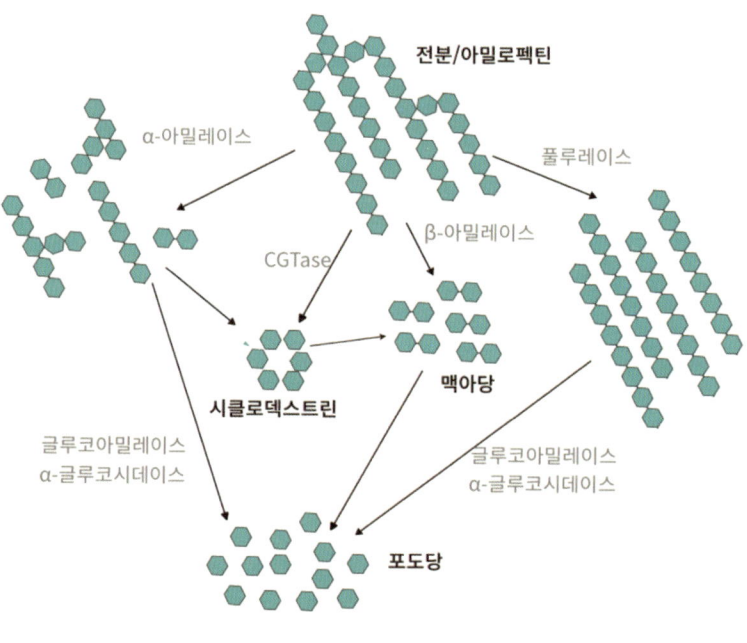

• 전분의 분해효소 •

다당류 :
셀룰로스와 식이섬유

앞서 여러 당류를 설명했지만 식물에 가장 많은 당류는 셀룰로스 형태다. 식물은 적을 만나도 달아날 수 없으니 이들의 공격을 막을 수단이 필요하다. 소화하기 힘든 구조의 단단한 세포벽은 세포를 보호하는 가장 기본이 되는 수단이다. 자신의 몸체를 지탱할 강도를 부여하고 곤충, 곰팡이, 세균 등이 쉽게 침입하지 못하게 한다. 보통 바깥쪽의 1차 세포벽은 셀룰로스가 주성분이며, 1차 세포벽과 2차 세포벽을 연결하는 중간층은 펙틴이 주성분이고, 2차 세포벽에는 리그닌, 수베린, 큐틴이 추가된다. 리그닌이 있으면 나무처럼 목질화되고, 수베린이 들어가면 코르크화되고, 큐틴이 있으면 큐티클화 된다.

셀룰로스는 식물 전체 질량의 33% 정도를 차지하기 때문에, 지구상에서 가장 흔한 유기화합물이다. 면화는 90%, 목본식물은 50% 정도가 셀룰로스다. 동물이 셀룰로스를 포도당으로 분해할 수 있다면 식량 걱정이 없었을 텐데, 셀룰로스를 분해할 수 없는 이유는 틈이 좁고 단단해서 그 사이를 비집고 효소가 작용할 수 없기 때문이다.

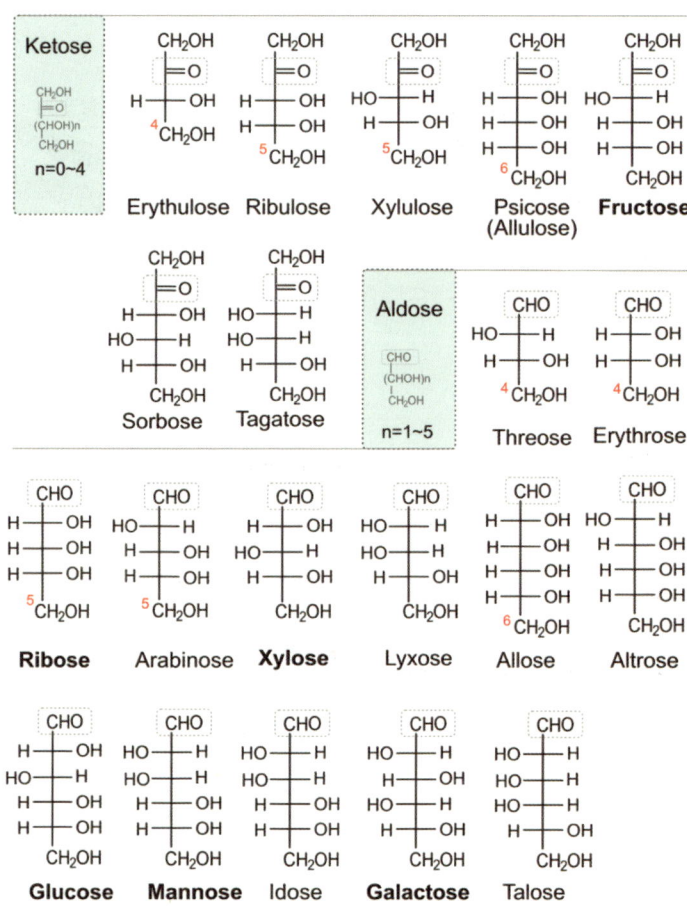

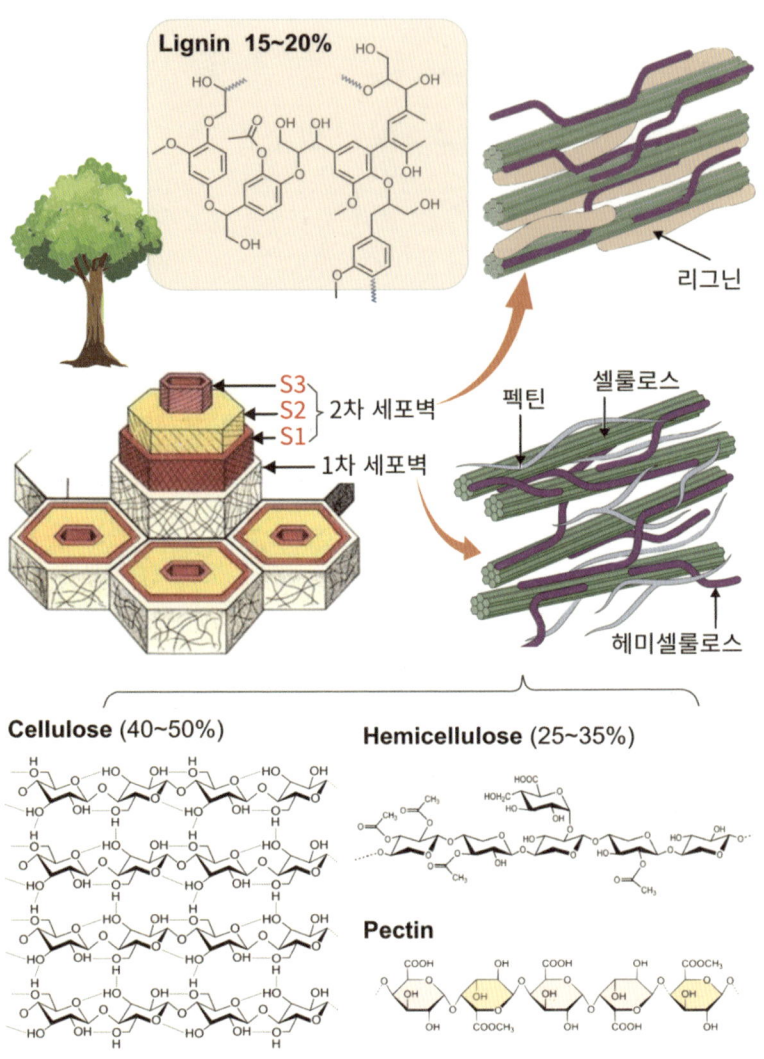

Lignin 15~20%

리그닌

2차 세포벽
S3
S2
S1

1차 세포벽

펙틴 셀룰로스

헤미셀룰로스

Cellulose (40~50%)

Hemicellulose (25~35%)

Pectin

• 세포벽의 기본 구조 및 성분 •

316

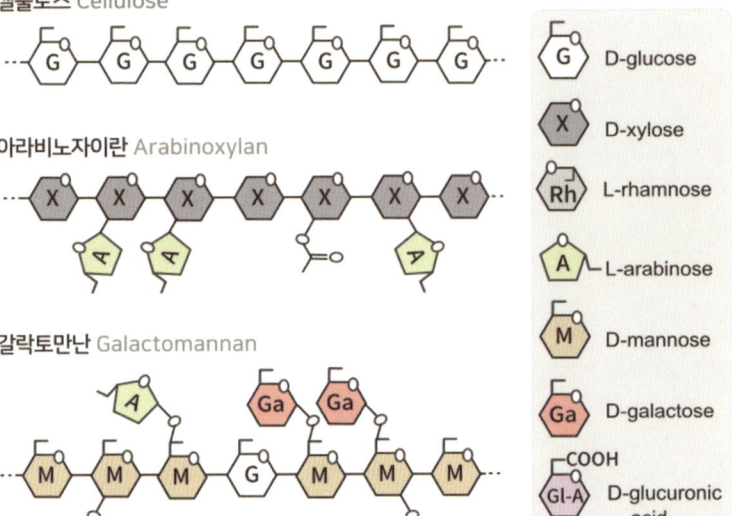

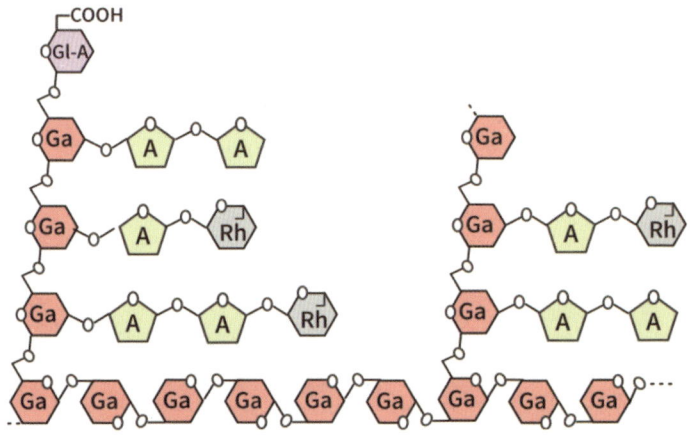

• 커피 세포벽의 주요 구성 성분 (Zheng Li et al, 2021) •

6장

비당질계 감미료(고감미제)

대체 감미료가
갖추어야 할 조건

제로 슈가의 열풍과 대체 감미료의 특징

칼로리 과잉이 지속되고 이로 인한 비만 문제가 지속되자 칼로리 없이 단맛을 내는 대체 감미료에 관한 관심이 커졌다. 설탕 같은 맛을 내면서 소화 흡수가 되지 않아 칼로리에 영향이 없거나, 단맛이 매우 강해서 설탕의 1/100 정도를 사용하고도 설탕만큼의 단맛을 내는 소재를 찾아서 대체하면 되는 것이다.

설탕과 비슷한 단맛을 가지지만 소화 흡수가 잘 안되어 칼로리가 낮은 것은 결국 대장에 대량의 물질이 공급되어 이들이 삼투현상 등을 일으켜 장이 예민한 사람에게는 문제를 일으키기 쉽다. 단맛이 설탕보다 수백 배 강한 감미료는 소량만 사용하기 때문에 이런 걱정은 없지만 설탕 같은 단맛이 아니라 거부감이 들기 쉽고, 설탕의 나머지 기능을 대신할 수 없으므로 이것에 대한 보완이 필요하다. 설탕을 줄이고 대체당을 사용하여 칼로리를 낮추는 제품은 식품업계에서 수십 년 전부터 주기적으로 시도했으나 그렇게 성공적이지 못했다. 최근 제로 칼로리 열풍의 지속은 나의 예상을 완전히 뛰어넘은 것이다. 나는 30년 이전부터 시도되었던 제로 칼로리 제품의 계속된 실패로부터 이번의 제로 열풍도 일시적 유행일 것으로 생각했다. 하지만 나의 예상과는 달리 유행이 계속 이어지고 있다. 그러다 '아이스아메리카노'의 인기를 생각하면서 나름 이해가 되었다. 지금의 고감미제는 설탕의 대체품이 아닌 향미료의 하나가 된 셈이다. 제로 슈거 제품은 칼로리가 없어 체중조절에 도움이 될 것이라 기대하지만 세계보건기구는 이미 이들의 사용이 체지방 감소에 장기적인 이점을 제공하지 않는다고 밝혔다. 우리 몸은 생존의 기본인 칼로리에 속을 정도로 단순하지 않다. 살을 빼기 위한 음료가 아니라 차(Tea)나 아이스아메리카노처럼 입안이 심심할 때 마시는 기호성 음료로 성공한 것이다.

- 당류 : 포도당 과당, 설탕, 맥아당, 젖당 등

- 당알코올 : 솔비톨, 만니톨, 자일리톨 등

- 아미노산: 글리신, 류신, 프롤린 등

- 디펩타이드 : 아스파탐, 알리탐

- 단백질 : 소마틴, 모넬린, 등

- 질소화합물 : 베타인, TMAO, 테아닌

- 배당체 : 글리시리진, 스테비오사이드 등

- 플라본 : 네오히스피리딘 DC, 필로둘신

- 설폰아미드 : 사카린, 아세설팜 K, 사이클라메이트

이름	감미도	구분	비고 (허용 여부)
Lugduname	22만~30만	합성	–
Carrelame	20만	합성	–
Advantame	20,000	합성	E969, FDA 2014
Neotame	10,000	합성	E961, FDA 2002
Monatin	3,000	식물	
Alitame	2,000	합성	멕시코, 오스트리아, 뉴질랜드, 중국
Thaumatin	2,000	단백질	E957
Neohesperidin	1650	식물	E959
Monellin	1,400	단백질	
Brazzein	1250	단백질	
Curculin	1250	단백질	
Sucralose	600	합성	FDA 1998, EU 2004
Osladin	500	식물	사포닌의 일종
Pentadin	500	단백질	
Saccharin	200~700	합성	E954, FDA 1958
Mogroside mix	300	식물	
Dulcin	250	합성	FDA 금지 1950
Stevia	250	식물	
Acesulfame K	200	합성	E950, FDA 1988
Aspartame	200	합성	E951, FDA 1981
Mabinlin	100	단백질	
Glycyrrhizin	40	식물	사포닌
cyclamate	40	합성	FDA 금지, EU, 캐나다 허용

• 고감미제의 종류 •

이론적으로는 당류 저감화가 나트륨 저감화보다 훨씬 쉽다. 짠맛은 혀에 존재하는 이온(나트륨)채널형 수용체로 감각하는 것이라 그 통로를 통과하여 짠맛을 부여할 물질은 사실상 소금(염화나트륨) 말고는 없다. 단맛도 수용체는 한 종류에 불과하지만 더듬이처럼 분자의 일부를 더듬어서(결합해서) 감각하는 GPCR형이라 결합할 부위만 일치하면 된다. 그러니 감미료로 작용할 수 있는 물질이 많다. 당류나 당알코올처럼 비슷한 형태뿐 아니라 당류와 형태가 전혀 달라도 이 수용체와 결합할 수 있으면 단맛의 물질이 되는 것이다.

사카린은 1879년 2월, 존스 홉킨스대 아이라 렘슨 교수와 제자 콘스탄틴 팔베르크에 의해 우연히 발견됐다. 팔베르크는 타르에 포함된 화학물질의 산화반응을 연구하던 중 하루는 실험하고 난 후 손을 씻지 않은 채 빵을 먹다가 유난히도 빵이 달게 느껴졌다. 처음에는 빵 자체가 달다고 생각하였으나 나중에 손을 깨끗이 씻고 같은 빵을 먹었을 때는 그와 같은 단맛을 느끼지 않았다. '혹시 실험실에서 연구 중 생성된 물질이 영향을 미친 탓이 아닐까!' 생각하고 어떤 물질이 영향을 미쳤는지를 확인하다가 사카린을 발견했다.

사이클라메이트는 1937년 해열제를 합성하기 위한 실험 중 발견됐다. 미국 일리노이 대학원생 마이클 스베다가 실험이 뜻대로 풀리지 않아 마음을 가다듬으려고 무심코 실험실에서 담배를 피웠다. 잠시 실험대 위에 담배를 놓았다가 얼마 후 다시 담배를 입으로 가져가 입에 물린 순간 담배 맛이 너무 좋았다. 처음에는 그 이유를 몰랐다. 그냥 몸의 컨디션 탓으로 생각했다. 실험실에서 피워서는 안 된다는 사실이 생각나 얼른 끄고는 밖으로 나와서 다시 담배를 하나 피웠지만 조금 전에 느꼈던 감미로운 맛이 아니었다. 그래서 다시 실험실에 돌아가 담배를 피워 보았지만 역시 그 맛이 아니었다. 실험대 위에 담배를 놓았던 기억이 떠올라 이를 반복해 보았더니 담배 맛이 너무 좋았다. 그렇게 발견한 것이 사이클라메이트다. 그는 재빨리 사이클라메이트 제조에 관한 특허를 등록하고 듀퐁사에 이 기술을 팔았다. 의료회사는 약의 쓴맛을 줄일 목적으로 설탕보다 강력한 단맛을 지닌 물질이 필요하였다. 사이클라메이트는 이런 문제를 해결하기에 안성맞춤이었다. 사이클라메이트는 설탕보다 30~50배 더 달고 약간 불쾌한 뒷맛을 가지고 있으나 사카린보다는 뒷맛이 약한 편이었다. 그러다 사이클라메이트는 1970년 1월에 발암물질로 지목되어 콜라 등에 사용이 중지되었다. 그러나 신약 개발을 하던 애보트사는 그렇지 않다고 판단했다. 이 연구소는 1969년에 발표된 방광암 실험과 똑같은 상태에서 같은 실험을 몇 번이고 해 보았지만, FDA와 같은 결과를 얻을 수 없었다. 이에 사이클라메이트 금지 해제를 요청하는 청원서를 미국 FDA에 제출했으나 거절당했다. 두 번째 청원서를 1982년 제출하여 FDA가 제시한 모든 실험에서 사이클라메이트가 발암물질을 포함하고 있지 않다고 발표하였지만, 미국에서 식품에 사용하는 것은 여

전히 금지하고 있다. 현재 CODEX, EU, 호주, 뉴질랜드, 중국 등 55
개국은 이를 사용해도 된다고 승인하고 있다.

이처럼 대체 감미료 중에는 우여곡절을 겪는 경우가 많은데 북미에
서는 설탕 대체품으로 수크랄로스, 스테비아, 아세설팜 K, 솔비톨, 몽
크푸르트 추출물, 아스파탐, 에리스리톨 등이 사용된다.

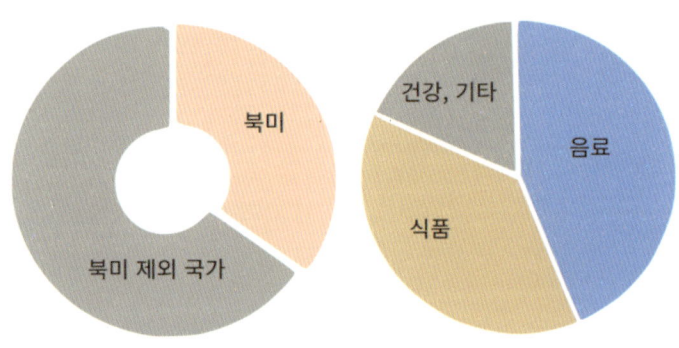

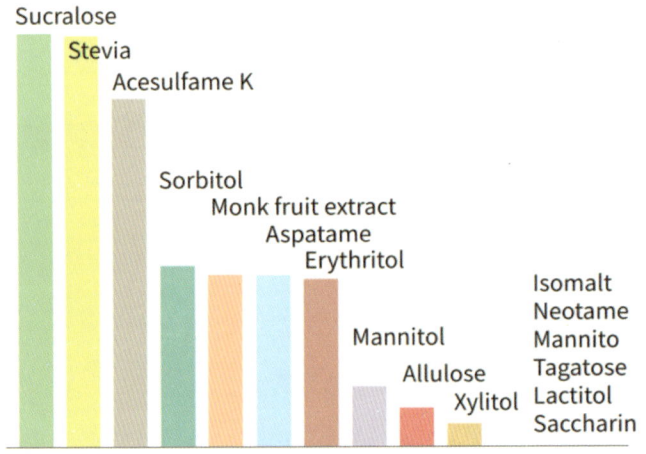

• 2020년 미국 대체 감미료 시장 •

당질계 감미료는 미생물의 영양원이 되기 쉬운데 비해, 대체 감미료를 사용하면 효모 등 미생물의 번식으로 인한 식품의 품질 저하를 방지하고 보존성을 높이는 데 효과적이다. 일반 당류는 충분한 감미를 위해서는 다량 사용해야 하는데 그만큼 점성도 증가하여 점성이 있으면 안 되는 절임류 등의 식품에 불리하다. 이때도 소량의 대체당을 사용하는 것이 유리하다.

단맛의 강도와 단맛의 느낌 그리고 단맛 지속 기간을 조절하기 위해서는 여러 번의 시행착오가 필요하다. 아세설팜 K나 에리스리톨의 경우 설탕에 비하여 단맛의 지속시간이 상당히 짧다. 그만큼 입안에서 단맛의 느낌이 빠르게 사라진다. 반면 글리시리진은 한약재나 담배의 단맛을 증가할 목적으로도 사용하는 감초의 주성분인데 단맛이 서서히 나타나고 오래 지속되는 특성이 있다. 이처럼 단맛의 지속시간은 단맛 물질마다 차이가 있어 단맛 지속시간이 긴 것은 짧은 것을 함께 사용하여 단맛의 지속 시간을 적당한 수준으로 조절할 필요가 있다. 한편 뒷맛이 안 좋은 것은 다른 감미료와 조합하여 마스킹하는 것이 좋다.

사카린의 경우 설탕에 비하여 단맛의 지속시간은 짧으면서도 뒷맛으로 쓴맛이 남아있어서 쓴맛을 느끼기 시작하려 할 때 설탕이 함께 존재한다면 설탕의 단맛 지속성으로 쓴맛을 마스킹할 수가 있다. 이런 원리로 다른 감미료의 단점도 보완할 수 있다. 한 가지의 단맛 물질을 쓰기보다는 두 가지 혹은 세 가지 등의 단맛 물질을 혼합하여 사용하면 감미료들이 가지고 있는 각각의 단점을 보완할 수 있다. 이와 같은 방식으로 고감미료들을 사용할 때 많이 활용되는 것이 에리스리톨이다. 에리스리톨은 특히 여러 맛을 조화시켜 주는 역할을 한다.

* 상대감미도(Relative Sweetness)란 특정한 당류나 감미료가 설탕(sucrose)과 비교하여 얼마나 단맛을 느끼게 하는지를 나타내는 상대적인 값이다. 설탕의 감미도를 기준인 1로 설정하고, 다른 감미료들의 감미 강도를 상대적으로 표현한다. 즉, 특정 감미료가 설탕보다 더 달다면 상대감미도가 1보다 크며, 덜 달다면 1보다 작다. 감미의 측정은 전문 교육을 받은 패널의 관능평가로 진행되며, 감미도는 온도, pH, 농도 등에 따라 다르게 느껴질 수 있다.

* 고감미도 감미료를 동일한 감미 강도를 갖도록 조정한 후 시간 경과에 따른 감미의 특성을 비교한 결과를 설탕과 비교하면 후미에서 단맛이 지속되거나 쓴맛이 발생하는 경향이 있다. 고감미도 감미료의 후미는 음료, 유가공품, 아이스크림류, 제과, 제빵 등에서 맛의 품질 저하 요인이 된다. 따라서 최대한 설탕과 유사한 감미 질이 되도록 조합하여 사용한다.

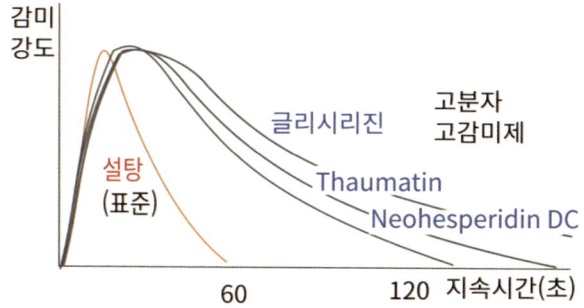

• 감미료의 보정된 단맛의 지속시간 •

감미료	EU No	ADI, JECFA
아스파탐	E951	40
어드밴탐	E969	32.8
수크랄로스	E955	15
아세설팜 K	E950	15 (9, EFSA)
Cyclamate	E952	11 (7, EFSA)
사카린	E954	5
스테비올 배당체	E960	4
네오탐	E961	2

• 고감미제의 ADI 값 •

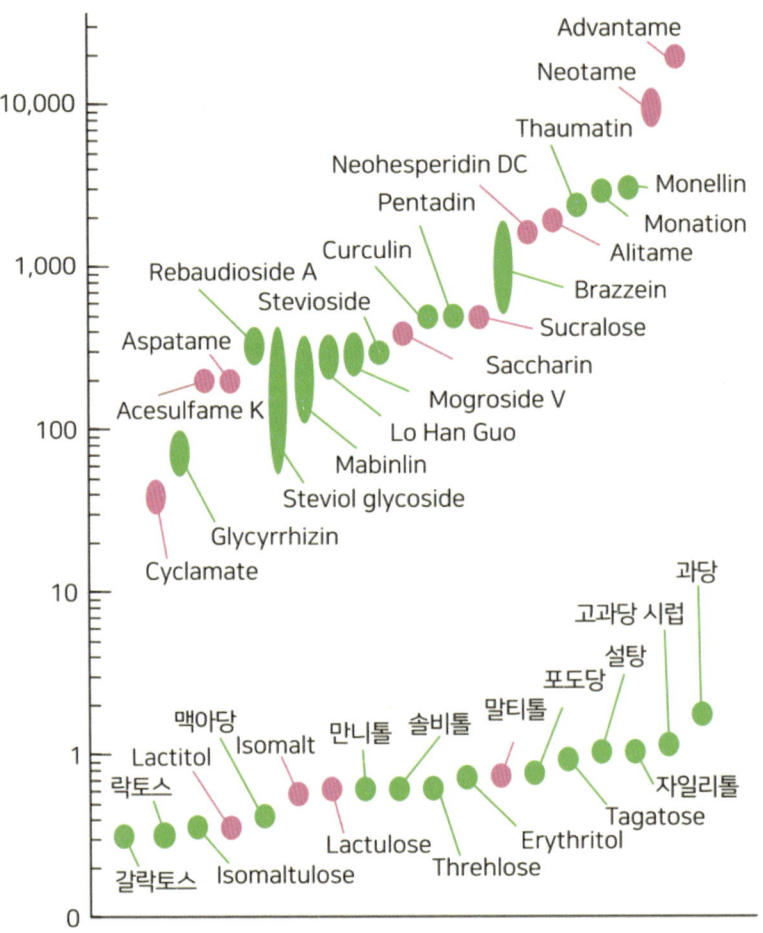

• 다양한 감미료의 감미도 비교 •

단맛

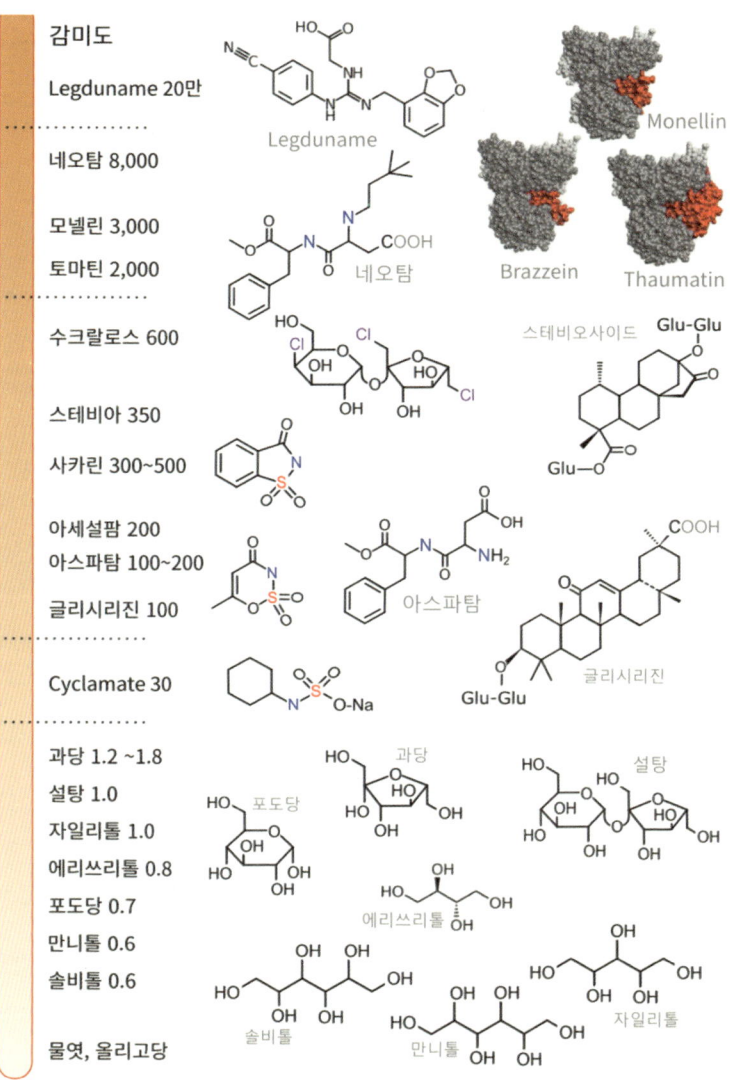

감미도

Legduname 20만

네오탐 8,000

모넬린 3,000

토마틴 2,000

수크랄로스 600

스테비아 350

사카린 300~500

아세설팜 200

아스파탐 100~200

글리시리진 100

Cyclamate 30

과당 1.2 ~1.8

설탕 1.0

자일리톨 1.0

에리쓰리톨 0.8

포도당 0.7

만니톨 0.6

솔비톨 0.6

물엿, 올리고당

Legduname

네오탐

Monellin

Brazzein

Thaumatin

스테비오사이드

Glu-Glu

Glu-O

Glu-Glu

글리시리진

아스파탐

과당

포도당

설탕

에리쓰리톨

솔비톨

만니톨

자일리톨

• 단백질계 감미료의 결합 •

합성 고감미 감미료

단맛은 강하고 칼로리가 없는 고감미제로 처음 등장한 것이 사카린이다. 대략 150년 전인 1879년에 우연히 발견되었다. 1885년부터 상업적인 이용이 시작되어 처음에는 당뇨환자에게 사용되었다. 이후 금방 일반 대중에게도 큰 인기를 끌었다. 그리고 1931년에는 천연 고감미제인 스테비아가 개발되었고, 1937년 사이클라메이트가 개발되었는데 안전성 논란으로 국가별로 허용 여부가 다르다. 1965년 아스파탐, 1967년 아세설팜 K, 1976년 수크랄로스, 1996년 네오탐이 개발되었다.

고감미제는 여러 안전성 논란이 있지만, 그사이 충분한 실험으로 아스파탐, 어드밴탐, 수크랄로스, 아세설팜 K, 사이클라메이트, 사카린, 네오탐 등은 충분히 안전한 수준으로 섭취할 수 있는 일일섭취허용량(ADI)이 정해져 있다.

이름	감미도	허용 여부
Lugduname	22만~30만	–
Carrelame	20만	–
Advantame	20,000	E969, FDA 2014
Neotame	10,000	E961, FDA 2002
Alitame	2,000	멕시코, 오스트리아, 뉴질랜드, 중국
Sucralose	600	FDA 1998, EU 2004
Saccharin	200~700	E954, FDA 1958
Acesulfame K	200	E950, FDA 1988
Aspartame	200	E951, FDA 1981
Cyclamate	40	FDA 금지 1996, EU, 캐나다 허용

2014 Advantame FDA 승인

2010 Luo Han Guo FDA 승인

1980s Neotame 발견, 1998 FDA 승인

1976 수크랄로스 발견, 1999 FDA 일반용으로 승인

1967 아세설팜K 발견, 1988 특정 식품용, 2003 일반 식품용 승인

1965 아스파탐 발견, 1983 FDA 탄산음료, 1996 일반 식품용 승인

1937 Cyclamate 발견, 1969 미국 Cyclamate 금지

1931 스테비아 분리, 2007 FDA 일반용으로 승인

1879 사카린 발견

1879년 미국 존스 홉킨스 대학의 콘스탄틴 팔베르그(Constantin Fahlberg) 라는 학생이 화학 연구를 마치고 집에 돌아와서 빵을 먹던 중 그날따라 유난히 빵 맛이 단것을 발견하고 그 원인을 찾아본 결과 단맛의 정체는 바로 자기 손에 묻은 화합물이란 사실을 밝혀냈다.

사카린은 백색 무취의 분말로 에탄올에는 잘 녹지만 물에 거의 녹지 않는다. 이를 칼륨염이나 나트륨염으로 만들면 물에 잘 녹는다. 일반적으로 사카린나트륨이 많이 사용된다. 이를 수용성 사카린이라고 한다. 사카린은 체내 흡수가 느리고 대사되지 않고 빠르게 소변으로 배출되어 몸에 남지 않는다.

사카린 (E954)　아세설팜 (E950)　Cyclamate (E952)
300~500x　　　200x　　　　30x

사카린의 단맛은 설탕의 약 300배로 1만 배로 희석한 극히 낮은 농도에서도 단맛이 느껴지지만, 약간의 쓴맛이 있다. 이런 뒷맛은 사이클라메이트 같은 다른 감미료와 혼합하여 최소화된다. 아세설팜, 아스파탐, 수크랄로스, 쏘마틴 등과 사용하면 상승작용으로 더 적은 양으로 단맛을 낼 수 있다.

사카린은 우리나라에서 당원(糖原), 뉴슈가, 특당, 당정, 신화당 등의 상표로 포도당 등을 섞어 판매되었다. 당도가 워낙 높기 때문에 순수 사카린으로는 계량이 힘들어 사용의 편의성을 위해서다. 과립형 결정 알갱이 1~2개가 각설탕 하나 정도의 단맛을 낼 정도다. 이를 먹으면 처음에는 뭔가 알 수 없는 맛이 나다가 곧 강한 단맛이 나고, 끝에 쓴맛이 나고 이후에 미미하게 단맛이 남는다. 설탕과는 다른 이질적인 맛이고, 사용량이 과하면 쓴맛이 더욱 두드러진다.

설탕과는 화학 조성이 완전히 달라 고온에서도 잘 변성되지 않는다. pH 3.3~8.0 범위에서 150℃로 1시간을 가열해도 변화가 없다는 연구도 있다. 끈적이는 물성도 없고 메일라드 반응, 캐러멜 반응 등도 일으키지 않는다는 것도 장점이다. 옥수수 등을 찔 때도 사카린을 쓰면 단맛만 주고 손에 끈적이지 않는다. 미생물이 활용할 수 없으므로 충치를 유발하지도 않고, 발효균도 영양원으로 쓰지 못하기 때문에 김치를 만들 때 궁합이 좋다. 설탕을 쓰면 발효가 너무 빨라지는데 사카린은 발효를 촉진하지 않으면서 달콤하여 아삭아삭하고 시원한 맛을 유지할 수 있다.

사카린은 처음에는 톨루엔을 이용한 합성법이 쓰이다, 지금은 메틸안트라릴레이트에서 합성하는 방법이 쓰인다. 이런 사카린이 치약, 다이어트 식품, 다이어트 음료의 맛을 개선하는 데 자주 사용된다. 사카린이 대중화되기 시작한 것은 세계대전을 거치면서부터였다. 각종 물자가 부족한 상황 속에서 설탕 대체제로 각광받으며 당시에 소비된 사카린의 양이 무려 770만 kg이었다. 그러다 1960년 연구에서 고농도 수준의 사카린이 실험용 쥐에게 방광암을 유발할 수 있다는 주장이 제기되면서 사카린에 대한 두려움이 커졌다. 캐나다는 1977년 동물실험 결과 사카린 사용을 금지했다. 미국에서는 1977년 FDA가 사카린 금지를 고려했지만, 의회가 개입하여 그러한 금지를 유예했다. 유예 조치는 경고 라벨을 요구하고 사카린 안전성에 관한 추가 연구도 의무화했다.

그 후, 사카린이 인간에서는 발견되지 않는 별도의 메커니즘에 의해 수컷 쥐에게 암을 유발한다는 사실이 밝혀졌다. 고용량의 사카린은 쥐의 소변에 침전물을 만든다. 이 침전물은 방광 내막 세포를 손상하고, 세포가 재생되면 종양이 형성된다. 하지만 이것은 인간과 관계없는 현상이다. 실험에 사용한 양이 지나치게 과량이었을 뿐 아니라 그 이후에 실험을 통해 증명된 것은 랫트의 방광암이 발생한 것은 DNA 손상에 의한 것이 아니라는 것, 인간과는 달리 설치류에는 높은 pH, 고농도 단백질, 인산칼슘이 있는데 여기에 사카린이 과다 투여되면 이들과 결합하여 결석이 만들어진다는 것이다. 사카린의 발암성은 이 결석에 의한 손상이 결국 방광암으로 이어진 것이라 사람과는 연관성이 전혀 없다는 것이 밝혀졌다.

2001년에 미국은 발암물질 리스트에서 제외하고, 경고 라벨 요구사항을 폐지했으며 미환경보호청(EPA)은 2010년 12월에 사카린이 더 이상 인체 건강에 잠재적인 위험으로 간주하지 않는다고 밝혔다.

단맛

1993년 : 세계보건기구(WHO), 사카린은 인체에 안전함을 확인

1998년 : 국제암연구소(IARC), 사카린을 발암물질에서 제외

2000년 : 미국 독성 물질 프로그램(NTP), 사카린을 발암물질에서 제외

2001년 : 미국 FDA, 사카린은 안전하다고 선언함

2010년 : 미국 환경 보호청(EPA), 사카린을 유해 물질 항목에서 제외함

2015년 : 플로리다 의과 대학의 로버트 메케너 연구진은 사카린이 상당한 항암 효과가 있다고 밝힘

2025년 : 영국 브루넬대 항균혁신센터 연구팀, 다제내성 박테리아를 죽이고 기존 항생제의 효과를 높일 수 있다는 결과 발표

2) 아세설팜 K(Acesulfame K)

독일 훼스트(Hoechst)사에서 Claus와 Jenson에 의해 1967년에 합성된 감미료이다. 1978년 WHO는 아세설팜 K로 등록하였고, 여러 나라에서 사용이 승인되었다. 감미도는 설탕의 약 200배로 설탕에 비해 단맛이 빨리 올라오고 뒷맛이 적다. 아스파탐과 같이 쓸 때 단맛의 상승작용이 두드러지고, 아스파탐의 단맛이 너무 빨리 상승하는 것도 줄일 수 있다. 설탕, 과당, 솔비톨과 사용할 때도 단맛의 상승작용이 있으나, 사카린과는 상승작용이 없다.

몸에서 대사되지 않고 섭취한 아세설팜의 90% 이상은 24시간 안에

배설된다. 충치균이나 발효균 같은 미생물도 이를 이용하지 못하며 pH에도 안정적이다.

사카린과 마찬가지로 특히 고농도에서는 약간 쓴 뒷맛이 있다. 아세설팜 칼륨은 아스파탐 또는 수크랄로스와 혼합되어 설탕과 유사한 맛을 내며 각 감미료는 쓴맛을 가리고 각각보다 더 달콤한 시너지 효과를 나타낸다. 탄산음료에서는 아스파탐이나 수크랄로스 같은 다른 감미료와 함께 사용된다.

아세설팜칼륨은 사카린과 유사하게 고온에서 안정하여 제빵, 멸균 제품 등에도 사용할 수 있고, 조리 전에 첨가해도 된다. 적당한 산성이나 염기성 조건에서도 열에 안정하므로 긴 유통기한이 필요한 제품에도 사용할 수 있다.

3) 사이클라메이트(Cyclamate)

1937년 미국 일리노이대 화학과 대학원생 마이클 스베더(Michael Sveda)는 해열제를 합성하던 중 잠시 실험대에 얹어 두었던 담배에서 단맛이 나는 것을 느끼고 그 원인을 찾다가 발견했다. 이후 상품명 사이클라메이트로 불리면서 1950년대 초부터 사용됐다. 설탕의 단맛보다 40~50배 강해 1960년대 세계 감미료 시장을 석권했다. 고온에 안정하고 쓴맛이 나지 않아 사카린과 혼합하여 사용하는 방식으로 이용되었다.

그러나 1969년부터 발암 논란이 일면서 1969년 미국 식품의약국(FDA)이 사이클라메이트 판매를 금지했고 우리나라에서도 1970년 이래 사용이 전면 금지됐다. 그러나 근거가 약해 사이클라메이트는 캐나다, EU 및 러시아를 포함한 세계 여러 지역에서 일반적으로 사용되고 있다.

4) 수크랄로스

1960년대에 퀸 엘리자베스 대학과 런던 대학은 공동연구로 설탕에 할로겐원소 치환 연구를 하였다. 설탕에 치환되는 물질과 위치에 따라 단맛에 미치는 영향을 조사한 결과 적은 양을 치환하면 용해도가 높고, 많이 치환하면 단맛이 강해짐을 알아냈다. 염소로 치환했을 때 물에 용해도가 높고 감미도 높다는 것을 밝혀냈다. 그 결과 설탕의 3개의 수산기를 염소 원자로 치환하여 대체 감미료가 만들어졌다. 설탕의 약 600(320~1,000)배의 단맛을 가지고 있으며, 1999년에 식품첨가물로 지정되어 사용기준 및 성분 규격이 정해졌다. FDA는 1998년에 수크랄로스 사용을 승인했다. 열에 안정하고 아세설팜, 사카린 등과 상승작용이 있다.

사카린이나 스테비아 등에서 지적되는 쓴맛이나 떫은맛이 거의 없고, 설탕과 비슷한 부드러운 단맛을 가진다. 그래서 Splenda 제조업체는 "설탕으로 만들어서 설탕 맛이 난다."라고 광고했는데 2004년 프랑스 법원은 이것이 허위 광고라는 주장을 받아들여 그 슬로건을 사용하지 말라고 명령했다. 다른 당질, 고감미료와 같이 사용해 단맛의 강도와 품질도 높이는 경향이 있다. 가열해도 안정적이므로 구운 음식이나 튀김 요리에도 사용할 수 있다. 2017년에는 수크랄로스가 미국 등에서 식품 및 음료 제조에 사용되는 가장 일반적인 설탕 대체물이 되었다. 설탕 대체재 시장의 30%를 차지한다.

수크랄로스와 관련된 안전성 문제는 거의 없다. 지방에 극도로 불용성이므로 지방 조직에 축적되지 않는다. 수크랄로스는 쉽게 분해되지 않으며 일반적인 소화 중에 발견되지 않는 조건(즉, 분말 형태의 분자에 높은 열을 가하는 경우)에서만 탈염소화 된다. 수크랄로스의 약 15%만이 신체에 흡수되고 대부분은 그대로 몸 밖으로 배출된다.

Sucrose
1x

Sucralose (E959)
600x

아스파탐은 1965년 미국 화학자 슐래터(James M. Schlatter)가 발견했다. 위액 분비를 촉진하는 호르몬을 연구하던 중에 아미노산이 2개 이상 결합한 펩타이드를 재결정하여 연구하던 중에 실수로 아스파탐을 손에 쏟았고 그것이 달콤한 맛이라는 것을 알아챘다. 설탕보다 180~200배 더 달다. 1981년 FDA 사용 승인을 받았다. 고감미제 중에는 단독으로 설탕과 가장 유사한 단맛을 낸다. 깨끗한 단맛과 쓴맛이 없다는 것이 큰 장점이지만 조건에 따라 펩타이드 결합이 분해되어 단맛을 잃을 수 있다는 것은 큰 단점이다. 사카린, 아세설팜과 혼합하여 사용하면 단맛의 상승작용이 있다.

아스파탐은 L-아스파트산과 L-페닐알라닌의 두 가지 아미노산으로 구성된 디펩타이드이다. 알파형의 L-L형만 단맛이 있고, 이성질체인 D-L형, L-D형, D-D형과 베타형은 단맛이 없다. 또한 메틸 에스테르(methyl ester)도 필요해서 이것이 없는 아스파틸 페닐알라닌(aspartyl-phenylalanine)도 무미이다. 아스파탐의 물에 대한 용해도는 20℃에서 약 1% 정도 녹는데 pH 2.3 부근에서 가장 잘 녹는다.

아스파탐은 분말 상태에서는 높은 안정성을 나타내며, 수년간 보관해도 변질되지 않는다. 수용액에서는 일반적으로 청량음료와 같이 다소 산성 pH 3~5(4.2가 최적) 정도에서 가장 안정적이다. pH 6 이상에서 가열하면 분해되는 단점이 있다. 아스파탐이 분해되면 단맛이 사라져 맛의 균형에 큰 문제가 생길 수 있다. 오븐에서 구어야 하는 식품보다는 냉동식품 등에 활용하는 것이 바람직하다.

디펩타이드이므로 섭취 시 원래의 아미노산으로 대사된다. 단백질과 같은 4kcal/g을 내지만 소량만 사용하면 되기 때문에 열량을 줄이는 목적으로 쓰일 수 있다. 아스파탐의 체내 대사 과정을 거쳐 생성되는 메탄올은 DNA를 손상할 수 있는 포름알데히드로 대사되어 위해성이 있지만 그 양이 워낙 작다. 메탄올은 체내에서 빠르게 대사돼 배출된다. 아스파탐에서 나온 메탄올 양은 과실·채소 등 식품을 통해 일상적으로 섭취하는 양에 비해 매우 적다.

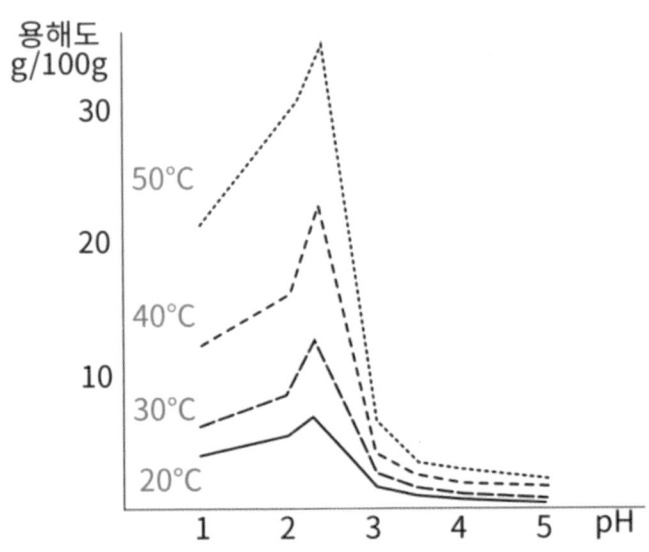

• 아스파탐의 온도와 pH에 따른 용해도 •

　　　　　　　　　　　　　　　　단맛

오히려 선천성 대사질환인 페닐케톤뇨증 환자는 페닐알라닌 때문에 주의할 필요가 있다. 페닐케톤요증은 페닐알라닌을 티로신으로 전환하는 효소(페닐알라닌수산화효소)가 부족하면 페닐알라닌의 분해물이 과잉 축적되어 큰 문제가 발생한다. 발생 빈도는 백인은 1만 4,000명당 1명, 일본인과 한국인은 7~8만 명당 1명 정도다.

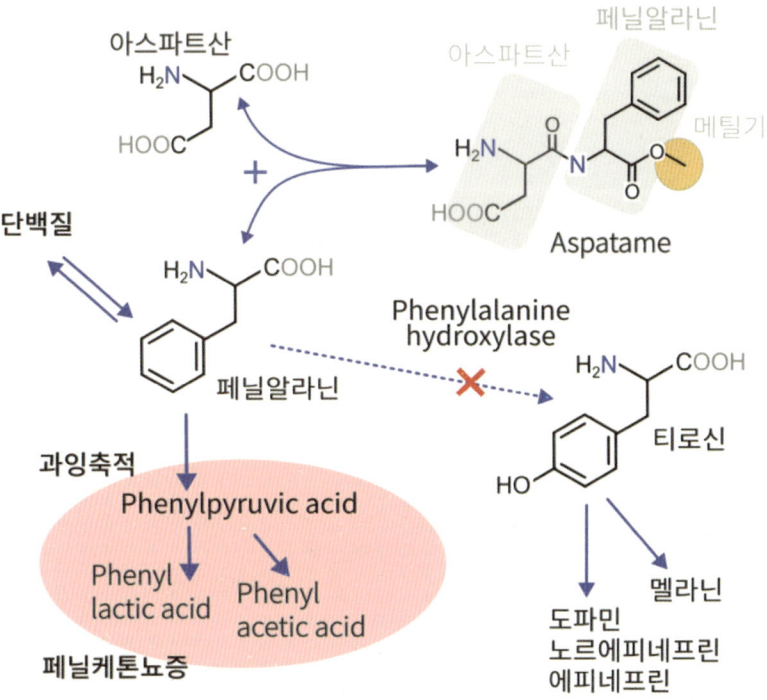

• 아스파탐의 구조와 페닐케톤뇨증 •

네오탐은 아스파탐에서 환원성 N-알킬화에 의해 합성되며, 설탕보다 7,000~1만 3,000배 달다. 미국에서는 2002년 감미료 및 향미증진제로의 사용이 허가되었다. 일본에서는 2007년에 식품첨가물로 정식으로 허가되었다.

설탕에 가까운 깔끔한 단맛을 가지고 있으며, 쓴맛이 적다. 설탕과 가장 큰 차이점은 단맛의 발현이 느리고 은은한 단맛이 오래 남는다는 것이다. 단맛 외에도 식품이 가진 풍미를 돋보이게 하는 풍미 증진 효과와 쓴맛 등 불쾌한 맛을 감소시키는 마스킹 효과도 가지고 있다.

어드밴탐(Advantame)은 일본에서 2014년 새롭게 식품첨가물로 지정된 감미료로, 설탕의 약 3만 배 단맛을 낸다. 단맛의 지속시간이 긴 것이 특징이라, 데리야끼소스처럼 뒷맛이 남는 단맛이 요구되는 제품

아스파탐 (E951) 200x

Neotame (E961)
7,000~13,000x

Alitame (E956) 2,000x

Advantame (E969) 20,000x

에 적합하다. 단맛 부여 외에도 풍미 증진 효과와 쓴맛과 떫은맛을 가리는 마스킹 효과가 있다.

7) 알리탐(Alitame)

아스파탐의 개발 이후 더 우수한 디펩타이드 감미료를 미국 화이자에서 연구하다가 개발한 것으로 L-아미노산 계열이 단맛 수용체와 결합에 적합한 구조를 만들지 못하자, D-알라닌을 이용하여 L-아스파트산을 결합한 디펩타이드를 만들었다. 이는 1979년 알리탐으로 발표되었다. 아스파탐에서 벤젠고리를 제거한 형태와 유사한데 감미는 아스파탐보다 높다. 고온이나 산성에서 안정하고 설탕의 2,000~2,400배에 이르는 단맛을 가지고 있다. 설탕과 유사한 단맛이면서 쓴맛이나 금속 맛이 없다. 아세설팜 또는 사이클라메이트와 혼합 사용할 때 단맛의 상승작용이 있다. 다량의 포도당 같은 당류가 있으면 메일라드 반응이 일어나 단맛의 손실이 있고, 비타민 C가 포함된 용액에서는 이취가 발생할 수 있다. 알리탐은 흡수가 잘 되며, 흡수되면 아스파트산과 알라닌아미드로 대사된다. 알라닌아미드는 소변으로 배출된다.

1996년 프랑스 Lyon대학에서 개발한 합성 물질인 Lugduname (Lyon의 라틴어가 Lugdunum)이 현재 가장 강한 단맛 물질로 알려졌다. 설탕의 22만~30만 배나 달다.

guanidine

Legduname
(22~30만x, 가장 강력)

Carrelame
(20만x)

3

천연 고감미 감미료

단맛이 매우 강한 고감미제하면 화학적 합성품을 먼저 떠올리겠지만 감초의 글리시리진, 스테비아 등은 천연이고, 천연 단백질 중에서도 드물게 단맛이 강한 것도 있다.

이름	감미도	식물	EU No	비고
Monatin	3,000		–	인돌 유도체
Neohesperidin	1650		E959	플라본
Osladin	500			디터펜(사포닌)
Mogroside mix	300			트리터펜
스테비아	250			디터펜
글리시리진	40		E958	디터펜(사포닌)
필로둘신				플라본

| 스테비오사이드(stevioside) |

스테비오사이드는 남미 파라과이에서 자생하는 국화과 스테비아 속의 여러해살이 식물인 스테비아의 잎에 함유되어 있다. 스테비아 잎이나 추출물은 많은 나라에서 감미료로 사용되었다. 특히 파라과이에서 오래전부터 원주민이 차(마테차) 등에 감미료로 활용해 왔다. 이들은 사카린이 유해하다는 주장이 나오면서 천연 고감미제로 관심을 받게 되었다.

스테비아의 단맛은 스테비오사이드 덕분인데, 1931년 프랑스 화학자에 의해 발견되었고 설탕의 3,000배 단맛을 가진다. 디터펜배당체(Steviol glycoside)로 잎에 3~8% 정도 함유되어 있는데 그 성분은 Stevioside (5-10%), Dulcoside A (0.5-1%), Rebaudioside A (2-4%), Rebaudioside C (1-2%) 등으로 다양하다. 스테비오사이드는 순한 단맛을 가지고 있으며, 산, 열에 안정적이다. 당뇨병 환자용, 저칼로리 단맛으로 적합하다. 원료의 생산지가 제한적인 문제가 있다.

스테비오사이드는 1971년 일본의 모리타화학이 상품화했다. 1987년에 FDA는 스테비아가 식품첨가물로 승인되지 않았기 때문에 금지령을 내렸지만, 건강 보조 식품으로는 계속 사용할 수 있었다. 이후 카길, 코카콜라 등의 실험으로 안전성을 입증하는 충분한 과학적 데이터를 제공받은 후, FDA는 2008년 GRAS로 인증했다. 그러다 2019

년 FDA는 안전성과 독성 가능성의 우려로 GRAS 상태가 아닌 스테비아 잎과 조(crude)추출물, 그리고 이를 함유한 식품이나 식이보충제에 대해 수입 경고를 발령했다.

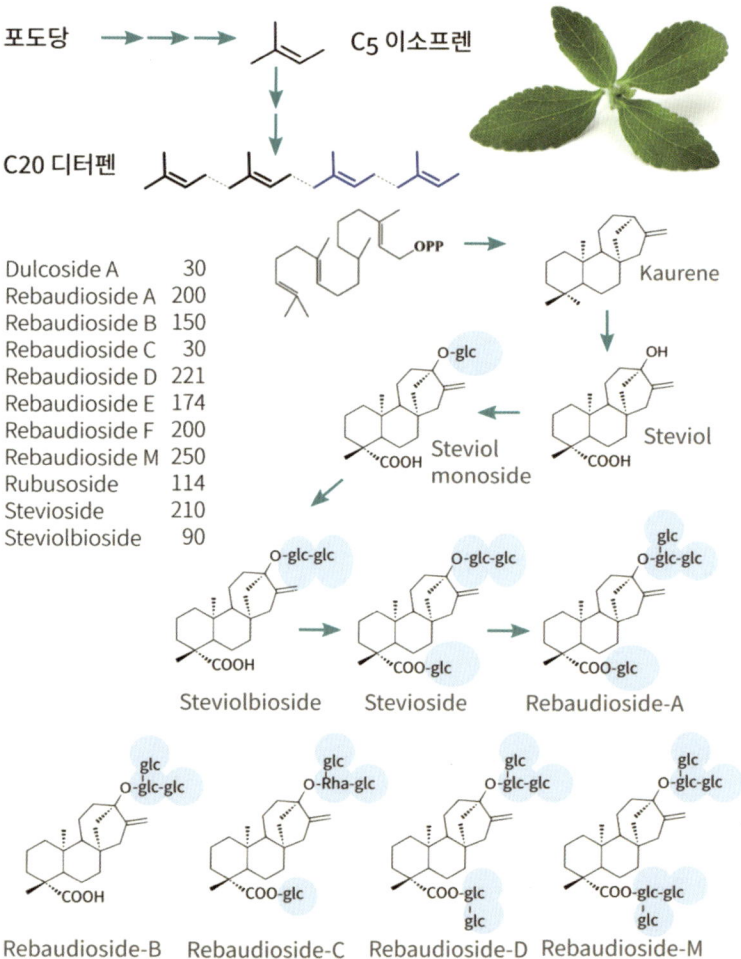

스테비오사이드는 수렴성이 있는데 열과 pH에 안정하며, 사이클라메이트, 아스파탐과 감미 상승효과가 있고, 과일 향을 강화한다. 사이클로덱스트린, 풀루란, 로커스트콩검 등과 사용하면 마스킹이 된다. 스테비오사이드는 섭취한 지 4시간 후 몸에서 최고 농도에 도달한다.

스테비오사이드 자체는 뚜렷한 쓴맛과 후미가 남는 단점이 있다. 여기에 배당체가 추가되면 단맛은 다소 떨어지지만, 스테비오사이드보다 친수성이 되면서 더 깨끗한 단맛이 되는 경향이 있다. cyclodextrin glucono transferase를 이용하여 당을 첨가하면 맛이 깨끗해진다. 이렇게 변형한 레바우디오사이드 D(Reb D)나 레바우디오사이드 M(Reb M)은 설탕과 맛이 더 비슷해진다. 추출물 자체의 단맛은 설탕의 약 400배에 해당하지만, 이처럼 배당체의 형태로 당을 추가하면 감미도는 150~200배로 낮아지지만, 맛이 개선되어 이런 형태가 선호된다.

단맛의 정도는 레바우디오사이드 A가 설탕의 150~320배, 스테비오사이드는 110~270배, 레바우디오사이드 C는 40~60배, 둘코사이드 A는 30배 정도이고. 최근 평가에서는 레바우디오사이드 A가 약 240배, 스테비오사이드가 약 140배 라는 보고도 있다. 이런 고감미제는 농도가 높아질수록 효과가 떨어지는데 설탕 3% 용액의 감미 영역에서는 150배 더 달지만, 설탕 10% 감미 영역에서는 100배의 효과가 있다. 고농도일수록 단맛을 부여하는 효과가 줄어드는 것이다.

단맛

| 감초의 글리시리진(glycyrrhizin) |

감초의 단맛 성분은 글리시리진이다. 단맛의 지속성이 강해 뒷맛이 강한 것과 잘 어울린다. 트리터페노이드에 속한 사포닌계 물질이라 거품 안정화 작용이 있다. 기포성은 간장에 첨가할 때는 문제가 되지만, 빵, 케이크, 생크림 등의 제조의 경우에는 도움이 된다. pH 4.2 이상에서는 침전이 일어나 산성 식품에는 사용하기 어렵다.

Osladine은 rhizome of Polypodium vulgare에서 발견된 단맛 물질이다. 사포닌의 일종으로 설탕보다 500배 달다. 유사한 물질로 polypodoside A가 있다.

Osladin 500x

Polypodoside A

효소 (β-glucosidase)

Aglycone Sugars ⇌ Aglycone + Sugars

친수성 (배당체)   소수성 (향, 쓴맛 ...)

단맛

| 모그로사이드(Mogrosides, 나한과, 몽크 과일) |

중국 남부가 원산지인 작고 둥근 과일이다. 감기약과 소화제로 사용되었다. 단맛 성분은 Mogrosides이다. 일본에서는 '목캔디'에 활용된다. EU는 감미료 기능을 하지 않는 농도에서는 향료로 허용된다.

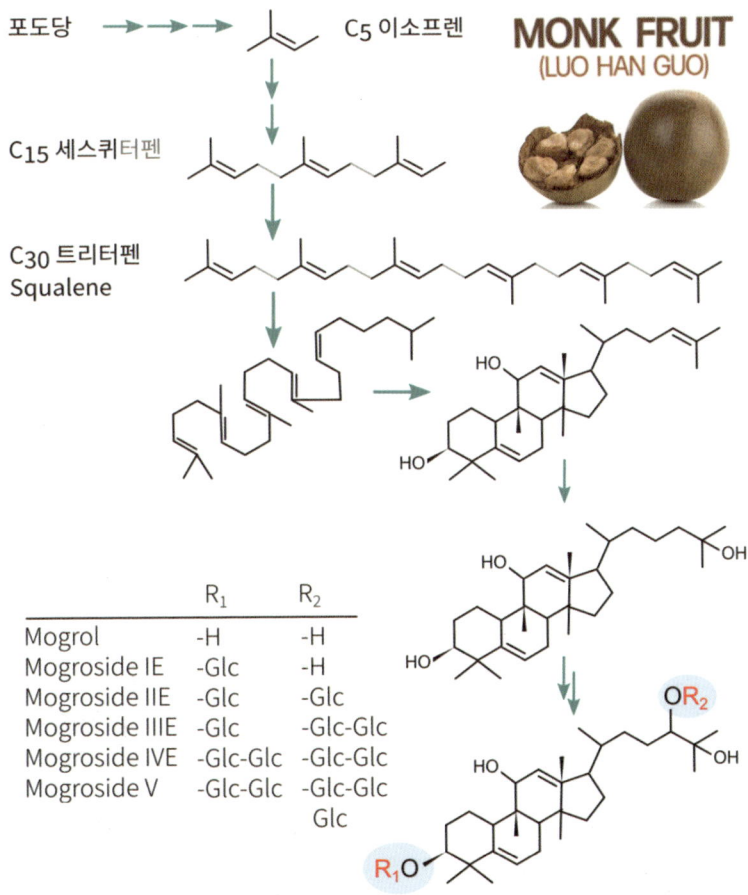

	R_1	R_2
Mogrol	-H	-H
Mogroside IE	-Glc	-H
Mogroside IIE	-Glc	-Glc
Mogroside IIIE	-Glc	-Glc-Glc
Mogroside IVE	-Glc-Glc	-Glc-Glc
Mogroside V	-Glc-Glc	-Glc-Glc Glc

| 네오헤스페리딘 DC |

네오헤스페리딘(NH) 디하이드로칼콘(Dihydrochalcone, DC)은 NHDC로 약칭되며, 감귤류에서 네오헤스페리딘을 추출 후 수소첨가 반응을 한 인공감미료이다. 1960년대에 쓴맛의 화학구조 연구를 위해 다양한 유도체를 만들다가 우연히 발견했다. 원래는 쓴맛 물질이 있는데 분자 구조가 바뀌면서 쓰지 않고 매우 달콤한 물질로 변한 것도 생긴 것이다. 이들은 특히 감귤류에서 발견되는 리모닌과 나린진을 포함한 다른 화합물의 쓴맛을 마스킹하는 데 효과적이다.

NHDC는 인간의 단맛 수용체는 자극하지만, 종에 따라 반응이 달라 쥐에는 반응하지 않는다. 역치 범위에서는 설탕보다 1,500~1,800배 더 달콤하며 통상의 감미 범위에서는 340배 정도 달다. 글리시리진이나 스테비아 배당체처럼 단맛이 느리게 느껴지다가 오래 남는다. 고온과 산성 또는 염기성 조건에 안정적이기 때문에 장기 보관이 필요한 제품에도 적합하다. 아스파탐, 사카린, 아세설팜 K, 사이클라

Flavanone　　　　　Chalcone

Neohesperidin → Neohesperidin dihyro chalcone(NHDC) 340x

메이트와 같은 인공감미료나 자일리톨 같은 당알코올과 함께 사용할 때 강력한 상승효과가 있다. 요구르트와 아이스크림 같은 유제품에서 '크림성'을 높인다고 한다.

NHDC는 1994년부터 EU에서 감미료(E-959) 및 향미료 승인되었다. 2020년 FDA는 GRAS로 인정했다. NHDC는 의약품의 부형제로 사용되며 다른 플라보노이드와 마찬가지로 장내 미생물에 쉽게 대사된다. 식품에서 향미증진제로 약 4~5ppm, 감미료로는 15~20ppm 정도로 사용된다. 제약 회사들은 약물의 쓴맛을 줄이는 수단으로 이 제품을 선호한다.

2) 독특한 형태의 감미료

| 아마차(甘茶) 필로둘신 |

아마차(*Hydrangea macrophylla*) 식물의 잎에 함유된 단맛 성분이다. 수국과 식물 중 산수국/수국차/감차수국(甘茶繡球)이라 부르는 특정 수국의 잎은 말려서 차로 만들어 마실 수 있다. 일반 관상용 수국을 쓰면 안 된다. 쓰고 떫은 데다 독성이 있다. '수국차'라는 이름의 식물로 만든 차를 감로차(甘露茶) 혹은 이슬차라고도 한다. 이 차는 설탕 하나 없이 은은하고 자연스러운 단맛이 난다. 이는 필로둘신(phyllodulcin, dihydroisocoumarin)이라는 성분 때문인데, 수국차의 잎이 건조되기 전엔 배당체의 형체로 함유되어 있다가 건조 과정에서 효소작용으로 분해되면서 본격적으로 단맛을 내는 성분이 된다. 함량은 0.4~0.9% 정도이고 단맛은 설탕의 400~800배, 용해성과 맛의 한계 때문에 널리 사용되지 못한다. 참고로 둘신은 독성이 발견된 감미료로 이것과 관련이 없다.

Phyllodulcin   Dulcin (사용금지)

| 모나틴(Monatin arruva) |

남아프리카 *Sclerochiton ilicifolius*에서 발견된 단맛 물질이다. 모나틴은 "mouth nice"에서 유래한 이름으로 인돌 계통의 물질이라 분해되면 이취가 난다. 설탕보다 3,000배 달다.

Monatin (천연)   인돌   트립토판
3,000x

| 맛 물질이 될 수 있는 이유 |

나는 맛과 향을 설명할 때면, 맛 물질은 물에 녹는 작은 분자고, 향기 물질은 기름에 녹는 더 작은 물질이라고 설명한다. 감각수용체가 단백질로 되어 있고, 결합하는 부분이 작은 포켓 구조라 큰 분자는 결합할 수 없다고 말이다. 그런데 단백질 중에 맛으로 느껴지는 것도 있다. 지금까지 5가지의 고강도의 단맛을 가진 단백질이 보고되었다. 모넬린(monellin, 1969), 소마틴(thaumatin, 1972), 펜타딘(pentadin, 1989), 마빈린(mabinlin, 1983), 브라제인(brazzein, 1994)이다. 네오큐린(Neoculin), 미라큐린(miraculin)도 단맛 수용체에 결합하지만 직접 단맛을 부여하지는 않는다.

이것은 단맛 수용체의 특별한 형태 때문에 가능한 것이다. 일반적인

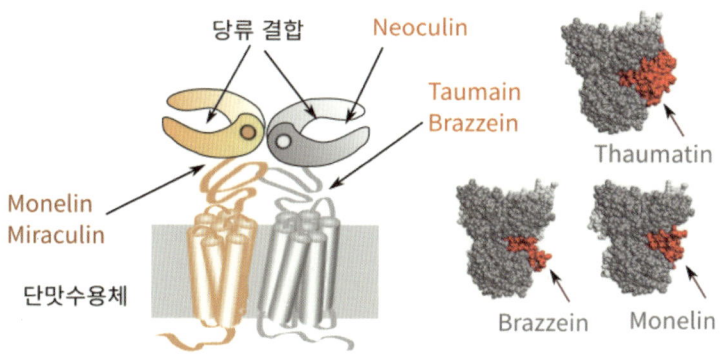

• 단백질계 감미료의 결합 •

GPCR형에 비해 상단에 거대한 구조물이 있는데, 여기에 끼어든 것이다. 미각 수용체의 정상적인 결합 위치에 작용하는 것이 아니라 우연히 수용체 자체에 달라붙어서 활성화하기 때문이다. 이들 단백질은 설탕보다 수천 배의 강한 감미를 보이기도 한다.

이름	감미도	원산지	허용 여부 (출처)
Thaumatin	1,600~3,000	서아프리카	E957, Thaumatococcus daniellii
Monellin	1,400(3,000)	서아프리카	불허, serendipity berry
Brazzein Pentadin	500 ~2,000	서아프리카	불허, Pentadiplandra brazzeana
Curculin Neoculin	550	말레이지아	불허, Curculigo latifolia
Mabinlin	10~400	중국	불허, mabinlang 씨
Miraculin	400,000	아프리카	불허

| 소마틴(타우마틴, Thaumatin) |

소마틴은 서아프리카에서 자생하는 울금과 식물의 열매 katemfe fruit (*Thaumatococcus daniellii*) 에서 추출한 단백질 계통의 감미료다. 이것은 수세기 동안 원주민이 빵이나 술 등에 단맛을 부여하기 위해 사용하였다. 단맛이 설탕의 2,000~8,000배에 달한다. 단맛은 매우 느리게 느껴지기 시작하여 오래 지속된다. 아미노산 207개로 구성된 단백질이지만 물에 잘 녹는다. 식물은 병원균을 막기 위해 합성하는 것으로 추정된다.

소마틴은 1970년대 Tate and Lyle 회사에서 과일에서 추출하기 시작하였다. 1990에 Unilever 연구팀이 유전자 규명하였고, 이후 유전자를 세균에 발현해 생산할 수도 있게 됐다. EU는 감미료로 허용되었고 E957, 미국은 향료 물질(FEMA GRAS No 3732)로 사용하지만, 감미료로는 허용되지 않았다. 사람은 TAS1R3에 결합하여 단맛을 느끼고, 구세대 원숭이류에 속하는 동물 정도만 단맛으로 느낀다. 곤충의 경우 감각이 교란되어 다시는 먹으려 하지 않는다.

물에 잘 녹고 내산성이 있으며, 불쾌감이 없는 산뜻한 단맛을 가지

• 소마틴의 원료와 단백질 형태 •

고 있다. 설탕에 비해 단맛의 발현이 느리고 오래 지속된다. 쓴맛, 신맛 등 불쾌한 맛의 마스킹 효과가 뛰어나며, 마스킹 효과는 단맛 역치 (1ppm) 이하에서도 나타나기 때문에 단맛을 신경 쓰지 않고 사용할 수 있다. 소마틴의 뛰어난 쓴맛 억제 효과로 의약품, 건강식품. 간병 식품, 저염 식품 분야에도 사용된다.

전문 패널은 소마틴과 관련된 시음을 마치고 페퍼민트 캔디를 먹었을 때 민트향이 훨씬 잘 느껴진다고 보고했다. 이후 방향족오일이나 추출물에 0.5mg/kg의 소마틴을 첨가하면 역치가 몇 배 낮아져 훨씬 잘 느끼는 것으로 조사되었다. 소마틴이 단맛 수용체와 결합한 효과가 상당시간 지속되는 것이다.

아로마 오일/추출물	역치의 감소 배수
페퍼민트	6–10
계피	5~7
멘톨	3~5
커피	3~4

• 소마틴에 의한 지각 역치 감소 •

| 모넬린(Monellin) |

모넬린은 1969년 세렌디피티 베리(*Dioscoreophyllum cumminsii*) 로 알려진 서아프리카 관목의 열매에서 발견되었다. 이 단백질은 1972년 미국 모넬화학감각센터의 구조가 규명되었고 연구소의 이름을 따서 붙여졌다. 44개 아미노산 잔기를 갖는 A사슬과 50개 잔기를 갖는 B사슬이 비공유 결합한 단백질이다. 모넬린은 인간과 일부 구대륙 영장류는 단맛을 느낀다고 하지만 다른 포유류는 선호하지 않는다.

모넬린은 설탕보다 800~2,000배 더 달다. 5% 설탕 용액과 비교했을 때 800배 더 달다는 보고도 있다. 모넬린은 단맛이 느리게 느껴지고 뒷맛이 오래 지속된다. 모넬린의 단맛은 pH에 따라 달라져 pH 2 이하에서는 맛이 없고 pH 9 이상에서도 맛이 없다. 친수성으로 물에 쉽게 녹는 단백질이다. 고온 조건에서 변성되어 적용 범위가 제한될 수 있다. 낮은 pH에서 50℃ 이상 가열하면 모넬린 단백질의 사슬이 풀리고 꼬임이 사라지고 단맛이 사라진다. 모넬린은 단백질이라 1그램당 4칼로리의 열량을 내지만 설탕보다 10만 배 더 달기 때문에, 매우 소량만 사용하면 된다.

모넬린은 과일에서 추출하는데 비용이 많이 들고 식물을 재배하기 어렵다. 따라서 미생물에서의 발현과 같은 대체 생산이 연구되고 있으며, 효모(*Candida utilis*)에서 성공적으로 발현된다. 아직 법적으로 허용되지 않은 나라가 많다.

| 펜타딘(Pentadin)과 브라제인 |

달콤한 맛의 단백질인 펜타딘(Pentadin)은 1994년 아프리카에서 자라는 덩굴성 관목인 오블리(*Oubli, Pentadiplandra brazzeana*)의 열매에서 발견되었다. 붉은색 껍질 안에 3~5개의 씨앗이 들어 있으며, 이 씨앗은 달콤한 맛의 단백질인 브라제인과 펜타딘을 함유한 붉은 펄프층으로 덮여 있다. 브라제인과 펜타딘은 같은 과일에서 추출되지만, 펜타딘은 가열 건조한 후 과일에서 추출하고 브라제인은 신선한 과일에서 추출된다. 이 과일은 오랫동안 원숭이와 원주민이 먹어 왔다.

펜타딘의 분자량은 12kDa로 추정되며, 설탕에 500배 이상의 감미도를 가지는 것으로 알려져 있다. 모넬린과 유사하며 소마틴보다 높은 것으로 알려졌다.

달콤한 맛의 단백질인 펜타딘, 소마틴, 모넬린, 마빈린, 브라제인, 쿠르쿨린은 모두 열대 우림의 식물에서 분리되었다. 하지만 이들 분자 간에 아직 구조적 또는 서열 측면에서 유사성을 찾지 못했다. 그나마 모넬린, 소마틴, 브라제인에서 막연한 유사성만 발견되었다. 펜타딘의 구조는 이황화물 결합으로 연결된 소단위체로 구성되어 있으며 물에 녹는다. 펜타딘은 장시간(≤ 5시간) 100℃ 이하의 온도에 노출되어도 유지된다.

| 신맛을 단맛으로 바꾸는 Neoculin(Curculin), Miraculin |

네오쿨린(Neoculin, Curculin)이나 미라쿨린(miraculin) 같은 단백질은 신맛을 단맛으로 바꾸기도 한다. 미라쿨린은 미라클 후르츠(miracle fruit)의 과육에 함유된 아미노산이 191개 결합한 당단백질로 자체는 달지 않다. 그런데 먹은 뒤 최대 1시간 동안 신맛을 단맛으로 바꾸는 재미있는 기능을 한다. 미라쿨린은 인간의 단맛 수용체에 결합하지만, 그것만으로는 단맛 수용체가 활성화되지 않아 단맛을 느끼지 못한다. 그런데 산성(신맛) 상태가 되면 pH가 낮아지면서 단백질의 특성이 변해 단맛 수용체를 강하게 활성화한다. 신맛을 첨가하면 마치 그때문에 단맛이 증가한 것처럼 착각하게 만드는 것이다.

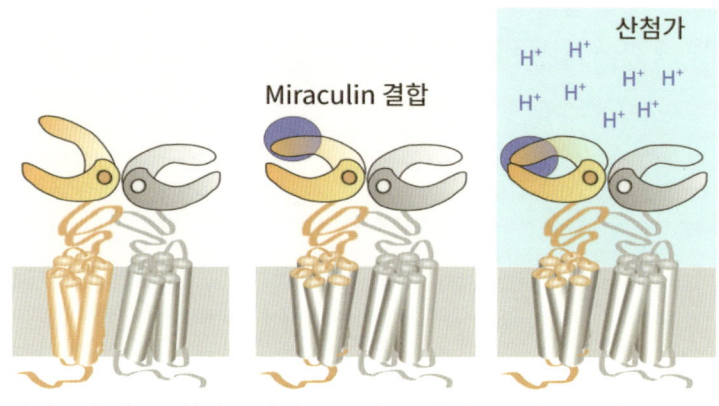

| Miraculin 결합 | 산첨가 |

단맛 수용체 : 불활성   단맛 수용체 : 불활성   단맛 수용체 : 활성화

| 단맛을 억제하는 물질 |

반대로 단맛을 억제하는 단백질도 있다. 김네마산(Gymnemic acid)은 김네마 실베스터의 잎에서 발견된 단맛 억제 성분인데, 단맛 수용체의 T1R3 부위에 결합하여 수용체가 다른 단맛 물질과 결합하는 것을 막는 것이다. 김네마산은 영원히 결합하는 것이 아니라 다시 떨어져 나가지만, 단맛 회복에는 10분 이상이 걸릴 수 있다.

락티솔(Lactisole)은 볶은 아라비카 커피콩에서도 검출이 되는데 100~150ppm의 작은 양에서도 설탕과 아스파탐과 같은 감미료의 단맛을 크게 억제한다. 락티솔을 첨가하면 12% 설탕액이 4%처럼 느껴지게 된다. 그러나 아세설팜 K, 설탕, 포도당, 사카린에서 감미 억제 작용은 김네마산보다 떨어지고, 인간의 T1R3에는 작용하지만, 설치류에는 작용하지 않는다. 이밖에 호돌신(Hodulcine)과 지지핀(ziziphin)도 감미 억제기능을 가지고 있지만 김네마산보다는 약하다.

미각의 가장 기본이 되는 단맛에도 상당히 많은 감각적 착각이 일어나는 것이다.

독성으로 금지된 단맛 물질

| 아세트산 납 |

베릴륨은 그 자체로 단맛을 내는데 매우 독성이 있다. 이것을 감미료로 널리 사용한 적은 없다. 반면에 아세트산 납은 독성이 있는데 단맛의 재료로 사용되었다. 지금은 납의 사용을 당연히 꺼리지만, 과거에 납은 구하기 쉽고, 잘 녹아 작업하기 쉬워서 수천 년에 걸쳐 사용되었다. 주전자나 병 등을 납으로 만들어 사용하기도 했다. 로마 시대에는 연간 6~7만 톤이 쓰였을 정도다. 단맛이 나는 아세트산 납(lead acetate, 초산납) 또는 연당(鉛糖, sugar of lead)으로 불렸다.

로마인들은 포도주를 납병에 넣어 보관했는데 포도주가 초산 발효로 시큼하게 변질하는 경우가 많았다. 납병에 보관하면 아세트산이 납과 반응하여 사파(Sapa, 아세트산 납)가 형성되었다. 이 포도주는 달달한 맛으로 로마 사람들의 입맛을 사로잡았고, 점점 이 단맛을 원해서 일부로 납 냄비에 포도즙이나 식초를 넣고 끓여 사파를 만들어 감미료로 애용하였다. 그러다 많은 로마인이 납에 중독되어 설사, 빈혈, 신경계 교란으로 인한 정신착란 등의 피해를 입었고, 유산되는 경우도 있었다.

아세트산   납   아세트산납(Lead acetate, 연당)

현대인도 로마인과 비슷한 짓을 했다. 테트라에틸납(Tetraethyl lead)을 첨가한 유연휘발유(有鉛揮發油, Leaded Gasoline)를 사용한 것이다. 이전에 단순한 조성의 휘발유는 자동차에서 큰 소리와 함께 엔진에 충격을 가하는 노킹 현상이 빈번했다. 이런 문제가 없는 유연휘발유가 1923년부터 대량으로 사용되기 했고, 대기 중의 납 농도가 급속히 증가했다. 휘발유 공장의 노동자는 납 중독으로 죽거나 몸이 마비되는 일도 생겼다. 1980년대 이후에야 납이 제거된 무연휘발유가 사용되었다.

| 둘신(Dulcin) |

1883년에 발견된 둘신은 설탕보다 100~200배 감미도가 높고 단맛

품질도 좋지만, 독성이 발견되어 사용이 금지됐다. (필로둘신은 다른 물질이다)

Dulcin (사용금지)   Phyllodulcin (감차 성분)

| 에틸렌글리콜 |

자동차에 사용하는 부동액의 주요 성분의 하나인 에틸렌글리콜은 단맛을 가지고 있다. 에틸렌글리콜이 단맛이 나는 이유는 에틸렌글리콜 분자 내에 단맛 수용체와 결합하기가 쉬운 형태가 있기 때문이다. 이것을 과량 먹으면 소화 과정에서 독성 물질이 만들어진다. 에틸렌글리콜 자체가 독성이 있는 것이 아니라 우리 몸속의 효소에 의해 산화될 때 생성되는 수산(옥살산) 때문인데 에틸렌글리콜을 삼키면 몸속에 많은 양의 수산이 갑자기 생성되어 신장이 손상되고 심하면 목숨을 잃을 정도로 위험하다.

수산은 한약재 성분이기도 한 대황(大黃)이나 시금치를 비롯한 수많은 식물에서 자연적으로 생성되지만 이런 식물들을 적당량 섭취하기 때문에 미량의 수산이 생성되어 인체에 해를 일으키지 않는다.

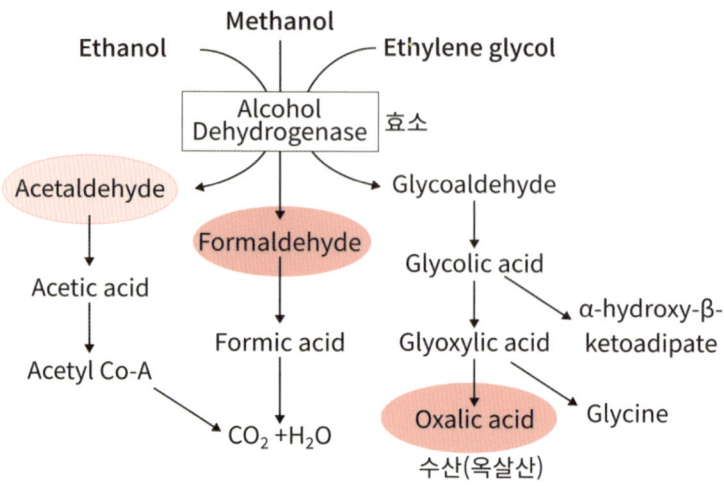

* 조심할 것은 독성이 아니라 과용

독성이 있는 단맛 물질에 대한 대응은 매우 쉽다. 문제 되는 품목은 법으로 금지하면 그만이다. 감미료 중에 설탕이 가장 안전한 편이고, 대체 감미료는 설탕보다 위험하다. 만약 대체 감미료의 독성이 설탕보다 100배 강하면 설탕보다 안전한 것일까 위험한 것일까? 단맛이 설탕의 100배여서 1/100을 써도 된다면 위험성은 같다고 보는 것이 맞다. 그런 관점에서 천연이든 합성이든 식품에 허용된 감미료는 충분히 안전이 검증된 것이니 독성을 걱정할 필요는 없고, 용도에 맞게 잘 사용하면 된다.

설탕은 다른 모든 감미료를 합한 것보다 4배 이상 사용한다. 그래서 당류저감화의 목표가 된 것이다. 설탕보다 더 좋은 원료를 찾으려 할

단맛

것이 아니라 사용량을 줄이는 것이 최선이다. 대체 감미료를 사용하는 것은 설탕을 줄이기 힘들어서 사용하는 차선책일 뿐이다. 그리고 설탕을 줄이려면 설탕의 역할을 제대로 알아야 한다. 설탕을 제대로 알아보는 방법이 다른 모든 종류의 감미료와 비교해 보는 것이다. 이 책이 그런 정리와 비교에 작은 도움이 되었으면 좋겠다.

단맛을 통해
음식의 진정한 역할을 생각해 본 시간

〈오미 시리즈〉에서 쓰면서 계속 미룬 것이 단맛이었다. 단맛 이야기를 시작하면 설탕의 오해 이야기를 하다가 맥이 빠질 것 같아서였다. 그러다 관점을 바꾸어 먹는다는 것이 무엇인지를 말하면 괜찮겠다는 생각이 들었다. 음식의 진정한 역할이 무엇인지 단맛을 통해 이야기해 보면 좋겠다는 생각이 든 것이다. 과거 아이스크림 개발 업무를 할 때 감미료는 많이 써 봤고, MSG는 전혀 쓰지도 않았는데, 감칠맛 책은 쓰고 단맛 책을 쓰지 않는 것도 이상했다. 당시에 무설탕 아이스크림을 만들어 보기도 했지만 그래도 사용한 원료는 제한적이었는데 이것저것 자료를 모아 정리하고 감미료의 분자 구조를 그리다 보니 느껴지는 것이 많았다. 오랜만에 공부의 즐거움에 빠져 본 것 같다. 한편 누가 뭐라고 해도 단맛은 오미의 핵심이고, 세상에 그렇게 맛 이야기가 많은데 아직 단맛에 관해 이 정도 정리된 책이 없었다는 것이 씁쓸하기도 했다.

단맛과 탄수화물에 관한 인식의 변화를 생각하면서 중고등학교 때 일도 생각이 났다. 당시에 농사는 국가의 중대사여서 풍년이면 온 국민이 기뻐했고, 비가 오지 않으면 모두 걱정을 했다. 비가 오지 않을 때 학교에 오가다 길가의 논을 보면 하루하루 바짝바짝 마르는 것이 눈에 띄었다. 동네 어른들은 논에 물을 대는 것으로 싸우고 난리였다. 농부가 아니어도 날마다 말라가는 벼를 보면 저절로 내 목이 타는 것 같았고, 기우제를 지내는 절박함이 이해되었다. 그러다 16km 거리의 시내로 이사를 했고, 고등학교 시절이라 아스팔트길로 집과 학교를 오가는 3년을 보냈는데, 불과 그 짧은 시간에 타는 가뭄이 남의 이야기가 되어 버릴 줄 몰랐다. 그것을 다시 시골집에 가서야 불현듯 깨닫고 놀랐었다. 지금 사람들에게 단맛과 탄수화물의 소중함을 말하는 것은 가뭄에 비의 소중함을 말하는 것과 비슷할지 모르겠다. 아침마다 몇백 미터의 길을 걸으면서 벼들이 온통 조금씩 더 말라가는 모습을 직접 보지 않고 그 심정을 어떻게 이해할 수 있을까? 지금은 농사를 짓는 사람도 별로 없고, 어지간히 비가 오지 않아도 저수지가 있고, 흉작이 들어도 대체 작물과 수입 농산물이 넘친다. 탄수화물과 단맛의 의미를 생존의 문제로 연결해 생각할 방법이 없는 것이다. 하여간 단맛 이야기는 나에게 이런저런 생각을 다듬어 보는 소중한 시간이었다.

　이제 남은 것이 쓴맛이다. 이 단맛 책을 쓰기 전에는 도대체 어떤 내용을 써야 할지 막막했다. 비슷한 책이라도 있어야 그것을 참고로 내용을 풀어 볼 텐데, 참고할 마땅한 책도 없어서 무슨 내용을 써야 할지 난감했다. 딱 '물성의 기술' 책을 쓰려고 했을 때 심정의 재현이었다. 너무 답답해서 식품에 핵심인 4가지 성분을 분자 구조로 풀어 보는 물성의 원리를 쓰면서 물성의 기술을 어떻게 정리할지 구도를 잡았는데 이번에는 단맛 책이 쓴맛 책에 그런 역할을 할 것 같다. 단맛이 '무엇을 먹어야 하는가?'라는 관점에서 내용이 정리되자 쓴맛은 '무엇을 먹지 말아야 하는가?'라고 정리하면 될 것 같아 실마리를 찾은 셈이다. 쓴맛을 단순히 싫어하는 맛이 아니라 식물의 방어 전략과 인간의 극복 관점에서 바라보면 식품과 독에 대한 좀 더 포괄적인 이해가 가능하지 않을까 하는 기대가 된다.

　그동안 독을 걱정하거나 독성 물질을 나열하는 경우는 많지만 정작 식품에서 '어떻게 그 물질이 독으로 작용할까?'를 정리한 책은 없다. 과거에는 식품에 관한 온갖 오해와 편견에 대해 직접 반박하다가 점점 그 원리를 설명하는 방향으로 바뀌었는데 쓴맛까지 정리하면 "달면 삼키고 쓰면 뱉어야 한다."라는 명제에 대한 설명의 마무리를 할 수 있을 것 같다.

감사드리며

헬스레터 황윤억 대표께서 〈오미시리즈〉를 처음 제안했을 때는 과연 끝까지 추진할 수 있을까 생각이 되었는데 어느새 쓴맛만 남게 되었다. 어려운 출판 환경에서 뚝심 있게 오미 시리즈를 추진해 주신 황 대표님께 감사드린다. 그리고 특히 지난 3년간 편안한 마음으로 책을 쓸 수 있도록 배려해 주신 샘표 임직원 여러분과 박진선 대표님께 진심으로 깊은 감사 드린다. 내가 쓰는 책이 점점 대중서보다는 한 가지 주제를 깊이 있게 다루는 쪽으로 바뀌고 있는데, 그만큼 대중성이 없는 책이 되고 있다. 이런 성원 덕분에 쓸 수 있는 책이다.

참고서적

〈감미료 핸드북〉 오성훈 최희숙, 효일, 2002

〈단맛 탐험〉 송주현, 자유아카데미, 2021

〈단맛 음식의 원리〉 노봉수, 헬스레터, 2024

〈글루코스 혁명〉 제시 인차우스페 지음, 조수빈 옮김, 아침사과, 2022

〈요리본능: 불, 요리, 그리고 진화〉 리처드 랭엄 지음, 조현욱 옮김, 사이언스북스, 2011

〈우리 몸이 원하는 맛의 비밀〉 노봉수. 예문당, 2014

이성규. 빵맛의 비밀. 헬스레터(2024)

최낙언, 식품의 가치. 좋은땅(2024)

달콤 쌉쌀한 사카린의 추억. 동아사이언스 11월 19일(2011)

요한 하리, 이지연 옮김. 매직필. 어크로스(2025)

밥 홈즈, 원광우 옮김. 처음북스(2018)

해롤드 맥기, 이희건 옮김. 음식과 요리. 백년후(2011)

HOW FOOD WORKS. DK Publishing(2017)

존 매쿼이드, 이충호 옮김. 미각의 비밀. 문학동네(2015)

이시카와 신이치, 홍주영 옮김. 식탁 위의 과학 분자요리. 글레마(2014)

로버트 러스티그, 이지연 옮김. 단맛의 저주. 한국경제신문(2012)

스즈키 류이치, 이서연 옮김. 미각의 비밀 미각력. 한문화(2013)

Marye Anne Fox, James K. Whitesell. Organic Chemistry. Jones and Bartlett Publishers(1997)

이주량. 당신이 모르는 진짜 농업 경제 이야기. 세이지(2024)

- 차연경, 인간 미각 수용체 및 광수용체의 기능적 생산, 분석 및 응용, 서울대학교 대학원 (2023)

- Lee, H. J., and S. J. Yang, Effects of Dietary Fructose and Glucose on Hepatic Steatosis and NLRP3 Inflammasome in a Rodent Model of Obesity and Type 2 Diabetes, 42(1):1576-1584(2013)

- Hwang, Y. S., and H. J. Lee., 식이 당 대체제인 자일리톨의 구강건강 증진에 미치는 다양한 효과 : 총설, ,37(2):107-113(2022)

- 고지훈, D-알룰로스의 생리 기능성과 응용 및 생물학적 생산기술 한국과학기술정보연구원 (2016)

- Grembecka, M., Sugar Alcohols—Their Role in the Modern World of Sweeteners: A Review, ,241(1):1-14(2015)

- Chen, Ya-jing, Xin Sui, Yue Wang, Zhi-hui Zhao, Tao-hong Han, Yi-jun Liu, Jia-ning Zhang, Ping Zhou, Ke Yang, and Zhi-hong Ye, Preparation, Structural Characterization, Biological Activity, and Nutritional Applications of Oligosaccharides, ,22:1-14(2024)

- Priya, K., V. Gupta, and K. Srikanth, Natural Sweeteners: A Complete Review, ,4(7):2034-2039(2011)

- 발효의 3가지 유형, https://ko.ebiochemical.com/info/what-are-the-3-types-of-fermentation—89088661.html,2023

- 에탄올 발효, https://ko.wikipedia.org/wiki/에탄올_발효

- '썩는 플라스틱'을 아시나요? 생분해성 플라스틱과 3HP, GS칼텍스 미디어허

브, https://gscaltexmediahub.com/future/green-transformation/rotted_plastic_3hp/,2022

| 기사 |

- "글로벌 대세 장립종 쌀 개발해 수출"… 공급과잉 돌파구 연다, 동아일보, 2024 https://www.donga.com/news/Economy/article/all/20241203/130560289/2

  https://www.medifonews.com/news/article_print.html?no=81111

사카린과 사이클라메이트의 시너지 현상: H.C. Vincent, M.J. Lynch, F.M. Pohley, F.J. Helgren, F.J. Kirchmeyer, J. Am. Pharm. Assoc. Am. Pharm. Assoc., 44(1955), pp 442 - 446

사카린과 사이클라메이트의 기작 : M. Behrens, K. Blank, W. Meyerhof, Cell Chem. Biol., 24 (2017), pp. 1199-1204

인공감미료: Artificial Sweeteners: History and New Concepts on Inflammation, Abigail Raffner Basson, Alexander Rodriguez-Palacios, Fabio Cominelli, Front Nutr. 2021 Sep 24;8:746247

| 설탕 관련 자료 |

https://www.czapp.com/analyst-insights/february-2023-sugar-market-video